Tomorrow's Table

내일의 식탁

내일의 식탁

유기농, 유전학 및 식품의 미래

라울 아담착 & 패밀라 로날드

유장렬 · 차진도 공역

월드사이언스
worldscience.co.kr

Tomorrow's Table

내일의 식탁

인쇄 2011년 7월 30일
발행 2011년 8월 10일
저자 라울 아담착, 패밀라 로날드
역자 유장렬, 차진도
편집 디자인 박지혜
발행인 박선진
발행처 (주) 월드사이언스
등록 1988년 2월 12일 제16-1601호
주소 서울특별시 서초구 방배동 864-31 월드빌딩 1층
TEL 02) 581-5811~3
FAX 02) 521-6418
E-MAIL worldscience@hanmail.net
URL http://www.worldscience.co.kr

정가 14,000원
ISBN 978-89-5881-177-0

이 도서의 국립중앙도서관 출판시도서목록(CIP)은
e-CIP 홈페이지(www.nl.go.kr/cip.php)에서 이용하실 수 있습니다.
(CIP제어번호: CIP2011002974)

친구인 윌베이커(1935~2005년)

그리고 작가, 영농인에게 이 책을 바친다.

머리말

Foreword

이 책은 두 가지 결혼에 관한 이야기다. 그 첫 번째는 이 책의 저자인 라울(Raoul)과 팸(Pam)의 결혼에 관한 것으로, 유기농에 종사하고 식물 유전과학에 정열을 바친 이야기다. 두 번째는 두 가지 과학 기술, 유기농업과 유전공학의 가상적 결혼이다.

화목한 결혼생활이 그렇듯이 이 두 결혼에는 모두 가치를 서로 공유하고, 활력이 넘치는 긴장상태가 유지되고 있으며, 새로운 활기를 불어 넣어주는 상호보완 관계가 포함되어 있다. 라울과 팸은 모두 자연계의 경이에 대해 커다란 믿음을 가지고 있으며, 또한 이 경이를 존중하고 세심하게 관리함으로써 우리 일상생활에 영감과 양식을 얻을 수 있는 원천이 될 수 있다는 굳은 신념을 가지고 있다.

기원 전 1세기 농업부문에서 가장 위대한 작가라 할 수 있는 사람은 로마의 마르쿠스 바로(Marcus Terentius Varro)이다. 그는 자신의 고전에서 농업을 "예술이며 또한 주목해야 할 고상한 기예(技藝)"라고 갈파했다.

뿐만 아니라, 농업은 과학이다. 요즈음 작가들이 이 같은 진리의 핵심을 논하는 경우는 드물다. 라울과 팸은 자신들의 일상생활에서 이 진리를 실천하고 있다. 라울은 자신의 경험과 수 세기에 걸친 농민들의 경험을 바탕으로 유기농업 기법에 관한 연구를 계속하고 있으며, 이를 현대적인 생태학과 결합하고 있다. 팸의 경우, 분자 및 세포 과학이 지고의 의미를 갖는 것은 물론이나, 훌륭한 식물육종가가 되기 위해서는 일상에서도 장인(匠人)이 되어야 한다고 인식하고 있다.

두 번째 결혼은 논쟁의 여지가 있다. 여기에서는 극단적인 견해에 사로잡힌 두 가지 진영의 결합을 시도하고 있다. 이 결합은 만시지탄의 감이 있다. 수천 년 전에 인류는 이미 수렵과 야생 식품 채집을 포기하기 않을 수 없었다. 그래서, 사람들이 곡류를 순화(馴化)하여 경작하고 가축을 사육하기 시작했다. 이 과정에서 개량이 필수불가결하게 되었으며, 또 그 방법이 점차 복잡해지고 과학적으로 발전하게 되었다.

유기농업은 자연적인 방법, 즉, 영양소와 토양의 원천으로서 유기물의 가치, 그리고 천적이 해충, 질병, 및 잡초 등의 방제에 진가를 발휘하고 있는 역할, 이 두 가지에 그 구심력을 유지할 수 있도록 진력하고 있다. 그러나 라울이 자신의 저서에 기술한 것과 같이 이 같은 방법에서는 대부분 중급 정도의 집약 농업방식에서도 한계를 보이기 마련이다. 예를 들어, 해충은 제어하기가 매우 어렵다. 나는 아프리카에서의 체험을 통해 유기농 또는 재래식 과학기술을 사용하여 그 끔찍한 잡초 스트라이가(striga 역주: 현삼과의 뿌리기생 개화식물로서 아프리카와 유럽남부에서 옥수수를 비롯한 곡물 생산에 심각한 피해를 줌)나, 또는 광저기 및 바나나와 같은 작물에 해충과 질병이 파고드는 것을 방제한다는 것이 얼마나 처치 곤란한지를 익히 알고 있다.

팸과 라울이 벌이고 있는 노력은 이 같은 난제 중의 난제를 해결하기 위한 유전공학의 역할을 보여주려는 것이다. 뿐만 아니라, 이들은 유기농업의 기능을 강화하는 한편 그 원칙은 손상하지 않으면서 과학

기술을 사용할 수 있는 방법을 보여주고 있다.

바로 이것이 영적인 결합이다.

고든 콘웨이 경(卿) [Sir GORDON CONWAY(2등 훈장수훈자), KCMG FRS(왕립학회 펠로)]은 런던 임페리얼대학의 환경정책 연구소 국제개발과 교수인데, 록펠러재단 이사장을 지냈다.

서론
Preface

생태학적인 추이를 강조하는 것과 가족단위의 의사결정이 복잡하다는 것은 유전공학의 기초를 이루고 있는 분자생물학 기술과는 별개의 사안으로 보인다. 그럼에도 불구하고 양자는 지대한 잠정적인 영향력을 가지고 있으며 또한 상호 연계되어 있다. 향후 현대적인 과학기술의 힘을 활용함에 있어서 가난한 사람과 기아에 시달리는 사람들을 위하고, 또 우리가 처한 환경을 존중하는 방식으로 행해야 한다. 우리는 무엇보다 과학자 간의 협력관계는 물론이고 과학자와 농촌 빈민 사이의 협력관계에 바탕을 둔 비전을 가져야 한다.

고든 코웨이 경(卿)의 1997년 저(著), '두 배의 녹색혁명'
SIR GORDON CONWAY, *The Doubly Green Revolution*, 1997

2050년이 되면 지구상의 인구가 현재의 67억에서 92억으로 증가할 것으로 예상된다(2007년 유엔 인구국). 이 모든 사람이 넉넉하게 먹을 수 있는 식량을 생산하는 가장 좋은 방법은 무엇인가?

현재의 영농방식을 그대로 답습할 경우 엄청나게 넓은 들판이 사라져 수백 만 마리의 조류와 수십 억 곤충이 죽게 되고, 영농 종사자들은 더 큰 질병의 위험에 처하게 되며, 일반 대중은 환경파괴로 인해 수십억 달러의 손해를 보게 될 것이다. 분명히 말하지만 충격을 최소화할 수 있는 일념으로 식량생산 증가의 필요성을 충족시켜줄 수 있는 마땅한 해결책을 강구해야 한다.

일부 과학자와 정책 결정권자들이 현대적인 작물 개량(박스 P.1)의 한 형태인 유전공학으로 농약 의존도를 극적으로 감소시킬 수 있는 새로운 세대의 식물을 생산하여 영농방식의 건전성을 제고하고, 식품의 영양성분 증진에 도움을 줄 수 있는 길을 모색하도록 제안한 바 있다. 이들은 유전공학이야 말로 영농을 통해 농약과 독성 제초제 남용의 위험성에 관해 수십 년을 이어온 비판에 종지부를 찍고, 인류가 더욱 친환경적인 농업으로 진일보할 수 있는 극적인 단계를 마련해줄 것이라 믿는다.

아니면 그 반대일까? 일반 대중은 대체로 신약 생산에 유전공학을 이용하는 것은 용인하지만 일부 소비자들은 유전공학 식품 소비와 생산이 사물의 본성에 어긋나며 환경 파괴적인 것으로 보고, 이에 커다란 불안감을 표시하고 있다. 이 같은 회의론자의 비판(박스 P.2)에 대해서는 특히 유기농업계가 목소리를 높여왔다. 일부 소비자는 유기농에 종사하는 사람들이 건강에 좋은 영양식품 생산 방법을 이미 터득하고 있으므로, 유전공학 작물은 필요치 않다고 생각한다.

박스 P.1 **유전공학**

유전공학은 영농방식이 아니다. 유전공학이란 다음과 같은 두 가지 기본 방식에서 식물육종과 차이가 있는 현대적인 작물 개량의 한 형태를 의미한다.

1. 식물육종으로는 유전자 전이가 유연종 사이에서만 가능하다. 유전

박스 P.1 계속

공학으로는 동종 또는 어떤 이종 유전자라도, 심지어는 동물 유전자까지도, 이를 식물에 이식하는 것이 가능하다. 따라서 유전공학으로 작물을 개조할 수 있는 가능성은 엄청난 것이다.

2. 식물육종으로는 기능을 알 수 없는 방대한 양의 유전자 집합이 혼합되는 반면, 유전공학으로는 일반적으로 형질이 충분히 파악된 단지 한두 가지 유전자만 이식하는 것이 가능하다.

박스 P.2 **관행농업 및 유기농업**

관행농업이란 다양한 농업방식을 설명하기 위해 사용하는 포괄적인 용어다. 변화가 느린 한 쪽 끝단에는 단기 수확량을 최대화하기 위해 합성 농약과 비료를 사용하는 농민이 있다. 다른 쪽 끝단에는 어쩌다 화학물질을 사용하기는 하지만 친환경 농업 목적을 신봉하는 영농인들이 있다. 점차 많은 수의 관행농민이 유전공학 작물을 재배하고 있으며, 그 현상은 특히 미국에서 두드러지게 나타나고 있다.

유기농업이란 합성비료와 농약 사용을 막거나 충분히 배제하는 친환경 기반 영농방식을 의미한다. 유기농을 하는 사람은 가급적이면 윤작(輪作), 피복(被服)작물, 퇴비, 및 기계 경작 등을 통해 지력(地力)과 비옥도를 유지해서 식물에 영양소를 공급하고, 잡초, 곤충, 및 기타 해충 등도 방제해야 한다고 생각한다. 2000년에 창설된 미국 농무부 유기농프로그램표준(National Organic Program Standards)에는 유전공학 종자 또는 기타 유전공학이 가미된 것에 사용이 금지되어 있다. 현재 미국에서 유기농에 종사하는 사람은 2%가 안 된다.

과거 십 년간의 결혼생활을 통해 우리 부부, 라울 아담착(Raoul Adamchak; 유기농민)과 패밀라 로날드(Pamela Ronald; 유전학자)는 서로 간에는 물론이고 다른 이들과도 이 문제를 토의한 바 있다. 우리 부부는 둘 다 토양이 기름지기로는 세계 제일인 비옥한 센트럴밸리의 세계 일류 연구기관인 캘리포니아대학교(University of California) 데이비스 캠퍼스에 근무하고 있다. 이 데이비스라는 소박한 마을에서는 이례적으로 높은 비율의 사람들이 채소를 연구하거나 재배하고 있다. 이곳에서는 유기농 재배인과 유전학자가 같은 동아리에서 늘 섞여 지내기 일쑤다. 우리 부부의 친구와 가족 및 동료들 중 대부분은 유전공학과 유기농을 상반된 두 극단으로 여기고, 유전공학이 환경과 식품에 어떻게 좋지 못한 영향을 끼치는지 묻는 경우가 있다. 반면에 과학에 종사하는 동료들은 우리 부부에게 그 많은 유기농업계 종사자들이 어째서 작물 유전공학에는 반대하는지를 묻는다. 이 책은 그 질문에 대한 조사와 응답을 통해 얻은 결과물이다.

연구논문, 교수(教授), 및 명상을 부분적으로 사용하여 저술한 이 책에는 대충 우리 부부 인생의 일 년이 연대기로 실려 있다. 우리 부부가 바라는 것은 독자들이 유전학자와 유기농 종사자들의 실상을 잘 이해하게 하여 작물 유전공학에 관한 논쟁 중 사실과 허구를 구별할 수 있도록 돕는 것이다. 유전공학과 유기농에 관한 열띤 논쟁 뒤에 숨겨진 과학에 관해 더 알고자 하는 독자는 이 책에서 그 해답을 찾을 수 있다.

이 책에 실린 주요 논제 중 하나는 농업의 중요한 두 가지 요소 즉, 유전공학과 유기농을 신중하게 통합하는 것이 생태계 균형을 유지하는 방식이며, 이것이 인구증가에 걸맞게 식량을 공급할 수 있는 열쇠가 된다는 것이다. 우리 부부가 유기농과 유전공학만으로도 영농부문에 소요되는 모든 변화를 감당할 수 있다는 말을 하려는 것은 아니다. 여기에는 정부의 정책 수정은 물론이고 다른 영농체계 및 기술의 변화까지 수반되어야 한다. 그러나 유기농과 유전공학 역할의 중요성이 각각 증대되고는 있지만, 어찌된 일인지 이들이 서로 불필요하게 맞서서 대항하고 있다는 생각을 떨치기 어렵다. 그러므로 이 책의 목적은 미래의 식량생산에 관해 유전공학과 유기농을 포괄적으로 다루려는 것이 아니라, 그 둘의 역할을 모두 동일하게 취급하려는 것이다.

이 책에 실린 다른 논제는, 환경문제에 책임을 진다는 광범한 목적을 세워, 이를 추구하는 영농과 그 궁극의 목표를 고수하는 것이야 말로 신품종 작물개발 방법보다 더욱 중요하다는 것이다. 이를 위해 우리 부부는 식량과 영농에서 유전공학 사용에 관한 정책을 유도할 수 있는 기준의 목록을 만들었다(박스 P.3). 이 책 전체를 통해 특정 작물 품종 또는 영농기술의 실용성을 평가할 때 바로 이 기준을 사용했다. 관념을 초월하고 비전을 공유할 수 있는 장래를 생각하면서 우리 부부는 이상의 목적을 훌륭하게 달성할 수 있게 되기를 기대한다.

박스 P.3 농업에서 유기농업 및 유전공학 기술 사용 기준

우리 부부는 다음과 같은 목적에 부합하는 과학기술 또는 영농방식의 사용을 지지한다.

- 농산물 생산을 풍부하게 하고, 안전하며, 또한 영양까지 풍부한 것*

* 미국 농무부 식품영양관리국(Food and Nutrition Service)이 규정한 것

(계속)

박스 P.3 계속

- 환경에 유해한 투입량을 감소시킬 수 있는 것
- 영농 종사자들의 건강에 도움이 되는 것
- 토착종의 유전적 구성을 보호할 수 있는 것
- 작물의 유전적 다양성을 제고할 수 있는 것
- 토양의 비옥도를 조성할 수 있는 것
- 가난하고 영양실조에 걸린 사람들의 삶을 향상시킬 수 있는 것
- 농민과 농촌의 경제자립을 지속시켜줄 수 있는 것

대충 계절별로 구성된 각 장의 그룹에서는 식량생산에서 유전공학과 유기농의 역할과 관련된 몇 가지 이슈를 다루고 있다. 예를 들어, 팸이 저술한 제1장에는 저개발국 농민이 당면하고 있는 농업의 문제점을 다루기 위해 식물 유전학자들이 육종가와 협력할 수 있는 방법을 보여주는 사례가 실려 있다. 라울이 저술한 제2장과 3장에는 농민의 입장에서 본 유기농의 철학 및 방식, 그리고 유기농과 관행농업의 차이점 등이 실려 있다. 팸의 저술인 제4장, 5장, 그리고 6장에는 유전공학의 도구 및 방법에 대한 기술, 소비자의 우려사항에 대한 검토 및 과학적 방법에 대한 개관 등이 실려 있다. 제7장, 8장 및 9장에서는 팸이 건강과 환경의 잠재적인 위험 및 유전공학 작물의 이점에 관해 논하고 있다. 제10장과 11장에서는 우리 부부가 신품종 개발에서 민간기업 및 특허권이 행사할 수 있는 역할에 관해 논하고 있다. 마지막 장에는 우리 가족이 먹는 캘리포니아 전통 봄 정찬을 소개했다. 이 음식 중 일부는 유전공학 식품이며, 또 일부는 유기농 식품이다. 어째서 이

같은 선택을 하게 되었는가 하는 설명도 곁들였다. 우리 부부의 책이 본질적으로 식품에 관한 것이므로 우리가 즐기는 레시피도 일부 소개했다.

우리 부부가 쓴 이 책은 소비자, 농민, 및 식품 선택과 환경문제에 대처하기 위해 영농방식 지원 정책을 결정하려는 정책 결정권자들을 위한 것이다. 또한, 이 책은 유전공학 작물과 이 같은 작물이 인간의 건강 및 환경에 영향을 끼칠 수 있는 가능성에 관해 정확한 정보를 입수하려는 소비자를 위해 쓴 것이기도 하다. 우리 부부의 책은 자신이 늘 먹는 식품을 요리하는 방법 외에도, 그 식품에 관해 더 많이 알아보려고 하는 사람들을 위한 것이다. 뿐만 아니라, 이 책은 한두 번쯤은 동네 슈퍼마켓 통로를 서성이며 "유기농(organic)"이나 "유전공학적 성분없음(genetic engineering-free)"이라는 단어가 붙은 라벨이 자기 가족의 건강과 지구의 장래에 어떤 의미를 갖는지 궁금해 했던 쇼핑객을 위한 것이다.

감사의 말

Acknowledgments

많은 분들이 이 책의 연구와 저술에 커다란 도움을 주었다. 이들은 애미 딜러(Amie Diller), 신디 토이(Cindy Toy), 맷 아릴(Matt Ariel), 킴 반즈(Kim Barnes) 본 저서의 편집인 피터 프레스콧(Peter Prescott) 그리고 팸의 조교인 르베카 맥솔리(Rebecca McSorley) 등이다. 이 친구 분들이 초고를 참을성 있게 읽고, 비판적인 견해를 무수히 밝혀 책의 내용을 향상시켜주었으며, 이 책을 저술하려는 야심찬 계획을 감히 시작하는 것은 물론이고 이를 끝마칠 수 있는 용기까지 주었다.

이 계획에 귀중한 시간을 할애해준 다른 친구 분들과 가족 및 동료들의 도움에도 깊은 감사를 드린다. 이들이 제기한 질문과 놀랄만한 전문지식, 그리고 통찰력이 있어서 정확하고 꼼꼼하며 균형 잡힌 저술이 가능하게 되었다. 이분들은, Frances Andrews, Julia Bailey-Serres, Will Baker, Diane Barrett, Laura Bartley, Alan Bennett, Kent Bradford, Mateo Burtsch, Patrick Byrne, Patrick Canlas, Gordon Conway, Doug Cook, Joe DiTomaso, Aliki Dragona, Bryce Falk, Sean Feder, Sally Fox, Gina Fregosi, Paul Gepts, Val Giddings, Leland Glenna, Claire Gelfman, Anne Harper, Susan Harrison, John Hill, Paul Holmes, Junda Jiang, Gurdev Khush, Peggy Lemaux, Rachel Long, Jessica Lundberg, Pamela Martineau, Claire Mazow Gelfman, Cora Monce, Jane Miller, Elise Pendall, Ginny Powers,

Stan Robinson, Patricia Ronald, Peter Ronald, Rick Ronald, Robert Ronald, Ruth Santer, Barbara Schaal, Kim Shauman, Alycia Somers, Sharon Strauss, Bruce Tabashnik, Beth Tsauzik, Allen Van Deynze, Alison Van Ennenaman, Mark Van Horn, Andrew Waterhouse, Victoria Whitworth, Valerie Williamson, Kenong Xu, Xia Xu, 그리고 로날드 실험실 그룹과 UC 데이비스 학생실습농장의 전 현직 회원 분들이다.

마지막으로, 키보드를 치며 끝까지 버텨야 했던 내 아이들 클리프와 오드리에게 감사하고(책이 나오면 더는 컴퓨터 앞에서 많은 시간을 보내지 않아도 되겠지?), 우리 부부의 부모님들이신 줄리와 빌 아담착 그리고 트리시와 로버트 로날드께도 감사드린다. 이분들의 사랑과 아량이 없었다면 이 책이 세상에 나오지 못했을 것이다.

참고: 이 책에 기술된 모든 사람과 이벤트는 거의가 실존 인물이며 사실 그대로이다. 그러나 변경된 이름이 일부 있고, 몇 몇 이벤트는 통합되었으며, 한두 가지 실험적 방법론을 단순화시키기도 했다.

역자 머리말

Foreword

나는 1990년대 초부터 유전공학적 방법으로 작물을 개량하는 분야를 연구해 왔다. 수박과 인삼의 형질전환 시스템을 개발한 것 등이 그간의 대표적 성과이다. 2000년을 전후하여 국내에서도 소위 GM 작물과 식품에 대한 인체와 환경위해성에 대한 논의가 일기 시작하였다. GM 작물 개발자 입장에서 나는 관련 토론회에 패널리스트로 여러 번 참여하였다. GM 찬성론을 펴는 패널리스트는 나처럼 GM 작물을 연구하는 과학자들이 대부분인데 반해 반대론자들은 인문사회계열 사람들이었다. 반대론자들은 GM의 인체 및 환경 위해성을 과학적으로 논증하기 보다는 비현실적인 위해가능성을 과장하거나 위해성에 대한 자신의 신념을 감정적으로 토로하는 것을 자주 경험하였다.

'내일의 식탁'은 유기농을 하는 남편과 식물의 유전공학을 전공하는 교수인 부인이 자신들의 성공적인 부부생활처럼 유기농업과 유전공학의 멋진 만남 혹은 만남의 가능성을 일상적인 말투로 흥미롭게 기술하였다. 유기농업은 관행농업과 대비되는 것으로 관행농업이 일상화하고 있는 농약과 비료의 사용을 배제하고 친환경적이고 지속가능한 방법을 구사한다. 흔히 유기농업 쪽에서는 GM 작물을 재배하는 것을 경원시한다고 볼 수 있다. 그러나 저자들은 GM의 비현실적 혹은 비과학적 위해 가능성을 택하기 보다는 GM의 새로운 특성이 친환경적이고 지속가능한 농업에 기여할 수 있다고 판단되면 과감히 유기농업에 받아드려야 한다는 견해를 설득력있게 펼친다.

본서의 기초번역은 나의 윗동서인 차진도 선생이 담당하였다. 오랫동안 아메리칸 에어라인의 한국지점장으로 일하다가 은퇴한 후 전문번역가로 일하는 분이어서 유전공학에 대한 전문적인 부분을 제외한 그의 번역은 매우 훌륭하였다. 그러나 제한된 시간으로 인해 적지 않은 오역이 있을 수 있으며 이는 전적으로 나의 책임이다. 본 번역서가 GM에 대한 극단적인 찬반론을 답습하는 듯 하는 국내의 관계자들에게 신선한 합의점을 도출하는데 얼마간의 도움이 된다면 처음해보는 본격적 번역일로 자신의 한계와 무능을 간단없이 느꼈던 피로를 말끔히 잊을 수 있을 것 같다.

2011년 7월 역자를 대표하여 유장렬 씀

목차

Contents

환경
The Environment

소유권
Ownership

정찬
Dinner

저자에 대하여

About the authors

라울 아담착은 20년 간 유기농작물을 재배해왔으며, 그 기간 중 일부는 500명이 넘는 정기 주문자들에게 매주 생산한 유기농 채소 상자를 배달하는 150에이커의 개인 소유 농장인 풀벨리농장(Full Belly Farm)에 공동 경영인으로 참여하고 있다. 라울은 자신의 농산물을 거래량이 높은 샌프란시스코 베이에어리어와 새크라멘토의 농민시장과 도매상, 및 소매상 등에게 팔아왔다. 뿐만 아니라 그는 캘리포니아 유기농업 인증기관(California Certified Organic Farmers' 〈CCOF〉)과 그 이사회의 회원으로서, 또 회장으로서 많은 시간을 할애하여 유기농 인증 문제를 토의하고, 또 CCOF에 가입하려는 백여 개소 유기 농가를 시찰하기도 했다. 그는 클라크대학교(Clark University)에서 경제학 학사를 받았고, 캘리포니아대학교 데이비스 캠퍼스에서 국제농업개발 석사학위를 취득했으며, 역시 이곳에서 곤충학까지 연구했다. 현재는 캘리포니아대학교 데이비스 캠퍼스의 학생실습농장에 근무하고 이곳에서 유기농 생산방식을 가르치며, 5에이커의 시판용 채소밭을 경영하고 있다.

팸 로날드는 캘리포니아대학교 데이비스 캠퍼스의 식물 병리학 교수이며, 식물 게놈 프로그램 의장으로서, 식물이 환경에 반응할 때 유전자의 역할이 무엇인지를 이곳에서 연구하고 있다. 대부분의 시간은 세계 인구 50%가 주식으로 삼고 있는 쌀에 관한 연구에 초점을 맞추고 있다. 그녀의 연구실에서는 유전공학으로 생산한 벼를 두고 아시아와 아프리카 미작(米作)의 커다란 문제거리인 질병과 침수 두 가지에 대한 벼의 저항력 연구가 진행되고 있다. 그녀는 리드대학(Reed College)에서 학사학위를 받았고, 스웨덴의 웁살라대학교(Uppsala University)에서 식물 생리학 석사학위를 취득했으며, 또한 스탠퍼드대학교에 생물학 석사와 캘리포니아 대학교 버클리캠퍼스에서 박사학위를 받았다. 사이언스지(紙)와 네이처지(紙) 및 기타 학술지에 논문을 발표하였으며, 발표내용이 뉴욕타임즈, 월스트리트저널 및 르몽드 등과 같은 신문에 기사로 실리기도 했다. 로날드는 1984년 풀브라이트 연구원, 1999년 구겐하임(Guggenheim) 연구위원, 및 미국과학진흥회(American Association for the Advancement of Science) 피선 연구위원 등을 지냈다.

소개
Introduction

01

중국 니헤 및 캘리포니아 데이비스의 미작 米作

신성한 벼, 풍요와 기품의 벼, 지고의 벼일레라. 신성한 벼, 당신을 심나이다. 당신의 아이들을 보살펴주소서. 당신의 백성을 보살펴주소서. 작은 사람들, 젊은이들을 보살펴주소서. 더디 오지 마소서. 늦되지 마소서. 병마가 들이치고, 고통에 시달리지 않게 하소서. 당신의 백성을 찾아주소서. 당신의 아이들을 찾아주소서. 풀랑 가나(Pulang Gana) 신(神)이 아끼시는 당신이시여, 외면하지 마시고 저희를 구해주소서. 맡은 바를 다하시고, 하나라도 소홀히 마옵소서.

1950년경 보르네오 이반(Iban) 농부들이 벼의 정령에게 바치는 기도문. 마을의 미작(米作)이 좋지 않아 풍요의 신(神〈풀랑 가나〉)에게 드리는 기도다.

D. 프리만의 1970년 이반에 관한 보고서와
R. W. 해밀튼의 2003년 지 쌀의 예술: 아시아의 영과 양식에서 인용.

As quotrd in D. Freeman, *Report on the Iban*, 1970;
and R.W. Hamilton, *The Art of Rice, Spirit and Sustenance in Asia*, 2003

지난 주 침수답에 배수 작업을 실시했다. 나는 오늘 맨발로 무겁게 진창을 걸으며 발가락 사이로 차가운 진흙이 빠져나가는 것을 느꼈다. 밀집모자를 쓰고 데이비스의 한 여름 뜨거운 태양으로부터 얼굴을 가렸다. 발뒤꿈치에는 검은 진흙이 억세게 달라붙어, 다음 발걸음을 뗄 때마다 빽빽 빨아들이는 소리를 냈다. 논에 들어오기 전에 신발이 헐거워 벗어놓고 왔다. 커다란 하늘색 왜가리가 가까이 날고, 꽥꽥 우는 소리에 작은 백로 떼가 놀라 비상한다. 오늘 내가 여기 온 것은 오랜 세월 동안 인간을 먹여 살려온 작물, 벼 때문이다(Huke와 Huke 1990년).

요즈음은 전처럼 논에 자주 오지 않지만, 오늘은 예외다. 오늘 아침 내 연구실에서 연구원으로 근무하는 케농(Kenong)과 그의 처 시아(Xia)가 나에게 중요한 실험 결과를 보여주기로 했다. 조금이라도 빨리 보고 싶다. 지난 십여 년 간 우리는 벼가 침수되어도 살아남을 수 있게 하는 중요한 벼 유전자가 무엇인지 밝히기 위해 연구해왔다. 과학 탐구가 비록 시간이 걸리는 방법이기는 하지만, 그래도 우리는 그 과정에서 분명한 만족을 느끼고, 새로운 것을 발견하고 새로운 과학정보를 조금씩 알게 될 때마다, 자연계에 한 걸음씩 다가가는 것이다.

실험포장은 길이가 450마일에 이르는 캘리포니아 센트럴밸리의 UC 데이비스 캠퍼스에 있다. 캘리포니아에 있는 다른 미작 농지와 마찬가지로 여기도 작물이 정해진 깊이만큼 물에 잠겨 잡초를 막을 수 있도록 레이저로 정확도를 조절하여 토양을 평평하게 다졌다. 이 논에는 마개를 틀거나 플러그를 뽑아 물을 채우기도 하고 빼기도 하는 욕조처럼, 물꼬를 통해 수위를 조절하도록 되어있다. 잡초를 방제할 수 있는 수위는 농민이 알아서 처리한다. 잡초가 깊은 물에 잠기면 호흡작용과 광합성에 필요한 공기와 햇빛 공급이 차단되어 잡초는 죽게 된다. 그렇다고 이 방식이 100% 효과가 있는 것은 아니다. 작은 꽃이 피는 종려방동사니(umbrella plant), 흰꽃이 피는 덕샐러드(ducksalad),

그리고 피 등이 눈에 띈다. 수위가 얕은 논 구석에 잘 자라는 잡초들이다. 이 같은 방제가 어려운 잡초 때문에 농민이 다른 전략을 택해 화학 제초제까지 사용하는 경우도 있다. 물을 사용하여 잡초를 방제해야 한다고 굳게 믿고 있는 유기농 재배인들은, 제초제 사용이 금지되어있기 때문에, 이 2차적인 방법은 사용할 수가 없는 것이다. 문제는 어린 모가 일주일 이상 완전히 물에 잠기면 죽는다는 것이다. 그래서 농부가 잡초를 죽이느냐 벼를 죽이느냐의 줄타기를 하는 것이다.

주변의 건초와 고인 물에서 뿜어 나오는 독한 냄새는 여름철 센트럴밸리의 특색이어서, 놀 시간이 얼마든지 있던 어린 시절 동생과 가까운 해안지역에 가면 썰매 대신 보드지(紙)로 초원의 언덕을 내려 달리거나 플라스틱 버킷으로 폐정에서 올챙이를 잡곤 하던 기억을 떠올리게 한다. 진흙 밭을 걸어가며 케농은 나와는 다른 어린 시절 이야기를 해준다.

그는 1963년 중국 안후이성(安徽省) 다이베(大別)산맥 동쪽 분지에 둥지를 틀고 있는 작은 마을 니헤에서 태어났다(그림 1.1). 안후이성(安徽省) 대부분이 양쯔강(Yangtze River)의 거다란 범람원이라, 미작(米作)에는 토양이 더 없이 비옥한 곳이다. "저는 조그만 벽돌집에서 부모님, 형님, 그리고 여동생 둘과 함께 살았습니다. 우리 가족은 암탉 열다섯 마리, 수탉 다섯 마리, 오리 열다섯 마리, 돼지 두 마리, 그리고 거위 열 마리를 키웠습니다. 동물을 먹일 사료가 넉넉하지 못해서 이들이 직접 먹이를 뒤지고 다녔지요. 돼지는 우리 식구가 먹다 남은 것을 먹었고, 가금류는 곤충과 푸성귀를 쪼아 먹었으며, 오리는 이웃 강에서 이따금 물고기를 사냥해 먹었지요. 이놈들이 크고 나면 잡아먹었는데, 이때가 바로 쌀밥 일색이던 우리 가족의 삼식(三食)에 기름이 흐르던 때였습니다. 우리 남매들은 따로 놀 게 없어 동네 강에서 맨손으로 고기를 잡았는데, 그 강이 카오후호(湖)로 흘러들었고, 다음에는 오륙십 마일 떨어진 양쯔강으로 흘러갔지요."

벼농사는 마을에 살던 삼십 가구가 다 함께 협동하여 지었다. 취학하기 전 여름 케농은 매일 일을 거들었다. 이른 봄이면 여인네들이 모가 하나라도 부러질세라 허리를 굽혀 진흙 깊숙이 착상되도록 조심해가며 습답에 모를 이앙했다. 성장기간 중에는 논에서 일일이 손으로 잡초를 뽑는 고된 일을 계속해야 했다. 허리가 끊어질 정도로 매우 고된 노동이었지만, 잡초가 햇빛과 물, 그리고 영양소를 빼앗지 못하도록 하려면, 달리 어쩔 수가 없었다. 가을이면 사내들이 어깨에 커다란 볏단을 메고 읍내로 가서 팔곤 했다. 트럭이나 트랙터는 눈을 비비고 봐도 보기 어려웠다.

1958년부터 1962년까지 마오쩌둥(毛澤東)이 농업 집단화 및 산업 성장 속도화 대중 운동이었던 "대약진" 정책을 펼치던 기간에는 중국인 수 천만 명이 기아로 숨졌다. 그러나 니혜 마을에 살던 사람들은 중국에서도 가장 좋은 다산지(多産地)에서 농사를 짓고 있었으므로 대체로 먹을 것이 넉넉했다. 그렇지 못한 경우도 있었는데, 케농은 이를 다음과 같이 회상한다.

"제가 살던 마을에 흉년이 든 적이 있었습니다. 여섯 살인가 일곱 살 때였는데, 다이베산맥에서 홍수가 갑자기 마을을 덮쳐 방금 모를 이앙한 논이 물에 잠겼습니다. 작물이 몽땅 엉망이 되었지요. 제 아버지는 봉급을 받는 공무원이었기 때문에 우리 가족은 먹을 게 넉넉했

그림 1.1 남아시아 및 동남아의 침수 스트레스 지역.

습니다. 그렇지만 이웃들은 대부분 그렇게 운이 좋지 못했어요. 정부도 이웃도 식량을 제대로 대어주지 못하자 이들 대부분이 굶어 죽었습니다."

니헤 마을만 그런 게 아니었다. 남아시아와 동남아에서 매년 약 1,500만 헥타르(이태리 절반만한 지역)의 논이 홍수로 범람했다. 방글라데시에 몬순 계절이 되면 길은 물에 잠겨, 사람들이 천, 황마, 대나무

등으로 집에서 멋대로 만든 범선을 타고 오가는 수로가 된다(Catling 1992년). 이 나라가 어림잡아 1억4천만 명이 사는 땅이며, 그 중 7천만 명은 하루 1달러 미만의 수입으로 생계를 이어가는 곳으로, 세계에서도 가난한 사람들의 인구밀도가 으뜸인 곳이다. 이곳의 쌀 생산 손실은 연간 10억 달러가 넘을 수도 있다(Herdt 1991년; Dey와 Upadhyaya 1996년). 그러나 이 숫자에는 작물이 손실되어 사람들이 당하는 비극적인 고통은 포함되어있지 않다. 때론 홍수를 견딜 수 있는 곡물로는 벼가 유일한 것이지만, 대부분의 벼 품종은 침수기가 오래되면 죽는다.

극히 드물기는 하지만 예외가 있긴 있어서, 이 같은 벼가 육종가(개량 계통을 얻기 위해 유전자를 혼합하고 짝을 맞추는 과학자)의 관심을 크게 끌고 있다. 그 중 하나가 재래종 인도 벼인 FR13A이다. 이 벼에는 농업경제학에서 볼 때 진귀한 특성이 있다. 즉, 모가 침수를 견딜 수 있는 기간이 14일이나 되는 것이다. 그렇지만 수확량이 좋지 않아 재배하는 곳은 많지 않다. FR13A는 벵골 만 동쪽과 접경하고 있는 인도 동부 오리사(Orissa) 주(州)가 원산지다. 이 지역은 13세기 힌두 사찰이 산재해 있는 곳이다. 오늘날까지도 이곳 사람들은 대부분 오리야(Oriya)어(語)를 사용하며 벼농사를 짓고 산다. 지난 오십여 년 간 육종가들이 FR13A를 모본(母本)으로 사용하여 수확량이 많고 맛도 좋으며 침수 내성 특성이 있어 아시아 다른 지역 농민들까지도 선호할 품종을 개발하기 위해 노력해왔다. 그렇게 개발한 신품종은, 낙심천만으로, 품질이 좋지 못했다. 어떤 유전자가 필요한 것인지, 이 유전자는 게놈의 어느 부위에 있는지를 이들이 몰랐고, 부수적으로 육종가들까지 엉뚱한 유전자를 도입하여 전반적인 벼의 품질을 떨어뜨렸다(박스 1.1).

박스 1.1 **유전자와 게놈**

유전자란 무엇인가? 유전자에는 디옥시리보 핵산(DNA)이나 리보 핵산(RNA) 형태로 부호화된 유전 정보가 들어있다. DNA는 네 가지 상이한 질소가 풍부하게 함유된 화합물(아데닌, 티민, 구아닌 및 시토신), 당류, 및 인(燐) 등으로 구성된 기다란 점액물질이다. 유전자는 각각 단일 단백질 또는 관련 단백질 군(群)을 부호화 하고있다. 유전자는 이 같은 단백질 생산 조절을 통해 대부분의 해부학적 구조와 생리기능을 결정한다. 벼와 인간과 같은 고등생물의 경우, 유전자는 핵이라 부르는 격실 안에 있는 염색체의 특정한 장소에 위치하고 있다.

게놈이란 무엇인가? 벼 게놈에는 유전자가 몇 개나 있는가? 게놈은 생물체에 들어있는 모든 유전 정보 또는 유전 물질로 구성되어있다. 벼 게놈의 완벽한 염기서열이 전부 밝혀진 것은 2004년 12월 공공 연구소 컨소시엄인 국제벼게놈 염기서열 프로젝트(International Rice Genome Sequencing Project)에 의해서다. 유전자 후보를 식별할 수 있는 염기서열을 주사(走査)하기 위해 고성능 컴퓨터가 사용되었다. 이 방법을 통해 약 42,000개의 유전자가 식별되었다. 이들 유전자 중 대부분은 곡류에만 있는 것으로 보인다. 요즈음 벼 유전학 연구 목적 중 하나는 이 같은 유전자 기능을 하나도 빠짐없이 해독하여 그 정보로 유전자 각각의 기능을 제시하고, 이후 이 정보를 사용하여 작물 생산성을 높일 뿐만 아니라 기초적인 생물학적 방법에 대한 우리의 이해까지 제고하려는 것이다.

케농과 시아와 나는 걸음을 멈추고 논을 둘러보았다. 키가 크고 잔디같이 생긴 녹색 잎사귀들이 고른 높이로 숲을 이루고, 마치 축제에 참가하는 우리를 환영하는 양 바람에 가볍게 물결치고 있었다. 농민에게 이런 광경은 곡식을 풍성하게 수확할 수 있는 벼가 많다는 것이므로 반가운 것이다.

"어쩌다 벼육종에 관심을 갖게 되었어?"라고 시아와 케농에게 물었다.

"저희들 둘 다 벼농사를 하고 싶었습니다." 시아가 대답했다.

"그리고 둘 다 학교로 돌아가고 싶었습니다. 문화혁명 기간에는 마오쩌둥이 학교를 폐쇄했기 때문에 공부할 기회가 없었어요. 학교가 다시 열리자, 농업이 인기 과목이니까 많은 사람들이 안후이성 농업 대학교에 등록했고, 저희도 거기서 만났어요."라고 케농이 설명했다.

시아가 말을 이었다. "저는 황샨(黃山)이 가까이 있는 북쪽 군(郡) 출신이에요. 그곳은 아주 유명한 곳입니다. 절벽이 많고 소나무도 많으며 온천도 많아요. 저희는 나중에 케농이 농업 경제학 석사학위를 받은 후한으로 이사했습니다. 거기에서 첫 아들을 낳았고, 또 벼의 침수 내성을 연구하시는 데이브 맥킬(Dave Mackill) 교수님을 알게 되었지요."

그 시절, 데이브는 유전학 교수였고 UC 데이비스캠퍼스에서 나와 동료로 근무했다. 그는 벼육종에 현대 유전학적 방법을 적용한 연구로 유명해졌다. 지난 수년간 그는 내가 캘리포니와 아시아에서 벼농사를 하는 사람들이 겪고 있는 문제에 관해 질문할 때마다 이를 부지런히 답해주었다. 그는 데이비스 캠퍼스에 오기 전까지는 인도 파탄체루(Patancheru)에서 국제반건조열대작물연구소(International Crop Research Institute for the Semi-Arid Tropics)에서 근무했고, 그 후 10년간은 필리핀의 국제미작연구소(International Rice Research Institute 〈IRRI〉)에서 근무했다. 연구원으로서 그의 주목적은 새로운 벼 품종을 개발하여 가난한 농민들이 침수, 가뭄, 및 질병 등과 같은 농업 문제와 싸울 수 있도록 돕는 것이었다. 그는 FR13A에서 침수 내성 유전자를 분리시킬 수 만 있다면 육종가들이 침수를 견디지 못하고 죽던 벼 품종에 이를 정확하게 도입하여 아시아 농민들과 어쩌면 캘리포니아 농민들에게까지 도움을 줄 수 있을 것이라고 생각했다.

그의 선견지명이 케농과 시아, 그리고 나를 하나로 뭉치게 했다. 1996년 케농과 시아 부부가 그의 연구실에 함께 일하기 시작한 다음, 그가 나에게 벼 유전자에 관한 경험을 활용하여 이들 부부가 FR13A에서 침수 내성 유전자를 식별할 수 있도록 도와 달라고 요청했다. 2~3년이 안 되어 이들 부부는 이 침수 내성 특성이 벼 염색체 중에서도 아주 작은 영역에 있다는 것을 알아냈다(Xu 등 2000년). 컴퓨터 프로그램을 통해 이 영역에 있는 유전자의 기능을 예측할 수 있었는데, 그 중 하나가 특히 우리의 관심을 끌었다.

이 같은 유전자 종류에 관해 다른 모종에서 얻은 지식을 바탕으로 이 유전자가 모종의 복합 기능을 조절하는 마스터스위치 역할을 하는 것이 아닐까하는 가설을 세웠다. 이는 마치 케농과 시아 부부가 색조가 약간씩 다른 명주실 42,000가닥을 짜 만든 공에서 그 중 다른 것과는 뚜렷이 다른 한 가닥을 뽑아 그 공을 모두 풀어내는 것과 같았다. 직공(織工)과는 달리 유전학자는 눈으로 보기만해서는 자기가 잡고 있는 실 가닥이 정말로 자기가 고르려는 것인지 알 수가 없다. 그 대신 유전학자는 그 실 가닥을 다른 패턴에 짜 넣어 검사해야 하며, 이 경우 일반적으로 홍수를 견디지 못하는 다른 벼를 사용한다(자세한 내용은 그림 4.4 참조). 그래서 우리도 이를 따랐다. 우리는 침수 내성 특성을 지니고 있는 이 단일 실 가닥의 유전자를 일반적으로 홍수를 견디지 못하는 벼 품종에 재조합했다. 이 유전자 하나를 혼입하면 그 벼가 살아남을 수 있는지 알아보려는 것이었다.

케농과 나는 내내 시아를 따라 논을 걸었다. 그녀는 우리보다 키가 작지만 빨리 걸어야 그녀와 보조를 맞출 수 있었다. 어린 유전공학 모를 몇 주일씩이나 일찍 이앙한 것도 그녀였다. 우리는 지난 2주 전에 이 논에 심은 모를 침수시킨 다음, 열흘 전에 배수했다. 침수에 살아남은 벼는 얼마 되지 않았고 논을 걸으며 본 벼는 약하고, 호리호리한 것이 아주 맥이 없었다. 생육작용에 필요한 공기와 햇빛이 부족해 이렇게 맥없고 흐늘흐늘한 것이 침수된 벼의 전형적인 모습이다.

이 벼들은 더 이상 살아남지 못할 것이다. 저 멀리 침수에서 회복하여 검은 진흙을 뚫고 솟아나온 모가 몇 줄 보인다. 시아 말로는 이 모가 침수 내성이 있는 인도 벼에서 유전자 정보를 이식받은 것이라 한다. 우리가 정확한 유전자를 식별하여 이식했기 때문에 이 벼는 물속에서도 오랜 동안 살아남아 건강을 회복한 것이다. 나는 급히 허리를 굽혀 첫 번째 모의 파란 잎이 눈부시게 빛나는 것을 부드럽게 만져보았다. 곧 아래쪽 이랑에도 눈길을 주었다. 모두 살아있다. 마치 물이 빠질 때까지 벼가 숨을 죽이고 기다릴 수 있었던 것 같다. 마술을 부리기라도 한 것처럼. 시아와 케농의 얼굴을 보니 기뻐 웃는 모습이 만사형통이라는 느낌이다. 흥분에 찬 나머지 사람들에게 이를 알리기 위해 발뒤꿈치에 흙이 묻은 줄도 모르고 연구실로 곧바로 돌아왔다.

태고로부터 내려온 DNA 실을 현대 벼 품종에 짜넣는 길쌈놀이가 아니었다면 케농과 시아 부부를 만나지 못했으리라는 것을 깨달았다. 우리의 연구로 가장 최근에야 6000년 전 양쯔강에 처음으로 경작했던 벼에 유전자 변형을 가져올 수 있게 되었다. 이 시간 이후 방대한 수의 벼 품종이 개발되었다. 홍수를 극심하게 겪는 오리사주(州) 농민들이 침수를 견뎌낼 수 있는 FR13A를 선택한 것은 당연한 일이다. 이후 한 세대에서 다음 세대로 이어져, 지금과 같이 그 침수 내성을 크게 중시하게 된 것이다. 우리는 최근의 연구를 통해 침수 내성 특성이 오리사주의 품종에만 있는 것이 아니라, 스리랑카의 두 가지 재래종에도 있다는 것을 알았다. 오리사주 원주민이었던 신할리족(Sinhalese)의 원조(原祖)들이 2,500년 전 이 섬나라로 수 천 킬로미터를 이주해올 때 이 귀한 볍씨를 가져온 것으로 보인다.

유전학자로서 우리는 아마도 언제나 인류가 해왔던 것과 같이 행동하고 있을 것이다. 즉, 신성한 고대의 비밀을 배워 다른 사람들에게 이를 전달하면, 이후 이들이 그 정보를 예기치 않았던 새로운 방식으로 이용하는 것이다. 이제 침수 내성 유전자가 다른 형태를 취해 남아시아로 돌아온 셈이다. 현대의 유전학적 방법(박스 1.2)을 사용하여 데이브와 동료들이 이 유전자로 남아시아와 동남아 환경에 서식할 수 있는 벼 품종을 개발한 것이다(Xu 등 2006년). 이렇게 새로 식재한 벼는 14일 간의 침수를 견딜 수 있기 때문에, 수확량과 풍미도 모본(母本)과 꼭 같다(그림 1.2).

라오스, 방글라데시, 및 인도 등지에서 현재 시험 생산이 진행 중에 있다. 이 개량형 신품종 벼가 아시아 빈곤 농가의 고통을 덜어줄 것으로 기대한다. 침수 내성 특성을 지닌 캘리포니아 벼 품종을 개발했으므로, 우리 팀도 캘리포니아에서 유기농 벼를 재배하는 사람과 그 외 다른 농민들이 제초제를 사용하지 않고 잡초를 제거할 수 있도록 도울 수 있을 것이다. 이 경우 우리 인류는 다시 한 번 전통과 현대, 과거의 농부와 오늘 날의 농부, 그리고 유기농과 유전공학에 의한 농업을 구별하는 선을 흐리게 만드는 셈이 된다.

우리가 확실히 아는 것은 농업이 끊임없이 변하며, 우리도 이 변화를 따라 바뀐다는 것이다. 즉, 우리가 이루어가는 연구와 우리와 함께 노력하며 살고 있는 사람들의 연구를 통해 우리의 삶이 영향을 받아, 다소 바뀌게 될 것이며, 우리의 시각도 새로와질 것이다.

박스 1.2 **분자표지활용 육종에 의한 벼의 유전자 변형**

연구원들은 분자표지활용 육종법으로 자신이 어느 한 품종에서 다른 품종으로 옮기려는 유전자의 유전자 "지문"을 먼저 식별한다. 이후, 관행 벼 육종 방식을 통해 두 가지 품종을 타가수분(他家受粉)시켜, 다수의 자손을 생산한다. 그 다음, 육종가가 이 자손 중에서 어떤 것이 보기에 바람직한 유전자 지문을 가지고 있으며, 어떤 것이 그렇지 않은지 식별한다. 이후 같은 방법을 반복한다. 유전자 지문도 없고 유전자 재조합을 통해서도 쓸모 있는 유전자를 확인할 수 없을 경우, 얽히고 설킨 특성을 골라내는 일은 지극히 어렵게 된다. 육종 표지를 사용할 경우, 연구원은 자손 품종의 DNA를 직접 육안으로 보고 어떤 것이 유전으로 물려받은 것인지 정확하게 해독할 수 있다. 대부분의 국가에서는 분자표지활용 육종에 의한 방식을 유전공학적 방법 보다 폭넓게 허용하고 있다. 분자표지활용 육종은 현대적 유전학 기법으로 행해지지만 관행육종의 연장선상에 있다고 보기 때문이다.

FR13A 프로젝트의 경우, 분자표지활용 육종방식은 논을 4피트 깊이로 침수시켜 자손 품종이 이를 견뎌내는지 시험하지 않고도 연구원이 연구실에서 가장 좋은 품종을 가려낼 수 있으므로 시간과 노력을 크게 절약할 수 있다.

그림 1.2 침수 내성이 있는 벼.

14일된 재래식 모를 14일 동안 침수시킨 다음 배수 14일 후 사진을 찍은 것이다. 왼쪽은 침수 내성을 지녀 남아시아와 동남아 농지에 잘 적응한 스와나(Swarna) 품종이 침수된 모습이다. 오른쪽 끝은 침수 내성 특성을 지닌 벼의 모습이다. 가운데의 두 가지 품종은 유전학적으로 스와나 품종과 비슷하지만 분자표지활용육종(marker-assisted breeding)을 사용하여 개발한 침수 내성 유전자 *Sub1*을 추가했다는 점이 다르다(Xu 등 2006년).

농장

The Farm

02

어째서 유기농업인가?

오늘은 7월 초, 유기농 생산 방식 수업이 있는 첫 째 주로, 아침 9시인데도 벌써 찌는 듯이 덥다. 신입생 8명을 맞은 이 20에이커의 UC 데이비스 캠퍼스 유기농 인가 농장이 우리들의 훈련장이다. 이 무더운 데이비스의 여름을 끝까지 참아낸 학생은 수업이 끝날 때쯤이면 유기농 생산방식이 관행방식과 어떻게 다른지 그리고 유기농을 하는 방식은 어떤 것인지를 배워 알게 될 것이다.

소개삼아 나는 학생들을 시판용 채소밭으로 데리고 간다. 시반(Sivan), 스투츠 슈프림(Stutz Supreme), 및 크림슨 스위트(Crimson Sweet) 품종이 있는 멜론 이랑 사이를 걷는다. 학생들은 품종의 다양성과 색상을 보겠지만, 나는 앞으로 전념해야 할 연구계획을 그려본다. 우리는 다음 이랑으로 이동한다. 여기에는 일찍이 선성(剪定)을 끝내고 받침목을 받쳐준 토마토가 있다. 첫 번째 끈 높이는 받침목에서 받침목으로 이어져 발육기의 모종을 지탱한다. 여름 내내 학생들은 그 다음 네 개의 끈을 높이 묶어나가 익어가는 과일이 땅에 주저앉지 않도록 할 것이다. 그 보상은 다채로운 피자를 만들 수 있는 빨간색, 노란색, 그리고 자줏빛 과일을 수확하는 것이다. 밭 맨 끝머리 묘상(苗床)이 마치 올가(Olga) 숙모 댁에 천을 덮어놓은 가구처럼 생겼다. 이것이 거둘 때가 다된 나륵풀이지만 아직까지는 벼룩잎벌레가 잎사귀를 먹지 못하도록 부상형(浮上型) 이랑 덮개를 그대로 덮어두고 있다. 나는 여기에서 재배한 청과물이 학교 구내에서 학생들이 운영하는 커피점에 팔리고, UC 데이비스 직원과 교수진 및 학생들에게도 팔린다고 설명했다. 마침내 우리는 내가 강의를 시작하려는 커다란 무화과나무 그늘에 도착했다.

그러나 나는 먼저 모두들 즙이 많고 달콤한 블랙미션(Black Mission) 무화과 맛을 보도록 했다. 보드랍고 달아서 끈적거리기까지 하는 내부는 마치 수백 개의 작고 불그스름한 촉사(觸絲) 같이 생겼다. 무화과는 과일로 알고 있지만 사실은 자신의 몸속에 거꾸로 핀 꽃이다. 농장을 찾아온 중동 사람들은 무화과를 먹기 전에 껍질부터 먼저 벗기는 것을 본다. 그러나 오늘 내 반의 학생들은 나를 따라 껍질까지 통째로 먹는다. 꿀 먹은 벌처럼 무화과를 실컷 먹은 학생들이 내 강의를 경청할 준비가 되었다.

학생들이 차분해지고 편한 자세가 되어 내 말을 경청하기 시작하는 것을 보고, 나는 다음과 같이 설명했다. "유기농은 관행 농지에 지나치게 화학물질을 많이 사용하여 생긴 환경과 건강 문제에 대응하기 위해 나온 것입니다. 유기농이 합성 화학물질보다는 살아있는 생물체를 사용한다는 점에서 이것을 가장 적절하게 표현하려면 '생물학을 이용한 개량 영농방식'이라고 해야 할 것입니다. 이와는 대조적으로 관행농업은 대부분의 관행농업 종사자들이 1940년대부터 입수가 용이하게 된 합성 농약과 비료(박스 2.1)를 사용하므로, '화학에 의한 개량 영농방식'이라 해야 합니다. 관행농업의 목적은 높은 수확량과 적은 비용으로 식량을 얻는데 있습니다. 유기농의 목적은 건강입니다. 즉, 토양, 작물, 농부, 환경 및 소비자 모두가 건강해지는 것입니다."

내 강의 중에 밭에 잡초가 있는 것을 보았는지 캐티라는 학생이 손을 들고 질문했다. "말씀은 좋지만, 제초제를 안 쓰고 어떻게 잡초를 방제할 수 있나요?"

유기농의 아픈 점은 잡초다. 윤작(輪作), 기계 경작, 사전 관개(pre-irrigation), 및 잡초가 씨를 뿌리기 전에 이를 먼저 제거하는 것 등이 모두 유기농가에서 사용하는 잡초 방제 전략이다. 이 전략은 무엇보다 일손이 넉넉할 때는 효과가 있다. 그러나 일손이 넉넉지 못할 경우, 잡초가 문제 될 수 있다. 생물학적 전략보다 좀 더 기술적인 다른 전략으로는 태양열 토양 소독(soil solarization)이 있다. 1980년대 UC 데이비스 캠퍼스의 클라이드 엘모(Clyde Elmore) 교수는 한 여름에 반습토를 6주 간 얇고 깨끗한 비닐로 덮어주면 위에서 1.5인치의 토양에 들어있는 잡초 종자가 거의 모두 죽는다는 것을 입증했다(Elmore 1997년).

박스 2.1 농약의 종류

제초제: 잡초를 죽인다.

살충제: 곤충류를 죽인다.

살진균제: 진균류를 죽인다.

살균제: 세균을 죽인다.

살선충제: 선충류를 죽인다.

잡초, 곤충, 세균, 선충, 및 진균류 등 작물의 주요 해충으로, 매년 전세계적으로 40% 정도의 수확량을 감소시키는 것으로 추산되고 있다.

나는 잡초경합에 가장 민감하고 또 잡초 때문에 가장 많은 노동력이 소요되는 당근류의 작물에 태양열 토양 소독방식을 사용한다. 체험학습이 수업에서 사용하는 강의 방식이므로(학생들은 몸으로 부딪혀 가며 학습의 개념을 익힌다), 캐티가 질문한 것을 답하기 위해 나는 학생들에게 뙤약볕으로 따라 나와 제초제를 사용하지 않고 잡초를 방제하는 이 방식을 사용하여 작업할 것을 요구했다.

우리가 오늘 할 실습은 새로 경운한 열여섯 개의 묘상과 반습토를 깨끗한 비닐로 덮어주는 것이다. 공교롭게도 비닐 구매를 막판으로 미뤄두었기 때문에 당장 쓸 수 있는 비닐 롤은 폭이 13피트밖에 되지 않았다. 묘상 폭이 6피트인데다 트랙터에 장착한 받침대에 폭 6피트짜리 롤을 올려야 하므로 크기가 완벽하지 않았다. 폭이 아주 넓은 쪽을 손에 잡으니 롤을 반으로 잘라야겠다는 것을 알았다. 그러나 비닐이 접힌 것이 마술과 같아, 이를 펴서 자르려면 시간이 너무 걸려 무더운 날에 그렇게 한다는 것이 아무래도 좋지 않았다. 그래서 우리가 자른 비닐을 받침대에 끼워 넣을 방법을 생각해보았다. 생각 없이 멋대로 해보니 되지 않는다. 비닐 시트 말린 것을 풀어놓으니 태양 빛에 반사하여 눈이 부시다. 나도 땀이 나고, 모두들 땀을 흘려, 결국은 참을 수 없게 되었다.

이상민이라는 학생이 내가 애쓰는 모습을 차분하게 보고 있다. 수업에서 강의할 때는 대부분의 경우, 학생들이 강사보다 아는 것이 적고, 경험도 거의 없으므로 좀 거칠거나 무모한 것을 시켜도 그대로 한다. 이상민은 예외였다. 유기농을 관행농업에 대한 필수 생태학적 대안으로 보는 젊고 관념적인 학생과는 달리, 상민 씨는 관행작물을 재배해 본 사람이라 유기농 생산방식의 수익창출 가능성에 큰 관심을 두고 있었다. 그는 60대이지만 믿기가 어려운 것이, 겉으로 보기에는 45세 같이 보이고, 일하는 것을 보면 마치 35세 같았다. 그의 회사 다이콘팜스(Daikon Farms)사는 아시아 멜론과 다이콘 무 수 천 에이커를 재배하거나 계약 재배하고 있었다. 그는 농부이자, 실업가이며, 시인이자, 선생이고, 또 전직 선장이었다.

내가 구렁텅이에서 빠져나올 수 있도록 약간 시간을 준 다음, 상민씨는 이렇게 말했다. "반으로 자를 필요는 없어요. 하나를 통째로 사용하세요. 기계는 사용하지 마시고." 나는 그 말에 토를 달 수 없었다. 학생들과 나는 다른 롤을 또 하나 꺼내 넓게 펴두었다. 그러니 묘상 두 개가 덮였다. 우리는 바깥쪽 가장자리를 따라 5피트마다 흙을 한 삽씩 가득 떠서 가운데 고랑에 몇 덩이씩 던져 넣어 수분이 날아가지 않도록 막았다. 대강 십분 쯤 걸렸다. 다른 묘상 둘을 또 작업하니, 역시 십분이 더 걸렸다. 한 시간 만에 묘상 열 개가 끝났다. 이제 다음 학과로 수업을 옮길 차례가 되자, 우리가 이룬 진척에 나는 한껏 기분이 좋아졌다.

그 다음 나는 학생들을 유기농 재배 온실로 데려가 파종 방법을 가르쳤다. 대기 중에 최근 모종 시비(施肥)에 사용했던 생선 유상액 냄새가 어렴풋이 났다. 증발식 냉각기가 뿜어대는 공기에 환성을 지르지 않을 수 없었다. "땅에 직접 파종하는 대신 묘상에 파종하는 것이 이점이 있습니다. 온실에서 종자를 재배할 때는 밭에 물을 대어 잡초를 발아시킬 수 있습니다. 잡초가 작을 때는 얕게 경운(耕耘)하여 잡초를 죽입니다. 육묘 크기가 상당하면 땅에 이앙할 수 있고, 따라서 잡초보다 생장우위를 점할 수 있게 됩니다."

묘상의 128개 칸에 동시에 파종할 수 있는 기계가 있었지만, 나는 학생들에게 손으로 파종하도록 했다. 그렇게 하는 것이 약간 더디기는 하지만, 사려 깊은 방법이어서, 대화에 도움이 된다. 수업 중 피망, 토마토, 나륵풀, 및 가지 씨를 파종할 때는 조용하더니 갑자기 질문이 터져 나왔다. 다년 간 합성비료를 적절히 사용해온 상민 씨가 물었다. "화학비료가 뭐가 나쁩니까? 그리고 유기물로 대체할 수 있는 것은 뭐가 있습니까?"

나는 처음부터 차근히 대답하며, 식물은 칼슘, 황, 마그네슘, 및 미량 영양소 외에도 질소, 인(燐), 그리고 칼륨 등이 있어야 자라서 무성해질 수 있다고 설명했다. 질소는 사실상 모든 식물의 생장과정에 필요한 DNA와 단백질, 이 두 가지 모두의 필수 구성요소다. 토양에 질소가 적으면 식물의 생장식물이 위축된다. 인은 그 역할이 많다. 즉, 광합성 중에 빛에너지를 화학에너지(ATP)로 변환하기 위해 필요하며, 또한 식물이 전 세포를 통해 신호를 전달하는 방법에서도 커다란 역할을 한다. 예를 들어, 식물이 잠재적 위협을 감지하면 인(燐)을 사용하여 방어 장치를 동원하도록 세포에 신호를 보낸다. 칼륨은 식물의 기능을 조절하고, 또 잎사귀의 기공(氣孔; 모공과 같이 생긴 구멍) 조절에 중요한 효소를 활성화한다.

관행농업의 전형은 모종에 합성비료를 시비하는 것이다. 이와 대조적으로 유기농의 전형은 채소가 필요로 하는 영양소를 토양에 공급하여 토양에 있는 미생물이 유기물을 "무기질화"하여 식물이 흡수할 수 있는 형태로 바꾸게 하는 것이다.

나는 관행농민들은 화석연료를 사용하여 합성 생산한 N, P, K 비료(소위 질소, 인 및 칼륨이 함유된 비료)를 사용한다고 설명을 이어갔다. 옥수수 1에이커를 재배하는데 필요한 합성 N, P, K를 생산하기 위해서는 가솔린 30갤런에 해당하는 에너지가 있어야 한다(Shapouri 등 2004년). 지난 50년 간 합성비료의 사용은 40배로 늘었으며, 아직도 계속 늘고 있다. 에너지 비용의 증가는 관행농업에 심각한 영향을 끼칠 것이다. CBS 뉴스를 보면 최근 조지아주의 기존농민이 지난 3년 동안에 비료 값이 48%나 올랐다고 불평하는 내용이 있었다. 이 비료 값 인상으로 그는 2006년에 54,000달러를 더 들여야 했다(2006년 5월 6일 CBS).

유기농가는 대부분의 에너지를 석유 기반 출처가 아닌 피복(被服) 작물에서 얻으므로 질소비료 생산에 에너지가 적게 든다. 피복작물이란 생장 후 영양소와 유기물을 땅으로 돌려보내는 초목을 말한다. 우리가 가장 많이 사용하는 두 가지 피복작물인 살갈퀴와 잠두(bell bean)는 가을에 식재하여 봄에 경운한다. 이들 식물은 콩과 식물에 속하며, 토양 속에 살고 있는 세균과 공생관계를 이루고 있다. 희한하게도 이 협력관계를 통해 공기 중의 질소를 끌어들여 식물이 사용할 수 있는 질소 형태로 전환하는 것이다. 콩과 식물에 속하는 피복작물은 에이커마다 150파운드의 질소를 추가로 산출할 수 있으며, 이 양이면 각종 여름채소작물의 생장을 충분히 지원할 수 있게 된다. 또한 여름에 식재하는 것으로, 겨울 작물에 필요한 질소 공급용 콩과 식물인 광저기 같은 것을 심을 수도 있다. 데이비스 캠퍼스 근처에서 있었던 경지 피복작물 시험에서, 겨울 작물 살갈퀴는 화학비료를 시비한 밭보다 46%

에서 67% 사이로 에너지를 적게 쓴 것으로 드러났다(Klein 1989년).

코넬대학교 생태학 및 농업 교수인 데이비드 피멘텔(David Pimentel)은 펜실베니아주의 로데일 연구소(Rodale Institute)에서 실시한 22년간의 유기농 대 관행농업의 시험을 분석한 바 있다. 그의 결론은 유기농이 옥수수와 콩의 수확량은 관행농업과 동일했지만, 에너지는 30퍼센트를 적게 썼다는 것이었다(Pimentel 2005년). 스위스 프릭(Frick)에 위치한 유기농업연구소(Research Institute of Organic Agriculture)의 과학자들은 유기농법에 소요되는 에너지가 관행농법에 소요되는 에너지의 약 절반이며, 비록 수확량은 상당히 적었지만, 농약 사용은 97%나 적었다는 것을 밝혔다(Maeder 등 2002년).

그렇지만 에너지 사용이 적었다는 것은 이 이야기의 일부에 지나지 않는다. 합성 N, P, K는 물에 아주 잘 녹는다. 그래서 채소가 이들을 흡수하기는 좋지만, 미처 흡수되지 못한 합성비료는 밭에서 흘러나가거나 용탈(溶脫)하여 하천이나 지하수로 흘러든다. 결과는 심각하다.

호수와 강으로 흘러든 과다 영양소가 조류(藻類〈algae〉) 생성을 야기하고, 이 조류가 번식하여 산소를 다 써버리기 때문에 어류와 갑각류가 죽게 된다. 매년 여름이면 수 천 에이커의 상류 농지에서 배출된 다량의 질소와 인 때문에 미시시피 강 하구에는 6,000제곱마일의 데드존(dead zone)이 형성된다. 유기농지에서는 관행농지보다 질산염 용탈(溶脫)이 4.4배에서 5.6배나 적다(Kramer 등 2006년). 왜냐하면 대부분의 질소가 유기분자안에 묶여 있다가 토양 미생물과 연충류(worms)에 의해 파괴되어 수용성 이온으로 바뀌면 식물이 흡수할 수 있기 때문이다.

"피복작물이야 좋지만, 돈은 되지 않지요." 느닷없이 상민 씨가 말했다. 모든 학생들이 나를 돌아보며 뭐라 할지 기다린다.

내가 깜짝 놀라 상민 씨를 쳐다보며, "맞아요. 피복작물을 심으면 돈 되는 식용작물은 같은 공간에 재배할 수 없습니다. 그렇지만 피복작물은 다른 결정적인 역할도 합니다. 즉, 잡초를 억제하고, 해충의 증강을 방지하며(이들이 작물을 공격하는 동일 해충의 숙주가 아닐 경우), 토양에 유기물을 더해줍니다. 이렇게 추가된 유기물이 미생물의 활동을 강화하고, 토양 구조를 형성합니다. 피복작물도 재배자에게 돈이 되지만, 그 방법은 간접적이지요."

피복작물로 윤작(輪作)해도 곤충, 선충, 잡초, 및 식물병(植物病) 등을 줄이는데 도움이 된다. 윤작을 하지 않는 재배자에게는 이런 문제가 적어도 하나 이상 나타나기 쉽다. 관행 재배자는 윤작 대신 농약을 사용하여 이런 해충을 방제할 수 있다. 그래서 적어도 단기적으로 보아 작물 수확량(피복작물을 재배할 경우)이냐, 아니면 농약 사용(수확량은 유지되나, 환경에는 독성 효과가 있을 수 있음)이냐 하는 선택의 여지는 있다. 장기적으로 보면, 해충이 농약에 내성을 갖게 되어 그 지역에서는 더 이상 작물을 재배할 수 없게 되므로, 농민은 결국 윤작을 하지 않을 수 없게 된다.

묘상에 하나씩 씨를 떨어뜨리며 강의를 경청하던 짐(Jim)이라는 다른 학생이 물었다. "N, P, K 중에서 P, K 부분은 어떻게 되는 겁니까? 피복작물이 질소만 공급하니까, 유기농을 하는 사람들은 P와 K, 그리고 다른 영양소는 어떻게 얻나요?" 나는 "퇴비"라고 대답했다. 이 퇴비야 말로 또 다른 종류의 중요한 유기비료다. "자, 나가서 퇴비 더미를 한 번 봅시다."

다들 마지막 파종을 끝내고, 물병과 노트북을 챙겨, 김이 올라오는 커다란 농갈색 퇴비 더미가 있는 곳을 나가려니 시간이 무척 걸렸다.

내가 말했다. "이것이 퇴비입니다. 동식물 찌꺼기가 대기, 물, 그리고 미생물 등과 결합하면 이렇게 썩은 유기물과 영양소로 이루어진 거무스름한 물질이 생기고, 그 중 일부는 식물이 즉시 흡수될 수 있는 형태가 되며, 또 일부는 미생물에 의해 계속해서 분해 작용이 이루어져야 합니다. 분해 작용이 진행되는 동안에는 퇴비 더미 중앙의 온도가 화씨 130도와 170도 사이를 오르내리기 때문에 동식물 병원균은 물론 잡초종자까지 죽게 됩니다. 데이비드를 보세요. 퇴비를 옮겨가며 모든 부위가 가운데에서 뜨겁게 가열되도록 뒤집고 있군요."

데이비드는 트랙터 운전을 배워 퇴비 교반기(攪拌機)를 운용하는 "알바" 학생이다. 그는 교반기 날개깃을 퇴비 속에 밀어 넣으며 커다란 회전 실린더를 서서히 하강한다. 트랙터가 앞쪽으로 서서히 기어가고, 교반기가 부패해가는 유기물을 금속 덮개 하우징 속에 거칠게 던져 넣는다.

교반 과정은 보기에도 재미있다. 학생들은 퇴비 재료를 공중으로 내던질 때 수증기가 빠져나가는 걸 보는 게 싫지 않은가 보다. 데이비드는 퇴비재료가 앞으로 2주 동안 모두 온도가 높아져 완전한 퇴비가 될 수 있도록 퇴비 더미를 여러 차례 휘저어 섞을 것이다.

수증기가 흩어지고 트랙터가 창고로 돌아간 다음, 나는 이야기를 계속한다. "퇴비는 N, P, K와 각종 미량 무기질을 얻을 수 있는 좋은 원천입니다. 에이커마다 퇴비 10,000파운드(5톤)를 주면, 100에서 200파운드의 질소와 30에서 150파운드의 인, 그리고 200에서 300파운드의 칼륨을 주는 것이 되지요. 이들 영양소가 유기분자안에 화학적으로 묶여있기 때문에, 질소 방출은 서서히 이루어지는데, 첫 해에 대강 15%정도가 방출되고, 나머지는 그 다음 해에 방출됩니다(Van Horn 1995년). 유기농으로 전환하는데 몇 년씩 걸리는 것이 바로 이 이유 때문이지요. 토양 속에 유기물 공급을 늘려 모종의 성장에 맞도록 빠르게 영양소를 방출하게 하려면 시간이 걸립니다."

최근에 우리는 농장에서 토양의 영양소 함유량을 검사했다. 퇴비를 사용한지 여러 해가 지난 다음, 우리는 P와 K의 함유량이 높은 수준으로 늘어난 것을 발견했다. 따라서 우리는 피복작물에서 나오는 질소 사용을 강화하고 퇴비사용은 적당히 해야 할 필요가 있다는 것을 알았다. 우모분(羽毛粉), 혈분(血粉), 계분(鷄糞), 또는 조분석(鳥糞石) 등으로 만든 펠리트 유기비료를 여러 가지로 써볼 수도 있었다. 많은 유기농 재배자들은 질소(N) 함량이 높고, 또 식물이 사용할 수 있는 N이 더 많기 때문에 이 같은 농축 비료를 사용한다. 펠리트가 토양에 유기물을 많이 남기지는 않으며, 사용하기 쉽고, 작물이나 퇴비를 보강할 수 있는 유용한 영양소가 된다.

퇴비에는 다른 장점도 있다. 즉, 그 안에 함유된 미생물이 토양감염 질병을 억제한다는 것이다(Hoitink와 Grebus 1994년; Lumsdenetal 1983년). "억제한다는 것"은 제거한다는 의미는 아니지만 퇴비가 질병을 제거하도록 돕는다는 뜻이다. 퇴비와 피복작물도 토양 침식(土壤浸蝕)을 줄여주는 역할을 한다. 피복작물 잎은 빗방울과 바람의 영향으로부터 토양을 보호하고, 퇴비에 들어있는 부식토 입자는 특히 토양 결속에 훌륭한 역할을 한다. 비경작기 중 관행농장에서는 종종 밭에 제초제를 뿌려 잡초를 없앤다. 이 경우 토양에 유기물이 쇠퇴하고, 토양 입자를 결속할 수 있는 "아교질"이 줄어든다. 따라서 땅이 침식(浸蝕)된다. 농지에 발생하는 토양 침식은 호우 뒤에 황폐된 산지에서 토양이 침식되는 것과 비슷하다. 물이 토양을 간단히 뽑아내어 그 속에 함유된 영양소 및 농약과 함께 다른 곳으로 옮겨간다. 즉, 보통은 근처 개울가와 같이 바람직하지 못한 곳으로 옮겨간다. 침식이 발생하면 영양소와 표토(表土)가 유실되고, 하천에 퇴적작용이 생기며, 영양소와 농약으로 수로가 오염된다. 미국 농경지에는 매년 18억 톤에 이르는 토양이 침식되고 있다(미국 농무부 자연자원 보호국〈Natural Resources Conservation Service〉 2006년).

우리는 학생실습농장에서 농업 폐기물과 학교 구내 커피점 및 대식당에서 나오는 주방 배수(廚房排水〈pre-consumer kitchen waste〉) 중 재활용이 거의 불가능한 것을 모두 사용하여 퇴비를 만든다. 한 때 쓰레기 매립지에 들어갔던 유기 폐기물이 이제는 퇴비로 재활용되어 농장의 작물에 영양소를 공급한다.

데이비드가 트랙터를 치워놓고 돌아와 반 학생들에게 말한다. "제가 걱정하는 게 한 가지 있습니다. 유기농이 많아지는 것은 좋지만 더 많은 농지가 유기농으로 바뀌면 시비에 유기 질소와 다른 영양소까지 더 많이 필요하게 될 텐데, 그 많은 퇴비를 다 못 만들면 어떻게 됩니까?"

캐나다 매니토버 대학교(University of Manitoba)의 저명한 교수인 백라브 스밀(Vaclav Smil) 같은 유기농 비평가는 피복작물과 가축의 분뇨에서 나오는 질소로는 전 세계 모든 농장에 비료를 공급하기에 불충분하다고 한다(Gewin 2004년). 이에 대한 나의 대답은 다음과 같다. “다행히 전 세계에 유기 비료를 단번에 공급해야 하는 사람은 아직까지 아무도 없습니다. 우리가 첫 번째로 취해야 할 조치는 기존의 축산 폐기물을 다시 농장으로 돌려보내는 것입니다.” 우리의 농업방식은 한 마디로 대형 유독성 유수지(流水池)가 생겨나는 대규모 집중축산경영체(confined animal feeding operations 〈CAFO〉)라고 요약할 수 있기 때문에, 기존의 축산 폐기물을 다시 농장으로 돌려보낸다는 것은 어려운 일이다. 이 문제에 대한 유기농의 해결책은 동물을 농장으로 돌려보내 이들의 분뇨를 퇴비로 만들어 현장에서 사용하는 것이라 할 수 있다. UC 데이비스 캠퍼스에는 우리가 퇴비를 만들 수 있는 분뇨가 젖소, 말, 돼지, 양 등의 우리와 닭장에서 톤 단위로 생산되고 있지만, 우리는 동물을 학생실습농장의 작부체계(作付體系〈cropping systems〉)로 통합하지 않았다. 그러나 대부분의 유기농장에서는 작물과 동물을 한 농장에 통합하는 혼합영농(mixed farming) 방식을 채택하고 있다. 혼합영농은 분뇨를 농장에서 처리하는 외에도, 수확 후 경작지에 그대로 남아있는 작물 잔해(作物殘骸)를 동물들이 먹을 수 있도록 하고 있다. 동물과 작물은 농민에게 복합 수입원을 제공할 뿐만 아니라 농부가 받는 경제적 리스크까지 감소시켜준다. 그렇다면, 동물과 작물을 모두 관리하는 것은 해볼 만한 일이지만 농부의 휴가 시간은 제한될 수도 있다.

또한 농부는 도시의 녹색 폐기물을 비료로 만들어 농업에 사용할 수 있다. 캘리포니아주는 쓰레기 매립지로 들어가는 폐기물을 50%로 줄이도록 명령했다. 이 명령을 수행할 수 있는 열쇠는 도시 녹색 폐기물을 퇴비로 만드는 것이다. 이 지역에서 성공한 녹색 폐기물 퇴비 업체인 모데스토의 그로버조경사(造景社)(Grover Landscape Services)는 매일 1,000톤의 녹색 폐기물을 받아 퇴비로 만든 다음, 이를 농민들에게 팔고 있다(Goldstein 2005년). 녹색 폐기물 퇴비를 전국적으로 사용할 경우, 동물성 비료를 보충할 수 있으므로 더 많은 농지를 유기농으로 경작할 수 있게 된다.

여러 해가 지나 미국에서 동물 분뇨와 도시 녹색 폐기물이 농업에 이용되고, 그래도 비료가 부족할 경우, 그 때가 바로 오수로 인한 오염을 제거하기 위해 미국 도시의 급배수 시설을 업데이트하고 인분(人糞)을 재활용하여 농지로 보낼 때다. 미국 농무부의 토양관리국(Division of Soil Managemen) 전직 국장이었던 F. H. 킹은 그의 저서 지난 4천년의 농부들(Farmers of Forty Centuries)에서 중국이 인분을 농지로 되돌린 것이 어떻게 장기적인 친환경 농법의 전형이 되었는지를 설명했다(King 1911년). 미국에서는 현재 하수 오니(汚泥)가 카드뮴, 아연, 및 구리 등으로 오염되어, 미국 농무부미국 농무성의 "유기농업표준(organic standards)"에 따라 이를 금지하고 있다. 분뇨와 하수 오니 이야기가 다 끝나고, 가끔 날벌레까지 윙윙거리니, 점심때가 되었다. "다들 배 안고프세요?"

월요일과 목요일은 농장의 수확일이다. 7월부터 10월까지 우리는 매주 단옥수수를 수확한다. 오늘은 상민 씨와 짐이 나와 함께 단옥수수를 따고, 나머지 학생들은 다른 채소를 따서 바구니에 담아오기로 되어있다. 나는 학생들에게 성숙한 암이삭을 감지하여 가득 찼는지 아닌지 알 수 있는 방법을 설명한다. 대부분의 경우 사람들이 감지하는 것은 큰담배밤나방의 유충(corn earworm)이 파먹어 생긴 동공 부위다. 해충은 암이삭에서 솟아나온 옥수수 수염에 알을 낳는다. 유충은 부화한 다음 옥수수 수염을 타고 내려가, 암이삭 꼭지에 들어가 낟알을 먹기 시작한다. 우리가 암이삭을 몇 개 열어보니, 커다랗고 건강하게 생긴 살찐 큰담배밤나방 유충 몇 마리가 맛 좋게 옥수수를 잘 파먹고 있다가 방해를 받아서 짜증이나 몸부림친다. 이삭 꼭지는 해충 똥 부스러기로, 완곡어법으로 "프라스(frass)"로, 꺼멓게 되어있다. 이 꼭지가 그리 맛있어 보이지는 않지만, 우리 고객들은 꼭지를 잘라내고 먹는다. 처음 심은 것 몇 개에는 보통 큰담배밤나방의 유충이 거의 없지만, 나중에 심은 것에는 징그러울 정도로 많을 수 있다. 나의 소견으로는 큰담배밤나방 유충이 유기농을 하는 사람과 소비자가 모두 살충제를 뿌리지 않은 덕에 생긴 것으로 알고 받아들여야 하는 문제라고 본다. 그러나 상민 씨는 이것이 마음에 들지 않아, "농약을 쓰는 게 낫겠어요. 저한대는 농약이 좋더군요."라고 한다. 내가 다시 한 번 수업내용을 요약 정리한 다음, 우리는 그늘에 앉아 농장 일은 잠시 접어두고 이야기를 계속한다.

나는 단일 작물을 식재하여 고농도 N, P, K로 시비한 대형 관행농지, 즉 해충이 들끓고 번식하기 가장 좋은 곳에 관한 설명을 시작한다. 이런 농장에는 먹을 게 많아서 해충을 잡아먹는 포식동물이나 기생충이 사는 곳은 거의 없다. 이 같은 환경에서는 해충의 개체군(個體

群)이 급속히 늘어나므로, 살충제를 쓰게 된다는 것이 놀랄 일이 아니다. 실제로도 엄청난 양의 살충제를 쓰고 있다. 2004년에는 캘리포니아에서만 180,000,000파운드의 살충제가 사용되었다. 살충제 사용을 줄이려는 과학자와 정부의 노력에도 불구하고 캘리포니아의 살충제 사용량은 매년 증가하고 있다. 농약규제부(Department of Pesticide Regulation)은 유독성 농약 사용을 줄이도록 규정을 바꿨지만, 그 변화는 아직도 지지부진하며, 일부 토양 훈증제(燻蒸劑)과 같이 가장 독성이 강한 물질 수백만 파운드가 수 천 에이커에 이르는 농지에 계속 사용되고 있다(농약규제부의 2006년 뉴스 보도). 2004년에는 딸기 작물에 950만 파운드 이상의 농약이 투여되었는데, 여기에는 다른 나라에서 금지된 3백만 파운드 이상의 유독성 오존 파괴 화학물질인 브롬화 메틸(methyl bromide)이 들어있었다(PUR 2004a년). 딸기는 우리가 모두 좋아하지만, 농약 사용이 좀 과한 것 같다. 농약이 집중적으로 투여되는 작물은 면화인데도, 780,000에이커의 면화 농지에 들어간 농약보다 약 28,000에이커의 딸기 농지에 투여된 농약이 더 많았다! (PUR 2004b년). 그 이유는 주로 딸기를 관행농업으로 재배한 사람들이 대부분 윤작을 하지 않기 때문이다. 다시 말해, 이들이 같은 땅에 끊임없이 수익이 높은 딸기 작물만 재배하는 것이다. 크기가 크고, 색은 붉으며, 때로는 달기도 하지만, 대체로 맛은 별로 없는 과일의 수확량을 높이기 위해 자연 환경에 9백만 파운드 이상의 독소를 투여하는 것이 그 만한 가치가 있는 것으로는 보이지 않는다. 유기농의 해결책은 딸기를 브로콜리나 피복작물과 같은 다른 작물로 윤작하고, 여기에 질병에 내성이 있는 품종을 도입하는 것이다. 이 같은 병충해

방지 대안을 사용하면, 유기농 딸기 수확량을 관행농업 생산량의 65%에서 89%까지 끌어올릴 수 있게 된다. 그러나 유기농 딸기 값이 관행농업으로 생산한 딸기보다 50%에서 100%까지 더 비싸기 때문에, 이렇게 높은 값이면 수확량이 낮은 것을 보상하는데 도움이 된다(US EPA 1996년).

짐이 끼어들었다. "그래도 저는 딸기를 좋아합니다. 농약을 뿌리는 것이 그렇게 큰 문제가 됩니까?"

나는 다음과 같이 대답했다. "좋은 질문입니다. 한 연구 보고서에 따르면 미국에서 농약이 매년 10,000가지의 새로운 암 사례를 유발하고, 조류 7천만마리를 죽이는 것으로 추산되고 있습니다(Pimentel 등 1993년). 브롬화메틸브롬화 메틸은 영농 종사자들이 전립선암에 걸리는 경우가 늘어난 것과 관련이 있으며(2003년 미국환경보건과학연구소), 제초제 2,4-D는 비호지킨스 림프종이 2배에서 8배로 늘어난 것과 관련이 있습니다(Zahm과 Blair 1992년). 2001년까지 140,000명 이상의 남녀가 참여한 연구에서 1982년 이전에 농약이나 제초제에 노출되었다고 보고된 사람들은 최초 노출 이후 10년에서 20년 사이에 파킨슨 병에 걸린 사람이 70% 이상이었지요. 그러니 밭에서 농약에 노출되는 것은 예삿일이 아닙니다."

"식품에 잔류농약(殘留農藥)이 있으면 어떻게 되나요?" 짐이 나의 암 연구 열거를 가로막고 나선다. "관행농업으로 재배한 식품을 먹으면 암에 걸릴 위험이 있습니까?"

이것은 많은 소비자들인 마음속에 가지고 있는 질문이다. 알려진 바로는 유기농보다 관행 농산물에 잔류농약이 3배에서 5배까지 더 많이 있는 것으로 드러났다(Baker 등 2002년). 더군다나 잔류농약 중 일부는 인체에까지 파고든다. 예를 들어, 연구원들은 관행농업 식품을 먹는 두 살에서 다섯 살짜리 어린이는 주로 유기농 식품을 섭취하는 어린이들보다 오줌 속에 들어있는 유기인산계(有機燐酸系) 살충제 대사산물(代謝産物) 평균 수치가 9배 이상 높다는 것을 알아냈다(Curl 등 2003년). 나는 짐에게, 수치는 이렇게 나와 있지만 관행농업으로 재배한 농산물에 잔류농약의 양이 아주 낮아도 사람의 건강에 해를 끼친다는 직접적인 증거는 없으며, 그 양은 통상적으로 미국 환경보호국(Environmental Protection Agency 〈EPA〉)이 규정한 허용 수준보다 훨씬 낮다고 설명했다. 그래도 어린 아이가 둘이 있는 아버지로서, 나는 농약을 사용한 농산물은 사고 싶지 않다. 나는 이 부분에서 강의에 한 마디를 덧붙여 끝을 맺었다. "합성 농약 사용은 늘고 있지만 농약에 대한 내성이 발달하여 아직도 해충은 1940년대 농약을 처음 도입했을 때만큼 많습니다. 그 이유는 농약을 사용해도 살아남은 해충이 자라서 번식하기 때문입니다. 1991년, 연구원들은 500종 이상의 곤충과 진드기, 270종 이상의 잡초, 및 150종 이상의 식물 병원체(植物病原體) 등에 내성이 생겼다는 것을 입증했습니다(Bellinger 1996년)."

합성 화학물질의 독성 효과에 관해 맥이 풀릴 정도로 이렇게 오랜 동안 설명을 했으니 학생들이 약간 멍해져서, 이제는 쉬어야 할 때가 되었다. 학생들은 음식과 음료를 간단히 들고 기분이 좋아져 유기농을 하는 사람들이 어떻게 해충을 방제하는지 알고 싶어 하는 모습으로 돌아왔다.

"유기농을 하는 사람들은 관행농업에서 통상적으로 농약을 쓰는 것과는 완전히 다른 통합적인 전략을 사용합니다."라고 나는 설명했다. "농민은 우선 해충과 방제에 도움이 되는 익충(益蟲)의 수명 주기를 포함한 농지 생태계 공부를 해야 합니다. 그래야 농민이 해충을 최소화할 수 있도록 농장을 설계할 수 있는 것입니다. 이 일은 작물 다양화로 시작되지만, 또한 익충, 포식 조류, 및 포식 포유동물 등의 다양한 개체군(群)에 서식지를 공급한다는 것을 의미하기도 합니다. 그러나 다양화만으로는 해충 문제가 해결되지 않으므로, 유기농을 하는 사람은 유전적 방제, 생물학적 방제, 재배적 방제, 및 천연 화학물질 등도 사용해야 하는 것입니다. 무당벌레, 풀잠자리, 꽃등에, 각종 말벌 포식 기생충, 등과 같은 많은 해충의 경우, 우리의 천연 생물학적 방제 체계는 아주 훌륭하게 돌아가고 있습니다. 그러니 우리는 그것을 당연한 것으로 알지요. 적어도 대부분 작물의 경우가 그렇다는 말입니다."

내가 말을 이어가는 동안 상민 씨는 단옥수수 자루를 발아래에 놓고 참을성 있게 서있었다. "단옥수수에는 어째서 통합 방식이 통하지 않습니까?"라고 그가 묻는다.

나는, "윤작과 같은 전형적인 재배적 방제는 큰담배밤나방의 유충이 그리 입맛이 까다로운 편이 아니라서 토마토, 콩, 또는 양상치 등으로 윤작하는 작물을 닥치는 대로 먹고, 또 성충 나방이 되면 날아가 버리기 때문에 효과가 없습니다. 나는 옥수수에 명충알벌(Trichogramma)이라는 익충을 풀어보았지만, 결과는 반쪽짜리 성공이어서, 비용과 노력을 들인 것만큼 효과가 나지 않았어요. 유전적으로 내성을 갖도록 육종하는 것도 과학자들이 큰담배밤나방유충으로부터 보호해줄 수 있는 옥수수 유전자를 찾아내지 못했기 때문에 실패했습니다."라고 대답하였다.

"유기물 같은 걸 뿌릴 수는 없나요?"라고 짐이 묻는다.

나는 "바실러스 써링지엔시스(*Bacillus thuringiensis*)에서 나오는 Bt 독소(결정단백질)은 큰담배밤나방유충을 죽일 수는 있지만, 이 독소를 살포해도 암이삭 속으로 기어들어간 유충이 있는 곳까지 들어가지는 못합니다."라고 대답하였다.

"바실러스 써링지엔시스가 뭐에요?"라며 캐티가 끼어든다.

"바실러스 써링지엔시스란 한정된 범위의 나방과 나비를 죽일 수 있는 독소(Bt 독소라 함)을 생성하는 세균을 말합니다. 프랑스 농민들이 먼저 1920년대에 바실러스 써링지엔시스를 사용하기 시작했지만, 프랑스에서는 1938년까지 상용화되지 못했고 미국에서는 1950년대까지 상용화되지 않았습니다.

오늘날 바실러스 써링지엔시스는 대형 업체 생산 시설에서 배양되며, 잘 흘러 섞이도록 일부 첨가제를 추가해서 액체나 분말로 판매하고 있습니다. 이것을 물과 결합하여 밭에 뿌리면, 애벌레가 포자와 독소의 형태로 된 세균을 먹습니다. 이 독소가 애벌레 소화기관의 벽을 파괴하면, 포자와 장에 있는 다른 세균이 그 몸에 침입하게 됩니다. 이 방식이 해충과 질병을 막기 위해 살아있는 생물체를 사용하는 '생물학적 방제'의 본보기입니다."

불행히도, Bt 독소는 큰담배밤나방의 유충에는 잘 듣지 않기 때문에 유기농지에서 이 해충을 방제하기는 어렵다. 연구원들이 계속 이 문제를 다루고 있으므로 잘되면 좀 더 효과적인 유기농 해결책이 나올 것으로 기대한다. 나는 최근에 특수 면봉(綿棒)을 사용하여 식물성 기름과 Bt 독소를 옥수수 수염에 주입하는 것이 효과도 아주 좋고 시간도 그렇게 많이 들지 않는다는 것을 알았다. 당장 이 방법을 써보고 싶다(Diver 등 2001년).

포장 작업장으로 돌아가는 도중에 우리는 농장의 나대지(裸垈地) 쪽으로 걸어갔다. 이 황무지는 다른 해충 문제로 경작하지 않고 그대로 둔 것이다. 지네와 노래기는 밀접한 관련이 있는 절지동물로, 결합류(結合類〈symphylan〉)라는 놈 때문에 여기서는 아무것도 재배하지 않는다. 길이가 1/4인치이고 발이 24개이며 하얀색을 띠고 있는 이 해충은 유기농법으로 방제하는 것이 어렵다고 입증되었다. 결합류가 들끓으면 우선 비교적 적은 구역에서 식물의 생장이 위축되고 건강이 나빠지는 증상이 나타난다. 때로는 이들이 들끓는 구역의 작물이 모두 철저하게 파괴된다. 매년 감염 구역의 크기가 10피트에서 20피트로 커진다. 학생실습농장에서 우리는 침수, 비숙주 식물(非宿主植物) 윤작, 휴경(休耕), 및 기계적인 토양 교반(攪拌) 등의 방법으로 결합류를 방제하려고 노력했지만 도무지 소용이 없었다. 관행 재배자는 이 해충을 어떻게 방제하는가?

그들은 과브롬화 메틸과 같이 아주 독성이 강한 물질을 사용한다. 분명한 것은 유기농으로 재배하는 사람과 관행으로 재배하는 사람이 모두 새로운 전략을 수립해야 한다는 것이다.

이후 7월, 전 날 못지않게 무더워 보이는 날에, 괭이로 멜론 밭을 제초하는 수업을 하게 되었다. 초봄에 촉성재배 했던 묘상에 그 동안 태양열 소독을 하지 않아 내가 생각했던 것보다 잡초가 더 무성해졌다. 상민 씨는 이 시간을 통해 멜론을 재배했던 자기 경험을 알려준다. 그가 묘상에 덩굴을 뻗기 시작한 멜론을 가리키며, “멜론 재배로는 제일 좋은 방법은 아닙니다. 멜론을 가지 네 개를 남기고 잘라내어, 덩굴마다 40센티미터 길이로 핀 꽃들을 모두 제거해야 합니다. 그렇지 않으면 좋은 과일이 안 나옵니다.”라고 했다.

“흠,” 내가 콧숨을 내쉬며 “그렇게 하는 사람을 본 적이 없는데”라고 응답했다.

“식물은 어린 소녀와 같습니다. 너무 어릴 때 식물을 임신시키지는 않아야지요. 열매가 너무 작으면 안 좋습니다.”

“정말입니까? 여기서는 그렇게 하지 않고도 대부분 멜론을 재배하는데요.” 내가 응수했다.

상민 씨가 지지 않고 말을 이었다. “가지를 쳐주면 과일이 커지고 한 번에 다 수확할 수 있습니다. 우리는 1에이커에서 컨테이너 4개씩 땁니다. 크기도 좋아서 다들 우리 멜론을 사가지요.”

나는 그만 이 멜론 박사에게 지고 말았다. “상민 씨가 해 보세요. 멜론 가지치기는 어떻게 하는지 우리한테 보여주세요.” 그가 허리를 굽히더니, 덩굴을 하나 골라서 꽃을 따고 덩굴을 선택하는 방법을 설명한다. 그의 말을 이해한 다음, 우리는 꽃을 따기 시작해서 반 이랑을 실험 삼아 전정한다.

전정이 끝났는데도, 아직 김매야 할 멜론 묘상이 세 개나 더 남았다. 우리 반에는 가끔 농장에서 김매는 것을 아주 좋아하는 학생이 들어온다. 무엇 때문에 그렇게 좋아하는지 모르겠다. 나 같으면 김매는 일이 가끔 있기 때문에, "옹졸한 생각"이 들어 그저 해치우고 말겠지 그렇게까지 하고 싶어 하지는 않을 것이다. 그렇지만, 플러그 묘상(plug tray)에 파종할 때와 같이 김맬 때는 서로 대화하기 좋고 친해져서 질문에 답하기도 좋은 시간이다. 멜론 묘상 처리를 계속하는데 상민 씨가, "유기농 식품 값이 너무 비싸서 소비자가 못 사먹으면 어쩝니까?" 라고 묻는다.

상민 씨는 수업 중의 실습 부분에는 그렇게 관심이 있어 보이지 않는다. 대신 농산물을 많이 팔아 돈을 벌자는 생각이다. "대부분의 유기 농산물이 관행방식으로 재배한 것보다는 더 비싼 게 사실이지요," 라며 나는 답을 이어나갔다. "지난 6월, 데이비스 캠퍼스의 푸드코업(Food Co-op 역주: 캠퍼스에서 기업과 협동으로 실시하는 현장학습 교육 프로그램)에서, 유기농 사과는 1파운드에 2.99달러였지만, 관행방식으로 키운 사과는 1.19달러였습니다. 값이야 어떻든 미국과 유럽의 소비자들은 대부분 그 값을 내고 잘 사갑니다. 이 사람들은 합성 농약과 비료를 적게 사용하여 땅과 하천의 오염이 적어져, 환경이 더 청정해지는 것을 보고 값을 지불하는 것입니다. 또한, 농산물에 잔류농약이 크게 줄어들고, 산화방지제와 다른 영양소 함량이 높아질 수 있기 때문에 그 값을 지불하는 것입니다(Asami 등 2003년). 건강에 좋으니까 사가는 것이며, 예비 연구보고서에 나타난 것을 보면, 또 점점 그렇게 되어갈 것이라는 뒷받침이 있습니다(Asami 등 2003년). 환경에서 얻을 수 있는 이득과 영농 종사자들이 건강에서 얻을 수 있는 이득, 그리고 영양소에서 얻을 수 있다고 생각되는 이득까지 생각하면, 유기 농산물의 가격이 더 높기는 하지만 그래도 싼 편입니다. 장기적으로 보아 엄청난 비용을 지불하게 될 유독성 농약과 합성비료가 아직까지 지불하지 않은 환경 비용인 것입니다."

나는 다음과 같이 설명을 이어갔다. 캘리포니아에서 대부분의 소형 유기농장 사업은 주문생산방식(subscription services ; 지역 공동체 지원농업이라는 뜻으로 CSA 〈community supported agriculture〉라 함)으로 운영되는 농산물 직거래 또는 농장간이점포(farm stand)를 통해 소비자와 직거래를 하기 때문에 재정적으로 성공을 거두고 있다. 직거래를 하면 중간상이 끼어들지 않기 때문에 농민이 돈을 더 갖게 된다. 직거래는 소비자에게도 이익이 된다. 내가 전에 풀벨리농장(Full Belly Farm)에 있을 때와 지금 학생실습농장에 있을 때의 직거래 가격은 소매가격보다 낮다. 또한, 직접 판매에서는 농민이 가격을 결정한다. 데이비스 캠퍼스 근처에서 유기농을 하는 어떤 사람은 M.B.A.까지 받은 종업원을 두고 있었다. 그 종업원은 학위의 일부로 농장 소출 판매에 대한 매출 순이익률을 분석한 바 있다. 이 종업원은 CSA와 농민 둘 다 직거래 판매의 순이익률이 약 40%였는데 소매로 얻은 이익률은 3.5%에 지나지 않았고 도매에서는 손해가 났다는 것을 알았다(Legarre 등 2001년). 나는 상민 씨가 직거래를 통해 이익을 추가로 얻을 수 있다는 것을 알았으면 한다. 즉, 농장과 농민을 지원해주는 현지의 지역 공동체를 만들어야 한다는 것이다. 나는 그가 농산물 직판장에 적응하여 고객을 잘 구슬리고 권해서 자기 멜론을 사게 하는 재주가 있다는 건 알지만 실제로 그를 설득하여 농산물 직판장에서 장사하도록 설득하는 것은 어려울 것이다.

상민 씨에게 다행한 일은, 좀 더 외형이 큰 경영체일 경우, 도매를 통해서도 이익을 올릴 기회가 있다는 것이다. 나는 상민 씨가 이곳 데이비스 슈퍼마켓의 유기농 섹션을 둘러보았으면 한다. 그곳에 가면 농산물, 유제품, 및 시리얼, 파스타 소스, 식빵, 그리고 디저트 같은 다양한 가공품을 볼 수 있을 것이다. 특히 가공품은 유기농업계에 경이적인 성장을 가져다 준 원동력이다. 지난 15년 동안만 해도 캘리포니아 슈퍼마켓에서는 유기 농산물을 전혀 취급하지 않은 적도 있었지만, 이제는 선반의 제일 큰 섹션을 유기 농산물에 할애하고 있다. 대형 농장은 현재 대기업 도매를 통해 이익을 올리고 있으며, 대기업은 갈수록 이렇게 수익을 올릴 수 있는 농업 부문을 공유하려고 한다. 기업의 입장에서 볼 때 유기농 식품 업계에는 상당한 통폐합이 있었다. 우리가 익히 알던 대부분의 "유기농" 라벨이 이제는 대기업 소유가 되어있다(2006년 Weeks 紙). 예를 들어, 크래프트식품사(Kraft Foods)는 이제 보카버거사(Boca Burger Inc.)를 소유하고 있으며, 2004년에는 천연 곡류 생산회사, 백투네이처사(Back to Nature)를 사들였다. 크래프트는 세계에서 가장 큰 궐련 회사 중의 하나인 필립모리스사(Phillip Morris Companies Inc.)까지 소유하고 있는 알트리아그룹(Altria Group)의 자회사이다. 이것은 대기업이 소형 유기농 식품회사를 사들인다는 십여 가지 보기 중 하나에 지나지 않는다.

지금은 미국에서 가장 큰 식료 잡화류 소매상 중의 하나인 월마트까지 유기 농산물을 판매하고 있으며, 미국의 중하류 소득층에게 유기 농산물을 공급하겠다고 단언했다(Warner 2006년). 월마트의 녹화 선언으로 유기 농산물 수요는 더 극적으로 증가할 것으로 기대되지만, 실은 이미 지난 10년 동안 매년 15% 이상 수요가 증가해오고 있는 형편이다. 한편으로는 이 결정이 유기 농지를 확대하는데 도움이 되어 토양 침식과 농약 및 합성비료 사용을 줄이고 야생 생물까지 보호할 수 있게 될 것이다. 반면에, 어떤 이들은 이 같은 유기 농지 확대가 유기농의 의미와 방식을 희석시킬 수 있다고 우려하고 있다. 예를 들어, 산타크루즈 캘리포니아대학교의 지역공동체학과(Department of Community Studies) 교수인 줄리아 구스만(Julia Guthman)은 고부가 가치 작물 및 유기농 상품 체인 중 돈벌이가 되는 부분이 계속 농기업 법인에 의해 착취당하고 있으며, 이들 대부분이 유기농과 관련된 농경학 방식과 마케팅 방식을 포기하고 있다고 주장한다(Guthman 2004년). 작가 겸 언론인인 마이클 폴란(Michael Pollan)은 그의 베스트셀러 '잡식동물의 딜레마(*The Omnivore's Dilemma*)'에서 이 문제를 다루고 있다. 캘리포니아에서 거의 대부분의 신선한 샐러드 믹스와 시금치를 판매하는 거대한 재배회사 어스바운드농장(Earthbound Farm)을 방문한 후 그는 이렇게 말했다. "내가 미국 방방곡곡을 수십 년 동안 찾아다녔던 단어, 즉 '유기농'이라는 단어가 이제는 무슨 뜻인지 알 수 없다는 생각이 들기 시작했다. 내가 사는 곳에서 닷새 거리, 즉 3천 마일이나 떨어진 홀푸드(Whole Foods 역주: 북미와 영국에 매장을 두고 있는 세계 최대 자연 및 유기식품 판매 회사) 매장에서 지금 세일 중인 샐러드를 도대체 어떤 뜻에서 유기농이라 할 수 있는가? 그리고 먼 길을 여행해온 저 비닐 박스 속에 담긴 샐러드가 유기농이라 불릴만한 자격이 있다면, 유기농이라는 단어를 처음 사용했던 사람들이 유기농에 대해서 기대했던 것보다 운반 거리가 훨씬 짧고 유통단계가 훨씬 적은 대형 식품업체 체인역주: 원문에서는 이를 '먹이사슬'이라는 동의어를 사용함을 표현하려면 다른 단어를 찾아내야 하지 않겠는가?(Pollan 2006년)."

나는 이것을 좀 더 실용적인 의미로 생각한다. 1980년대와 1990년대 초에는 유기농을 하는 사람들과 사회운동가들이 유기농의 "성공"이란 도대체 어떤 모습일까를 곰곰이 생각하고 있었는데, 여기에 가장 맞는 상황이 아마도 주류를 이루고 있는 슈퍼마켓들이 모두 유기농 채소와 가공품을 판매할 때가 될 것이라고 생각한다. 이 시나리오의 의미는 유기농이 이미 세상을 바꿔놓았기 때문에 이제는 살기 좋은 세상이 되었다는 것이다. 슈퍼마켓이 원하는 것을 소형 유기농 재배인이 공급할 수 없다면, 시장은 더 큰 대형 업체로부터 이를 구매하게 될 것이다. 대형 재배인도 다른 사람들과 마찬가지로 동일한 유기농 표준을 준수해야 하므로, 전체적으로 보아 환경에는 이익이 되는 것이다. 유기농 식품체계에는 동시에 작용하는 두 가지 생산 및 판매 모델이 있다. 즉, 현지의 소형 업체와 대형 업체다. 첫 번째 모델은 농민시장, CSA, 또는 "구매자가 수확하기(u-pick)" 경영체로부터 구매하려는 사람을 서비스하고, 다른 모델은 쇼핑이 대부분 슈퍼마켓에서 이루어지는 사람들을 서비스한다.

대형 재배인이 있기 때문에 도매가격이 내려간다면, 소형 재배인이 도매시장에서 성공하는 것은 더욱 어렵게 된다. 나는 이것이 최악이라고는 보지 않는다. 첫째, 소비자들이 자신의 지역 사회를 지원해서 가급적 가장 신선한 농산물을 구입하려 하기 때문에 직거래를 하는 소형 재배인이 설 수 있는 자리는 항상 있게 마련이다. 둘째, 홀푸드(Whole Foods)와 같은 판매회사(marketer)는 해당지역에서 생산된 것에 한하는 것을 유기농 식품을 판매하는 윤리의 일부로 인정한다는 것이다.

캘리포니아 밀밸리(Mill Valley)에 사는 아내 팸의 오빠를 만나러 가는 중에, 그곳에 있는 홀푸드 매장에 들어갔다가 나는 사방에 수도 없이 "인근에서 재배됨(Locally Grown)"이라는 표시가 있는 것을 보고 깜짝 놀랐다. 이 경우 "인근"이라는 말은 반경 약 100마일을 의미하지만, 그래도 이것은 대형 업체의 농산물이 보통 1,000마일에서 1,500마일을 이동하는 것보다는 훨씬 나은 편이다.

상민 씨의 농업 활동은 주로 멕시코에서 이루어지고 있다. 그곳의 현지 유기 농산물 시장은 제한되어 있다. 유기농을 하려면 갈수록 경쟁이 심해지는 미국의 유기농 도매 시장에 뛰어들어야 한다. 그러나 멕시코의 인건비와 용지비가 낮기 때문에 그는 이 문제를 해결할 수 있을 것이다. UC 데이비스 캠퍼스의 농업경제학자인 스티브 블랭크(Steve Blank)는 대부분의 미국 농업 생산이 과거 제조업에서 보았던 것처럼 해외로 이동할 것이라고 예측한다. 아마도 바로 상민 씨가 미래 유기농민의 모델이리라! 개인적으로 그에게 아무런 유감이 없지만, 그래도 나는 현지 농산물을 살 것이다.

김매느라 등이 뻐근한데, 그럭저럭 아침이 다 지나가니 날이 더 뜨거워진다. 이제 일손을 멈추기 위해 질문을 그만 받으려는데, 또 질문이 나온다. "유기농 수확량이 관행농업만큼 되나요?"

이것은 답하기 어려운 질문이다. 이유는 작물, 장소, 농민, 품종, 윤작의 종류 선택, 및 작물 대신 피복작물을 심었는지 등에 따라 그 답이 달라지기 때문이다. 1990년대 UC 데이비스 캠퍼스의 지속 가능한 농업연구와 교육프로그램(Sustainable Agriculture Research and Education Program)의 이사를 역임한 빌 리프하트(Bill Liebhardt)는 유기농 옥수수는 관행농업 옥수수의 94%, 유기농 콩은 관행농업의 94%, 그리고 유기농 밀은 관행농업의 97% 수확량을 낸다고 산정했다. UC 데이비스 캠퍼스에서 14년 동안 계속했던 비교연구를 바탕으로 토마토 가공의 경우, 그는 수확량에 차이가 없다는 것을 알았다(Liebhardt 2001년). 다른 연구원들이 알아낸 결과는 이와 달랐다. 유럽의 한 연구를 보면, 밀, 토마토, 그리고 풀/클로버 세 가지를 윤작할 경우, 밀의 유기농 수확량은 관행농업의 90%이고, 유기농 토마토 수확량은 관행농업의 58%에서 66%이며, 유기농 목초/클로버 수확량은 관행농업의 경우와 비슷했다는 것이 밝혀졌다(Maeder 등 2002년). UC 데이비스 캠퍼스에서 장기간의 연구농장에 근무하던 시절, 9년 동안 옥수수와 토마토를 윤작한 다음의 결과는, 유기농 옥수수 수확량이 관행농업의 66%였으며, 반면에 유기농과 관행농업 토마토 사이에는 통계상 아무런 차이가 없었다(Denison 등 2004년).

여러 가지 이유에서 이 같은 연구를 비판할 수는 있지만, 내가 보기에 한 가지 공통적인 요소는 여러 차례 연구 대상이 되었던 유기농법에 무기 질소가 적게 사용되었다는 것이다. 그러므로 옥수수와 같이 질소에 따라 수확량의 차이가 크게 달라지는 작물은 다른 조건이 모두 같다는 전제라면 관행농법에서 수확량이 더 좋게 나올 수 있는 것이다. 다른 생장요소에 의해 질소 효과가 무색하게 되면 상황이 달라진다. 예를 들어, 로데일(Rodale) 연구농장에 가뭄이 들었던 해에는 유기농 옥수수 수확량이 관행농업 옥수수 수확량을 넘어섰다(Pimentel

등 2005년). 그렇지만 정말로 문제가 되는 것은 수확량 증가가 늘어난 비료와 농약의 오염에 의한 환경 피해를 정당화할 수 있는가 하는 것이다.

내가 이곳 캘리포니아에서 재배했거나 검사했던 작물의 경우, 유기농장의 수확량은 유기농을 하는 사람(나 자신을 포함하여)이 제대로 잡초를 방제하고 적절한 영양소를 공급하며 유사 품종을 파종하는 등 일을 제대로 했더라면 관행농장에 필적할 수 있었고, 또한 심각한 해충 문제도 없앨 수 있었을 것이다. 그러나 세상일이 항상 이렇게 되지는 않는다.

캘리포니아에서 재배한 유기농 벼에는 수확량을 30%에서 50%까지 떨어뜨릴 수 있을 정도로 잡초가 심각한 문제를 일으키는 경우가 종종 있다. 유기농 벼를 재배하는 사람들이 이렇게 수확량이 떨어지는 것은 용인하는데, 그 이유는 잡초, 해충, 및 질병 방제를 위해 투입되는 비용과 노력이 관행농법에 비해 아주 적기 때문이다. 순이익은 유기농법의 경우가 더 많은데, 그 이유는 관행농법의 벼 가격이 겨우 생산비를 넘는 반면, 유기농 벼는 고가를 유지해왔기 때문이다. 아직도, 잡초 방제를 더 잘하면 유기농 벼 수확량이 관행농업 벼와 필적하게 될 여지가 있으며, 세계 인구가 계속 증가한다는 점을 감안하면, 이 사안의 중요성은 계속 커질 수 있다.

상민 씨가 이미 문제를 제기했던 것과 같이, 식용작물 대신 피복작물을 재배할 경우가 있다. 이런 경우가 발생하면, 단기적인 수확량 감소는 장기적인 지속가능성과 맞바꾸게 된다.

학생들이 김매기를 중지하고 나를 쳐다보며 수확량 비교의 복잡한 내용을 이해하려는 모습을 보자, 나는 이 사안을 깔끔하게 요약해주어야겠다는 생각이 들었다. 내가 학생들에게 해줄 수 있는 최선은, 가장 좋은 유기농 방식과 기술을 사용할 수 있는 숙련된 농부라면 환경을 챙기면서도 높은 수확을 올릴 수 있다고 말해주는 것이다. 이 학과의 목적이 학생들에게 환경도 챙기고 수확도 올릴 수 있는 지식과 역량을 주는 것이라면, 아직도 갈 길은 멀다. 멜론 밭에 김매기가 끝나니, 이 때문에 모종들이 흠씬 두들겨 맞은 듯 보인다. 며칠 뒤면 이들이 제법 커서 새 잎이 나고 덩굴이 생겨, 오늘 아침 우리가 고생한 흔적을 가려버릴 것이다.

몇 주 뒤, 여름과 학과가 끝나갈 때, 우리가 손작업으로 멜론을 전정한 것을 검사했다. 상민 씨의 멜론은 크기도 하고 맛도 좋다(우리가 가지치기를 하지 않은 것보다 약간 늦게 익었다). 우리가 그 멜론을 나눠 먹었고 나는 학생들에게 시간을 들여 공부하고, 내가 그들의 지식을 공유할 수 있도록 해준 것을 감사했다. 이 학생들은 다음에 여러 곳에서 활약할 것이다. 어떤 학생은 유기농을 하는 사람이 되겠고, 다른 학생은 해외에서 농업개발 사업을 벌일 것이다. 일부는 무료 급식소(food bank)에서 일하거나, 또는 국가나 연방정부 농업기관에서 일하고, 아니면 지방의 푸드코업에서 일할 것이다. 모두가 지속 가능한 농업방식을 위해 공헌할 것이다.

수업이 끝나고 몇 주 뒤인 9월 초, 태양열 소독을 한 묘상에서 투명비닐을 떼어냈다. 잡초를 제거하느라 적지 않게 계획, 자원, 및 시간을 들였기 때문에 묘상에 모종을 가급적 촘촘하게 심었다. 나는 특수

"트리플 슈즈(triple shoes)"가 있는 학생실습농장의 스탠헤이(Stanhay)사 벨트 파종기 두 대에 당근 종자를 실어 넣고, 또 사탕무 종자를 중앙의 이랑에 밀어 넣었다. 묘상마다 사탕무 이랑을 따라 당근을 여섯 이랑씩 심었다. 당근 46,000그루와 사탕무 8,000그루 가량이면 매주 판매하는 농산물 60바구니가 충분하게 나올 거라는 생각을 하며 묘상 네 개를 파종했다. 파종 직후 스프링클러로 살수를 시작했다. 스프링클러는 당근과 사탕무가 발아할 때까지 하루 여섯 시간씩 작동하고, 또 하루걸러 몇 시간씩 더 작동한다. 열흘 후면 종자가 발아하고, 줄지은 모종들은 제법 모양을 갖추게 된다. 가을비가 시작될 때까지는 매주 관개(灌漑)를 계속한다. 추수감사절 전에는 첫 당근 수확을 시작한다. 이 당근은 단단하고 달며 잘 생겼다. 묘상 제초로 시간을 들인 적은 전혀 없다.

03

유기농업의 도구

정말로 엄청나게 다양한 곤충 화학방제 대안이 있다. 일부는 이미 사용되어 눈부신 성공을 거두었다. 다른 것들은 연구실의 시험 단계에 있다. 또 다른 것들은 상상력이 풍부한 과학자들의 마음속에서 아이디어를 조금 넘는 단계에 있으며, 시험에 들어갈 기회를 기다리고 있다. 모두가 다음과 같은 것을 공통적으로 가지고 있다. 즉, 자신들이 방제하려는 살아있는 생물체에 대한 이해와 이 생물체가 속하고 있는 모든 생명 구조의 이해에 바탕을 둔 생물학적 해결책이다. 광범위하기 이를 데 없는 생물학 분야의 각종 영역을 대표하는 전문가들, 즉 곤충학자, 생화학자, 생태학자 등, 이들 모두가 생물방제라는 새로운 과학을 형성하기 위해 자신들의 지식과 독창적인 영감을 쏟아 붓고 있다.

레이첼 카슨의 1962년 저, '침묵의 봄', 278쪽

RACHEL CARSON, *Silent Spring*, 1962, p.278

이른 아침 어둠이 반쯤 벗겨지자 나는 바지를 입고 출근 준비를 한다. 침실 저쪽에 팸이 보이고, 그리 예민한 눈이 아닌데도 어쩐지 뭔가 잘못되었다는 것을 그녀가 곧 알아챘다. "바지에 구멍 난 거 아네요?" 내려다보니, 왼쪽 넓적다리에 불룩한 것이, 호주머니 속에 든 스위스

아미 나이프가 바짓가랑이 한쪽에 정말 구멍을 뚫어놓았다. 뭐, 이걸 가지고 그래. 이 나이프는 맨 날 가지고 다니는 건데.

공구를 제작하기도 하고 또 사용하니까, 나한테 맞는 스위스 아미 나이프를 고를 때는 꽤 생각을 많이 한다. 최소한도로 나이프에는 다음과 같은 것이 있어야 한다. 즉, 가위, 코르크 마개뽑이, 족집게, 드라이버, 톱, 병따개, 그리고 물론, 칼 한두 개쯤이 있어야 한다. 헌츠만 플러스(Huntsman Plus 역주: Swiss Army사의 호주머니 칼)가 무겁지 않아 제격이다. 한 때는 스위스 챔프(Swiss Champ 역주: SWISS CHAMP XLT사의 다용도 호주머니 칼)를 썼다. 이 나이프에는 위에 말한 게 다 있고 거기다 돋보기, 펜치, 펜, 그리고 다른 것까지 30개가 있다. 하지만 내가 이 나이프를 꺼내면 사람들이 웃는다. 헌츠만 플러스로 그럭저럭 지내기는 했는데, 어쩌다 쓰는 건 펜치와 펜뿐이었다.

나는 아침을 먹으러 현관을 지나 주방으로 갔다. 누가 혹은 시리얼 제조회사가 무슨 생각으로 시리얼에 손대지 못하게 하려고 그랬는지 모르겠지만, 어지간한 사람이면 시리얼 봉지를 뜯지 못한다. 슈퍼맨이라면 모를까, 봉지가 터지면 온 방안이 난장판이다. 젊었을 때는 뜯고 째고 했었다. 지금은 나이프에 들어있는 가위를 사용한다.

배가 부르니 손에 차 한 잔을 들고 현관으로 간다. 금방 일어난 아이들과 팸에게 키스를 하고 껴안아준다. 그래도 현관을 나서지 않는다. 여섯 살짜리 클리프가 오후에 축구 시합이 있어서 내가 자기 유니폼을 찾아 입혀주길 바란다. 그러나 먼저 손가락부터 내민다. "아빠, 코치 선생님이 손톱 깎으래요. 안 그러면 축구 못한데요." 나는 오들오들 떠는 귀여운 손가락을 잡고, 나이프에 있는 가위로 싹둑 싹둑 싹둑 깎는다. 녀석은 의외로 꿈쩍도 하지 않았고, 다행히 피도 나지 않는다. 그러는 참에, 네 살짜리 오드리가 울기 시작한다. 옷을 입혀주고 있었는데, 바지에 벨트가 없다. 사촌 오빠가 오드리에게 주었던 벨트를 내가 방에서 찾았는데, 너무 길다. 8인치 정도 더 길다. 나이프에 있는 송곳으로 네 살짜리 허리에 맞게 구멍을 더 뚫고는, 또 싹둑 싹둑 싹둑 허리에 맞게 벨트를 잘라낸다. 오드리는 달래놓았지만, 나는 늦었다.

농장에 도착해서 포장을 꾸리는 오두막집 문을 연 다음, 커다란 테이블에 주문 생산 공급(subscription produce service)에 사용할 빈 바구니 31개를 엎어 놓는다. 벽걸이 액자형 보드에 수확할 농산물 목록이 보인다. 빨간 러시아 케일, 시금치, 순무, 꽃상추, 버터넛 호박, 고구마, 가지, 피망, 아루굴라, 양상치, 그리고 호박 등이다. 초가을은 연중에서도 풍성한 계절로, 난지형 채소와 한지형 채소 수확이 겹치는 것이 특징이다.

학생들이 도착하자 나는 이들에게 수확 목록을 보고오라고 한다. "이보게, 데릭(Derek), 오늘 아침에는 자네가 모간(Morgan)과 케일을 따는 게 어떻겠나? 오늘 채울 바구니는 31개야. 캐서린, 자네는 고구마로 시작할까?" 나는 마음속에 다른 생각을 하고 있다. 상민 씨와 다른 하계반 학생들이 파종했다가 억제재배 한 묘상 둘을 생각하고 있는 것이다. 숙성은 늦었지만, 10월에 이 멜론을 받아보면 주주들이 깜짝 놀라 좋아하겠지. 나는 묘상으로 걸어가 시반(Sivan) 캔터룹멜론을 보았다. 연초에 첫물로 심은 멜론은 크기도 컸고 맛도 좋았다. 이젠 그 멜론이 크기는 작지만 수확이 많고 그 중 일부는 황금색으로 익어가고 있다. 나는 그럴싸한 놈 하나를 골라 덩굴에서 떼어냈다. 덩굴과 과일에 연결된 곳이 쉽게 미끄러져 떨어진다. 과일이 익은 것이다. 나이프에서 제일 큰 칼을 빼서 멜론을 깊숙이 벤 다음 부드러운 동작으로 신속하게 자른다. 달콤한 멜론 즙이 나이프에 베어 나온다. 다시 잘라낸 다음 한 조각을 베어내고 또 베어내고 또 베어낸다. 웃음소리가 들려 올려다보니 모두를 나를 둘러싸고 있다. 신기하게도 학생들이 멜론에 마음이 끌린 것 같다. 나는 몇 조각을 내어주고 한 조각은 내가 먹으려고 남겨두었다. 과육이 아침 햇살을 받아 선명한 오렌지색이 되었고, 이 과일을 입가로 가져가자 올 여름 조생 멜론의 여러 가지 기막힌 맛이 생각났다. 차고 즙이 많은 과육을 깨물어, 달고 사향 냄새가 나는 멜론 맛을 보려 했지만, 정반대로 조잡하고 제대로 익지 않은 멜론이 심한 사향 냄새와 화학 테르펜, 그리고 쓴 뒷맛을 내는 게 아닌가. 우리는 몇 개를 더 맛봤지만 결과는 마찬가지였다. "어쩔 수 없지, 오늘 멜론으로 재미보기는 틀렸군."

나는 대신 다른 쪽으로 시금치를 따러 갔다. 시금치는 다 커있었다. 나는 한 손으로는 잎사귀 꼭대기를 잡고, 다른 손으로 겨울 블룸스데일 사보이 시금치(Winter Bloomsdale Savoy Spinach)의 기각(基脚)을 잘랐다. 근사한 시금치 한 움큼이 상자로 떨어진다. 오글오글 주름지고, 원기 왕성하며 이슬에 덮인 암녹색 잎사귀가 비처럼 쏟아진다.

나는 피킹(picking)을 끝내고, 빨간 케일과 양상치를 보러 다른 쪽으로 갔다. 이틀 동안 모진 북풍을 맞아 이들이 약간 처져있어서, 물을 뿌려주려고 살수관(撒水管) 한 줄을 맞춘다. 밸브를 열고 살수관에 물을 넣는다. 파이프마다 차례로 물이 밀려들어가, 일렬로 늘어선 파이프의 노즐이 조금씩 지글지글 물을 뱉어내더니 모든 살수관에 압력이 들어가 "쉿" 소리와 함께 물이 기다란 활꼴로 고동치며 작물에 쏟아진다. 살수관은 농장시설 중에서 버릇없는 아이 같아, 항상 말썽을 일으킨다. 아니나 다를까, 마지막 스프링클러 노즐이 뭔가에 막혔다. 나는 나이프에 있는 송곳을 노즐에 쑤셔 넣어 속에 낀 걸 빼내려 한다. 쑤셔 넣고 밀고, 또 쑤셔 넣고 밀고. 드디어 미니 댐이 터지고, 물이 공중으로 분사된다. 물이 공중으로 솟아올라 풍성한 푸성귀 위에 일정한 패턴으로 떨지는 것을 한 동안 멈춰 서서 감탄의 눈으로 바라본다. 자줏빛을 띤 빨간 케일, 암녹색 시금치, 주름지고 흐린 양상치 푸성귀, 이들 모두가 햇빛 아래 튀어 내린 물방울로 반짝이며 멋진 광경을 연출한다.

나는 농장에서 만나 내 애제자이자 친구가 된 어느 한 쌍의 결혼을 축하하려고 지난 달 투산(Tucson)에 갔던 일이 생각났다. 나는 농장을 곧바로 떠나, 창고에서 옷을 갈아입고, 작업복 바지 호주머니에 들어 있던 것을 결혼식 예복 바지 호주머니로 옮겨놓았다. 즉, 키, 지갑, 나이프 내가 매일 쓰는 삼인소다. 주차해눈 곳으로 달려가 점심 도시락을 먹고 공항으로 내달았다.

나는 공항을 좋아하지 않는다. 공항은 다른 세계, 즉 첨단 과학기술의 세계로 가는 현관이고, 바쁘게 오가는 사람들이 떼지어 무정형을 이루고 있는 곳이며, 건강에 좋지 않은 음식과 공기로 가득하고, 채소도 없으며, 참사가 안 나면 출발 지연의 위험이 있는 곳이다. 나는 항상 이방인 같은 느낌이 든다. 기내 휴대반입 가방을 끌고 전자티켓을 손에 든 채로, 나는 대화형 쌍방향 키오스크(interactive kiosk)에서

체크인한 다음 보안검색대로 향했다. 새크라멘토에는 대기 열이 짧아서, 빨리 금속탐지기로 이동하여 호주머니에 든 것을 비워 플라스틱 트레이에 담았다. 이런! 나는 호주머니 속에 스위스 아미 나이프가 있다는 것을 뒤늦게 알았다.

이 나이프는 기내 휴대반입품으로 가지고 들어갈 수 없다. 잠시 생각을 해보았다. 내가 이걸 미국 국토안보부에 넘겨주든가, 아니면 다시 밖으로 나가 이미 부친 가방을 찾아서 그 속에 넣느냐다. 나는 수하물 분실 위험과 수하물 찾는 곳의 지옥 같은 모습이 떠올랐지만, 결정은 간단했다. 이 나이프는 나의 밥벌이와 가족 그리고 직업과 연결되어 있어서, 남에게 쉽게 넘겨줄 물건이 아니다. 투산에 가서 황무지를 뚫고 다니며, 집에 무사히 돌아가기 위해서도 필요할 것이다. 나는 순한 양처럼 검색대를 다시 빠져 나와, 서두를 건 없다고 다짐하며, 부친 짐을 다시 찾았다.

우리가 학생실습농장에서 사용하는 기계기술과 이 분야에서 유기농을 하는 사람들이 사용하는 기계기술이 내 스위스 아미 나이프보다 더 나을 게 없고, 현대 항공여행에 사용되는 기술만큼 근사하지도 않다. 트랙터, 트럭, 잔디 깎는 기계, 디스크 원판, 삽, 릴리스톤(Lilliston)사의 회전식 중경제초기, 재배용 받침대(cultivating sled), 퇴비 살포기, 관개용 펌프 및 파이프, 드립 관개장비(drip irrigation equipment) 등은 모두 플라스틱을 약간 덧댄 20세기의 철과 강철 기술이다. 유기농을 관행농업과 구별하는 기술은 기계적 관점이 아니다. 그것은 생태학과 생물학적 관점이다.

묘상혼합토(seed-flat mix) 준비에서 방제에 이르기까지 유기농은 그 자체의 패러다임을 준수한다. 즉, 살아있는 생물을 이용한 기술을 사용한다. 우리가 사용하는 묘상혼합토는 호기성 퇴비, 피트모스(peat moss), 및 질석(蛭石) 등을 혼합한 것이다. 호기성 퇴비에는 식물병(植物病) 억제 효과가 있는 것으로 나타난 미생물이 가득하다. 관행농업에서와 같이 혼합토를 멸균하는 대신, 유기농을 하는 사람들은 이로운 퇴비의 진균류와 세균 및 효모가 질병을 야기하는 생물체와의 경쟁에서 이기도록 놓아둔다. 내가 유기농 온실 육모를 20년 해본 경험으로 말하자면, 이 방법이 효과가 있다.

온실 방제에도 같은 원리가 적용된다. 학교 구내의 학생실습농장에는 인가된 유기농 온실만 있다. 대부분의 온실과 마찬가지로, 우리에게도 다음과 같은 해충 문제는 있다. 즉, 작은뿌리파리(fungus gnat), 가루이(white fly), 및 진딧물 등이다. 무엇이든지 다 죽이는 유독성 농약을 사용하는 대신, 우리는 익충과 살선충제를 풀어 이 같은 해충을 방제한다. 이 학교에 근무하는 한 연구원, 마이크 파렐라(Mike Parrella)는 여러 해 동안 온실의 생물학적 방제에 관한 연구를 계속해왔다. 그와, 그의 직원, 그리고 학생들은 이 생물학적 방제 기술을 학교 구내의 나머지 온실에 확대해보려고 노력하고 있다. 금년(2005년) 파렐라 씨 그룹이 우리에게 모종의 생장을 위축시키고, 또 죽이기까지 하는 작은뿌리파리(fungus gnat) 방제 방법을 알려주었다. 우리는 포식 선충인 곤충병원선충(*Steinernema feltiae*) 5천만 마리에 물을 섞어 모종에 뿌렸다. 선충은 아래로 기어 내려가 묘상혼합토에 들어간 다음 뿌리로 내려가 작은뿌리파리 유충의 입으로 들어가 항문으로 나온다.

선충은 유충의 내장에 세균을 풀어 놓게 되며 세균은 유충을 갉아 먹는다. 그 다음 선충이 세균을 먹는 것이다.

살아있는 생물체를 이용하는 이 패러다임은 농지에도 적용된다. 우리는 토양에 부분적으로 퇴비를 주어 이로운 미생물을 더해주었다. 우리는 꿀과 화분(花粉)을 공급하는 다년생 개화식물(flowering perennial)을 가장자리에 심고, 채소밭에는 대부분 익충에 도움을 줄 수 있는 채소까지 다양하게 심어 익충 개체수를 늘린다. 우리는 설치류 방제용으로 올빼미를 끌어들이기 위해 농장에 올빼미 박스를 설치하고, 다른 맹금류에 도움이 될 구조물과 서식처를 마련하려 한다. 농장에 화학적 기술 대신 생물학적 기술을 사용하여 유기농을 하면 맹금류와 기타 포식동물, 익충, 토양 미생물. 벌레, 꽃식물 등에 도움이 되는 다양하고 살아있는 농장이 된다.

이 기술을 사용하면 전체적으로 보아 생태계와 여러 가지로 상호작용이 가능한 농장을 만들 수 있다. 이런 농장이야 말로 채소를 재배하고, 작업하고, 또 찾아가고픈 건강한 곳이다. 유기농 아이디어는 어디에서 시작되었는가? 현대 유기농은 1900년대 초 인도에서 연구하던 영국인 농업 전문가, 앨버트 하워드(Albert Howard) 경(卿)이 시작했다. 하워드 경은 지고(至高)의 농부는 자연이라 믿었고, 합성비료는 토양의 구조와 질을 파괴한다고 생각하여 매우 비판적이었다. 또한 그는 토양의 건강과 식물의 건강, 그리고 사람의 건강 사이를 직접 연결하고, 과거 문명이 좋지 못한 영농방식 때문에 이것이 붕괴되었다고 보았다. 그의 저서로는 다음과 같은 것이 있다. 농업 성서라고 할 수 있는 '토양과 건강(*The Soil and Health*)', 그리고 나의 첫 번째 유기농 클래스의 필독서인 '유기농업연구(*Study of Organic Agriculture*)' 등이 있다(Howard 1940년, 1947년). 농업 성서 첫머리의 단락에 그의 견해가 다음과 같이 요약되어있다.

> 대지(大地)는 결코 가축 없는 농업은 하지 않으며, 항상 혼작을 한다. 토양을 보전하고 침식을 막기 위해 막대한 고통이 있었다. 혼합 채소와 축산 폐기물이 부식토로 바뀌었다. 낭비는 없다. 성장 과정과 부패 과정은 서로 균형을 이룬다. 비옥도를 높이 유지하기 위해 비축해둔 것은 얼마든지 있다. 강수량을 유지하기 위해 가장 세심한 배려를 한다. 동식물은 질병으로부터 스스로를 보호할 수 있도록 되어있다.

그는 인도의 관행농업 방식에 감명을 받고, 토양의 비옥도를 향상하기 위해 콩과 피복작물을 사용하는 것은 물론, 농식물의 폐기물로부터 퇴비 더미를 만드는 방법을 개발하고 또 이를 살포하는 것까지 도왔다.

이 같은 기간 중 독일에서는 루돌프 스타이너(Rudolf Steiner)가 화학비료 사용으로 토양이 고갈된다는 현지 농부들의 인식에 부응하여 생물역학(biodynamics)이라는 유기농업의 또 다른 체계를 개발했다. 스타이너의 유기농은 동료평가방식의 과학보다 정신성의 중요성을 강조하고 있으며, 대지의 생명력과 활력에 주로 관심을 두고 있다. 생물역학은 물리적인 영역과 그보다 더 높은 비물리적 영역 사이의 균형을 이루려고 노력한다. 생물역학은 비농업 투입물(off-farm input) 사용은 거의 없이 수확을 높이고 건강을 증진할 수 있는 체계를 창출하기 위해, 동물과 작물, 퇴비, 및 초류(草類)와 분뇨 등으로 만든 다수의 "조제품"에 비중을 두고 있다. 오늘날 생물역학은 이곳 미국보다는 유럽에 더 많이 보급되어있다. 미국에서는 생물역학이 미국 농무부의 유기농 표준에 정확하게 부합하지 않기 때문에, 반드시 유기농과 같다고는 할 수 없다.

1947년 앨버트 하워드 경의 영향을 받은 미국인 J. I. 로데일(Rodale)이 펜실베이니아에 유기농 실험농장을 설립하여, 유기농 원예 및 농업에 관한 잡지와 책을 발간했다. 로데일의 저서 '유기농 방식에 의한 채소와 과일 재배 방법(*How to Grow Vegetables and Fruits by the Organic Method*)'은 오랜 동안 유기농 재배인들이 정보를 얻는 중요한 원천이 되었다(Rodale 1976년). 이 책의 발간과 동시에, 편집자들은 과학보다는 일화에 더 비중을 두었지만, (내가 생각하기에) 다른 과학자들과 자기들 자신의 실험농장이 이 같은 일화를 입증해주기를 바랐다.

레이철 카슨(Rachel Carson)은 유기농 확대와 수용에 결정적인 영향을 끼쳤다. 그녀는 1962년에 '침묵의 봄(*Silent Spring*)'을 출판했다. 베스트셀러였던 이 독창적인 책에는 농업에 광범하게 사용되는 농약이 어떻게 환경을 훼손하는지가 설명되어있다. 침묵의 봄은 잔류농약이 없는 농산물과 환경을 파괴하지 않는 영농체계에 대한 소비자의 인식과 요구를 일깨웠다.

세상 저편에서 책을 저술한 적이 없고, 세익스피어 연극배우를 최고의 유명인으로 생각하는 사람들의 경우, 캘리포니아의 앨런 차드윅(Alan Chadwick)이 유기농 종사자들에게 커다란 영향을 끼쳤다. 앨런은 1967년 산타크루즈 캘리포니아대학교 총장 딘 맥헨리(Dean McHenry)의 부탁을 받고, 학교 구내에 학생 원예실습 프로젝트를 설립했다. 영국 빅토리아 시대 상류사회 가정에서 자란 차드윅은 철두철미한 프랑스풍의 생물역학적 유기농 원예 기술을 소개했다. 이렇게 철저한 그의 프랑스 지식은 19세기 전반에 나타났던 영국과 프랑스의 시판용 채소밭(market garden)에서 습득한 것이다. 두번 뒤집기(double digging), 퇴비, 지피작물, 냉상(冷床〈cold frame〉), 채소 원예(vegetable husbandry), 등 이 모두를 차드윅이 알고 있었기 때문에 가는 곳마다 아름다움을 이끌어낼 수 있었다. 그의 생물역학 지식은 한때 그의 가정교사였던 루돌프 스타이너에게서 직접 배운 것이다. 차드윅은 이 둘을 결합하여 60년대 학생들의 마음을 사로잡았던 기법과 풍조를 체계화했다. 그는 카리스마가 있었고, 사람을 고무시키는 교사였지만, 성미가 까다로워 사이가 좋지 않은 사람이 많았다. 그가 산타크루즈 캘리포니아대학교에 근무할 때는 신비주의와 유기농 과학 사이의 갈등에 초점이 되었으며, 이 갈등은 오늘날까지 이어져 내려오고 있다. 산타크루즈 캘리포니아대학교 농장 및 원예 견습 프로그램(Farm and Garden Apprenticeship)은 차드윅이 남긴 것으로 지금도 계속되고 있는 그의 유산이다. 그는 교육 내용에 과학을 엄격하게 적용하여 미국 도처에서 온 수백 명의 학생을 유기농으로 만든 커리큘럼을 창안했다.

이 같은 유기농의 약사(略史)는, 유기농 "기술"이 자연을 지고(至高)의 농부로 꿰뚫어 보았던 영국인의 비전, 인도의 농업 관행, 자연계에 대한 철학자의 영감에 의한 통찰력, 셰익스피어 시대 원예에 대한 취미, 그리고 환경 파괴에 대한 생태학자의 절규 등이 결합하여 생겼음을 뒷받침한다. 연구 과학자가 유기농의 성공에 기여한 바가 있는가?

답은 "예스"다. 과학에 대한 앨버트 하워드 경(卿)의 인식이 좋지 않았고, 농업이란 농지에서 발달해야 하는 것이지, 연구실이 아니라고 그가 생각했지만, 그래도 답은 "예스"다. 가장 많이 사용하는 유기농 살충제 바실러스 써링지엔시스의 예를 들어보자. 1901년 일본인 생물학자 시게타네 이시와타리가 누에 유충에 생긴 질병을 조사하다가, 경제적인 측면에서 중요도가 높은 이 곤충의 사망 원인이 바실러스 써링지엔시스라는 세균이 그 매개체임을 알아냈다. 1911년에는 독일 과학자 언스트 벌리너(Ernst Berliner)가 지중해밀가루명나방(Mediterranean flour moth)을 죽이는 것이 무엇인지 찾다가 바실러스 써링지엔시스를 재발견했다. 1956년이 되어서야 해나이(Hannay), 핏츠-제임스(Fitz-James), 및 앵거스(Angus)라는 연구원들이 나방을 죽이는 주된 원인이 세균이 생산하는 결정내독소(crystal endotoxin 〈BT〉)에 의한 것임을 알아냈다. 이 발견으로 Bt 독소를 농약으로 사용할 수 있는 길이 열려, 1958년에는 상용화되기 시작했다(Aronian Lab 2006년).

바실러스 써링지엔시스가 세균을 사용하는 생물학적 곤충 방제의 본보기지만, 한편으로는 생물학적 곤충 방제에 다른 곤충을 사용하는 과학적 개가도 있었다. 미국 농무부의 선임 곤충학자인 찰스 발렌

타인 릴리(Charles Valentine Riley)가 1873년을 필두로 미국에 이익이 되는 포식동물과 기생충을 수입하기 시작했다. 그가 소개한 것 중 가장 유명한 것은 호주무당벌레를 수입하여 감귤류의 귤가루깍지벌레(cottony cushion scale)를 방제한 것이다. 이 같이 생물학적 방제가 큰 성공을 거두자, 외래 곤충, 진드기, 및 잡초병충(weed pest) 등을 방제하기 위해, 수 백 가지의 기생충과 포식동물이 미국에 수입되었다. 1923년 캘리포니아대학교가 해충, 진드기, 및 잡초 등의 생물학적 방제에 대한 해결책을 연구 개발하기 위해 훗날 생물학적 방제국(Division of Biological Control)이 된 기구를 설립했다. 생물학적 방제국이 거둔 여러 가지 성공과 실패를 통해 해충, 포식동물, 및 기생충 등에 관한 지식이 확립되었으며, 많은 학생들이 이 같은 기술을 더욱 발전시킬 수 있는 교육을 받았다.

또 다른 유기농의 중요한 획기적 발전은 장앙리 파브르(Jean-Henri Fabré)가 곤충 상호간의 커뮤니케이션을 돕는 화학물질, 즉 곤충페로몬(insect pheromone)을 발견하면서부터다. 그렇지만 1967년이 되어서야 UC 리버사이드의 해리 쇼레이(Harry Shorey)가 페로몬을 사용하여 양배추자벌레나방(cabbage looper moth)의 교배(交配)를 막을 수 있는 방법을 발견했다. 이 원리는 사과 전염병의 원인인 코드린나방(codling moth)과 같은 다른 종류의 해충 방제로 확대되었다. 코드린나방의 교배페르몬이 밭이나 과수원 전체로 퍼지면 수놈이 정신을 못 차려 짝짓기 할 암놈을 찾지 못한다. 짝짓기가 안 되니 유충도 생기지 않는다. 유충이 없으니, 해충의 피해 또한 없다. 코드린나방의 교배를 막지 않고는 시장에 내다 팔만한 사과를 재배하기란 어렵다.

내병성(耐病性) 식물육종은 100년 전 영국에서 시작되었다. 1904년에는 상품용 밀이 맥류줄녹병(stripe rust)이라는 질병의 원인이 되는 진균류에 감염되는 사례가 많았다. 노란색의 작고, 가늘고, 긴 농포(膿疱)가 잎사귀에 난 줄에 나타나 마침내는 길고, 가늘며, 좁다란, 노란색 줄무늬를 형성한다. 농포가 자라 열리면 노란 오렌지색 포자 덩어리를 풀어놓는다. 상품용은 아니지만 내성이 있는 품종과 상품용 품종을 서로 교배하여 두 모체(母體)의 특징을 모두 갖춘 내성 품종을 개발했다(Chrispeels와 Sadava 1994년). 이것을 필두로 식물육종가들이 해충과 병원균에 내성이 있는 유전자를 식물에 도입하기 위해 엄청난 노력을 쏟았다. 오늘날 우리가 먹는 대부분의 작물에는 이 같은 내병성(耐病性) 유전자가 들어있다.

내병성 육종은 통상적으로 영구적인 해결책이 아니다. 해충과 병원(病源) 생물체는 급속히 진화하므로, 결국 채소가 다시 질병에 걸리게 된다. 그래도 육종은 계속되는데, 그 이유는 내성에 대한 새로운 형질과 그 유전자가 발견되면 이를 채소에 다시 교배하여 도입시킬 수 있기 때문이다. 이 같이 내병성 유전자를 재배작물에 도입시키는 유전학 방식이 지난 100년 간 농업의 주축을 이루어왔으며, 현재 유기농의 성공을 기할 수 있는 기술 중 하나가 되었다.

지난 몇 년간 과학 연구를 통해 유기농의 원리가 증명되어 확대되고 있다. 현세기 초부터 미국 전역에서 유기농이 성공으로 실시되고는 있지만, 1980년까지는 전적으로 유기농에 관한 연구는 거의 없었다. 미국 농무부 저투입 지속가능한 환경보전형 농법; LISA (저투입 지속가능한 농업〈Low Input Sustainable Agriculture〉) 프로그램의 수석 책임자인 패트릭 매든(Patrick Madden)에 의하면, 대부분의 농업 과학자들과 관행농업을 하는 사람들은 미국 과학기술계가 세 가지 중요한 보고서를 내놓기까지 유기농에 확실성이 부족하다고 생각했다. 첫 번째 보고서는 '미국 농무부의 유기농에 관련 보고 및 권장사항(*Report and Recommendations on Organic Farming*, 미국 농무부 1980년)'으로, 여기에는 유기농 수확량과 순이익률에 관한 과학적 증거를 수집 검토하여, 연구, 교육 및 공공 정책을 위한 권장사항이 포함되어있었다. 저자들은 미국 전역을 통해 성공한 유기농장을 방문 연구했다. 이들은 여러 농장이 상당한 과학적 연구의 혜택을 누리지 않고도, 축산 폐기물로 퇴비를 만들고, 윤작, 지피작물 재배 등을 통해 작물 재배에 성공하여 이익을 남겼다는 것을 알았다. 이 보고서는 카터 행정부 당시 농업 장관 밥 버그란드(Bob Bergland)의 명령에 따라 작성된 것이었다. 이 보고서의 결론은 매우 긍정적이었지만, 여기에 담긴 권장사항은 신임 레이건 행정부의 농무성미국 농무부에 의해 기각되었다. 두 번째 보고서는 미국과학한림원(National Academy of Sciences)에서 '대안농업(*Alternative Agriculture*)'이라는 제하에 내어놓은 것이었다. 여기에는 농약으로 야기되는 관행농업의 문제가 상술되어있을 뿐만 아니라 기경(起耕), 생물학적 방제, 및 질소원(窒素源)으로서 지피작물에 관한 최신 과학적 지식이 요약되어있다(Board on Agriculture 1989년). 1990년, 미국 회계감사원(General Accounting Office 〈GAO〉)이 세 번째 보고서를 내놓았는데, 여기에는 환경, 인간의 건강, 및 삶의 질에 농약이 끼치는 해로운 효과에 관해 항간에 널리 퍼진 우려가 실려 있었다(U.S. GAO 1990년). 이들 보고서에 의한 탄력과 관행농업의 대안에 대한 대중의 요청에 따라, 유기농 재배인과 사회운동가들이 유기농 연구에 소요되는 기금을 증액하기 위해 미국 농무부에 로비를 하기 시작했다. 이들 노력의 첫 번째 결과가 1988년에 시작된 저투입(低投入) 지속가능한 농업(Low Input Sustainable Agriculture 〈LISA〉) 이라는 프로그램으로, 이것이 결국은 후에 '지속가능한 농업 연구 및 교육프로그램(Sustainable Agriculture Research and Education 〈SARE〉 Program)으로 발전한 것이다. 1988년에서 2006년까지 SARE 프로그램을 통해 '지속가능한 농업'연구, 교육, 및 확대와 3300가지 프로젝트에 대한 기금 등으로 2억 1,450만 달러가 투입되었다(Jill Auburn, 개인 교신) SARE를 통해 농부들에게 이 연구 결과에 기반을 둔 '지속가능한 농업' 영농방식 향상에 관한 정보가 공급된다.

LISA 프로그램이 시작되고 얼마 되지 않아, 밥 스카우크로프트(Bob Scowcroft)가 민간 재단으로부터 유기농 연구 기금을 조성하기 위해 유기농연구재단(Organic Farming Research Foundation 〈OFRF〉)을 설립했다. 1992년 이후, OFRF 보조금 조성 프로그램을 통해 200가지 이상의 프로젝트에 150만 달러 이상의 보조금을 수여했다. 이 기간 중에, 기금의 67%가 (대학 근무) 전문직 연구원에게 돌아갔고, 15%가 농부에게, 그리고 18%가 비영리 기구에 수여되었다. 이들의 보조금 조성 목적은 실용적인 과학 기반 지식을 구축하여 현대 유기농업체계를 지원하는 것이다. OFRF 기금 프로젝트로 여러 가지 유기농 분야에 연구기반 정보를 공여할 수 있었다. 예를 들어, 각종 작물에 대한 익충의 효과 시험, 유기농법을 위한 작물 육종, 곤충 개체 수에 대한 조류와 박쥐의 유효성, 및 식품으로서 유기 농산물 품질에 관한 이점 분석 등을 위한 프로젝트에 기금을 제공했다(Sooby 2006년).

비용 면에서는 그리 크지 않지만, 이 연구와 다른 연구를 통해 유기농이 크게 발전되었고, 또 정확해졌다. 어떤 방식은 그 원리가 입증되었고, 다른 것은 폐기되었으며 새로운 기술도 개발되었다. 더욱 중요한 것은, 대학교 과학자들의 참여가 늘어 유기농 생산방식이 과학에 기반을 두게 되어 더욱 바람직한 결과를 낳게 되었다.

일부 과학과 유기농의 발달은 민간 농업 법인의 업적이다. 예를 들어, 아그라퀘스트(Agraquest)라는 회사는 포도의 흰가루병 방제가 가능하여 유황을 너끈하게 대체할 수 있는 세레나데(Serenade)(Agraquest사 2006년)와 같은 생물학 기반 제품을 개발했다. 웨스트버지니아주(州) 커니스빌(Kearneysville)에 있는 미국 농무부농업연구소(미국 농무부 Agricultural Research Service 〈ARS〉)의 마이클 글렌(Michael Glenn)과 개리 푸터카(Gary Puterka) 박사는 엥겔하드사(Engelhard Corporation)와 협동으로 서라운드(Surround)라는 제품을 개발했다. 카올린 백토(kaolin clay)로 만든 이 제품을 배나무와 사과나무에 뿌려 잎말이넝나방(leafroller)과 매미충(leafhopper)을 방제하고, 진드기, 코드린나방(Codling moth), 사과 구더기, 및 기타 해충 등의 번식을 억제한다. 1999년에 처음 시판된 이 제품은 이제 유기농 과일 생산에 널리 사용되고 있다(ATTRA 2005년). 흥미로운 것은 이 두 제품이 유기농과 관행농업에 모두 사용되고 있다는 점이다. 해충 방제 물질은 환경보호라는 입장에서 볼 때도 좋고, 독성도 낮기 때문에 모든 재배자들이 유용하게 사용할 수 있으며, 과학 기반의 유기농 연구가 일반적인 농업에 얼마나 큰 영향을 줄 수 있는지를 잘 보여주고 있다.

유기농의 미래는 어떨까? 현재의 추이로 보아, 소비자 수요와 유기농 기반 연구는 증가할 전망이다. 문제는 유기농의 기술이 탄탄하여 전 세계적으로 점증하는 식량과 섬유 수요를 충족할 수 있느냐는 것이다. 의심의 여지없이, 유기농은 관행농업과 관련된 환경 저하 문제 해결에 도움이 되지만, 일부 비평가들은 미국의 모든 농지에 유기농을 실시할 경우 1/3에 해당하는 농지가 더 필요할 것이라고 보았다(Trewevas 2006년). 이것이 정확한지는 논란의 여지가 있지만, 분명한 것은 유기농으로 전 세계의 식량을 충당하려면 커다란 변화가 있어야 한다는 것이다. 즉, 유기농 폐기물을 다시 농지로 보내 영양소로 재활용하고, 해충과 스트레스에 대한 내성이 향상된 작물 품종을 개발하며, 육류 소비를 줄여서 육류보다 더 많은 식량작물이 사람에게 돌아갈 수 있도록 해야 한다는 것이다. 이 같은 변화가 얼마나 빨리 일어날 수 있는지, 또 어떤 정도의 변화를 사회가 수용할 수 있고 경제적으로도 그 실현 가능성이 있는지는 알 수 없다. 유기농을 하는 사람으로서 내가 확실하게 알고 있는 것은, 더 많은 농지가 유기농 방식으로 바뀌고, 동시에 내가 가장 강력한 기술을 사용하여 친환경, 지속 가능한, 고 수확 농지를 창출하고 싶다는 것이다.

여기에서, 유전공학 품종이 우리의 기준을 충족할 수 있는 미래의 '지속 가능한 농업'을 확립하는데 도움을 줄 수 있는가 하는 문제가 나온다. 유전공학은 "생물학을 통해 생활을 더 높은 수준으로 향상시킬 수 있는 방식"의 일부인가, 또는 "화학을 통해 생활을 더 높은 수준으로 향상시킬 수 있는 방식"의 일부인가, 아니면 이도 저도 아닌 완전히 다른 것인가? 이 같은 질문은, 유전공학이 해충, 질병, 및 선충에 대한 내성을 향상시킬 수 있는 가능성을 가지고 있으며, 또 식물이 가뭄, 홍수, 저온, 및 염(鹽) 등과 같은 환경 스트레스 적응에 도움이 될 수 있기 때문에 제기할만한 것이다. 육종을 통해 야생종에서 유전자를 도입하여 농민이 해충을 관리할 수 있도록 혁신을 이룬 것과 꼭 같은 방법으로 현재는 유기농을 통한 해결책이 마련되어 있지 않지만 유전공학을 통해 유전자를 도입하여 질병, 해충, 및 선충을 방제할 수 있는 혁신을 기할 수 있다.

유전공학을 통해서도 분자 단계에서 식물에 어떤 일이 생기고 있는지 충분히 알 수 있게 될 것이다. 아내 팸은 지난 20년 동안 식물과 미생물 간의 커뮤니케이션이 어떻게 이루어지는지 알기 위해 연구를 계속해왔다. 어떤 식물은 질병에 내성이 있는데, 어째서 다른 식물은 그렇지 못한가? 병원(病源) 생물체는 어떻게 이 방어를 깨는가? 식물은 스스로를 방어하기 위해 무엇을 하는가? 이 같은 춤사위를 좌우하는 것은 분명히 생물학, 즉 단백질과 유전자다. 단백질과 유전자란 무엇이며, 또 그 기능은 무엇인가? 아마도 루돌프 스타이너씨가 아직 살아있었더라면 연구실에 틀어박혀 바이러스성 유전자 조각을 식물에 도입하여 일종의 생물역학적 동종요법 치유책인 바이러스 면역체를 만들었을 것이다.

그렇지만 현재로서는 유전공학 식물을 유기농에 사용할 수 있는 문은 굳게 닫혀있다. 미국 농무부 유기식품 생산표준법(National Organic Program standards)을 입안할 때, 유전공학 식물사용이 포함된 안(案)이 나왔었다. 유기농업계가 275,000통의 부정적인 서한을 보낸 점을 감안하여, 이 계획은 생각할 수 없게 되어버렸다. 따라서 2001년에 시행된 유기식품 생산표준(National Organic Program standards 〈NOP〉)에는 유전공학 식물이 제외되었다(미국 농무부 2007년). 오늘날 유기농소비자협회(Organic Consumer's Association), 캘리포니아 유기농부 인증기관(California Certified Organic Farmers), 유전공학이 배제된 캘리포니아를 위한 캘리포니아인 단체(Californians for a GE-Free California), 및 기타 다수의 단체를 포함하는 유기농 사회활동 단체들이 유전공학 식물 반대 로비를 계속하고 있다. 이유가 무엇인가?

유기농업계에 있는 많은 사람들은 유전공학을 합성 방법으로 본다. 유기농 창시자의 한 사람인 J. I. 로데일은 "합성이라면 사용하지 마라. 공장을 거쳐야 하는 것이라면 특히 눈여겨보라. 작물 재배에 생명 주기의 명령을 따르면 맛과 품질이 뛰어나고 해충과 질병의 걱정이 적은 식품을 얻게 된다(Kupfer 2001년)."고 생각했다. 이 정직한 원리주의자의 견해는 에덴동산과 같이 재발견할 수 있는 천연의 영농 방법이 있다는 것을 뒷받침하고 있다. 원리주의자라면 Bt 독소가 투입된 옥수수와 같이 세균 유전자를 가진 유전공학 식물에는 각별히 반대하고 나설 것이다.

다른 사람들은 좀 더 과학적인 우려를 갖게 될지도 모른다. 유전공학 식물 화분이 퍼지면 유전공학을 사용하지 않은 작물과 천연 식물에 어떤 영향이 갈지 우려하는 바가 많았다. 유기농작물을 유전공학 작물로 타가수분(他家受粉)시킬 경우, 소비자가 이 작물을 거부하는 경우가 발생할 수 있다. 유전공학 형질이 야생 식물에 전이되어 없어지지 않고 그대로 남아있으면 자연 생태를 파괴할지 모른다는 우려도 많다. 나는 레이철 카슨도 화분 전이에 의한 파괴 가능성을 우려했을 것이라고 짐작한다. 동시에, 그녀는 농약 사용을 줄일 수 있다면 유전공학 식물이 이로울 수도 있다고 생각했을지 모른다.

너무나 당연하지만, 대중도 식품 안전을 우려한다. 유전자가 이식된 식품을 먹어도 안전한가? Bt 독소와 같은 유전자가 이식된 농산물을 먹어도 안전한가? 앨런 차드윅도 이런 질문을 할 것이다. "맛은 좋은가?" 최초로 상품화된 유전공학 식물, 플에어버세이버(Flavr-Savr) 토마토역주: 상용화된 최초의 유전공학 토마토로서 식탁에 방치하여도 장기간 물러지지 않음가 실패했던 한 가지 이유는, 저장 가능 기한은 비록 늘어났어도 덜 익은 채로 수확한 대형 업체 토마토보다 향기가 더 좋은 것이 아니었기 때문이다. 유전공학 식물을 먹는 것이 안전하다 하더라도(7장 참조), 과연 먹을 만할까?

끝으로, 이 기술은 현재도 앞으로도 대기업이 소유할 것이라는 우려가 있다. 종자와 같이 마법적인 존재가 너무 비싸져 더 이상 농부가 이를 파종할 수 없다고 생각하면 고통스런 일이다. 바로 유전공학 종자와 교잡종 종자역주: 이 책에서 '교잡종 종자'라 함은 잡종강세를 이용한 상품화된 '일대잡종종자'를 주로 일컬음가 이 경우이다(9장 참조).

유기농을 하는 사람과 유기농 소비자는 대부분 식물 유전공학이 무엇을 하는 것인지 모른다. 나와 같은 입장에 서서 멜론 밭에 김을 매는 분께는 스위스 아미 나이프를 설명해드리고, 심지어는 유기농 기술까지 설명해드릴 수 있지만 유전공학이라면 그 설명을 아내 팸에게 넘겨야겠다.

연구실

The Lab

04

유전공학의 도구

지혜는 과학과 기술이 유기적이고, 부드러우며, 비폭력적이고, 우아함과 아름다움을 새로이 지향하도록 요구한다.

E. F. 슈마허의 1973년 저, '작은 것이 아름답다'

E. F. SCHUMACHER, *Small is Beautiful,* 1973

청명한 10월 어느 날, 나는 연구실에서 학교 구내 온실까지 자전거를 타고 유전공학 실험에 사용할 벼 종자를 가지러 간다. 날씨가 상쾌해서 가까운 낙농장에서 나는 똥 같은 냄새가 자욱하다. 자전거에서 내려 조용하고 습기 찬 온실에 들어서니, 전 세계 인구의 절반을 먹여 살리는 존경스런 풀(草)이 나를 에워싼다(그림 4.1). 벼는 일곱 대륙 중 여섯 개 대륙에서 89개 국 이상이 재배하고 있다. 쌀이 주식인 곳에서는 끼니를 대부분 쌀로 때운다.

벼의 정생(頂生) 가지가 마디나기를 해서 고개를 숙이고 타원형으로 익어가는 낟알 무게 때문에 처진 것이 보인다. 낟알은 에메랄드 빛 녹색이며 아직은 익지 않았다. 실험하기에는 가장 좋은 때다. 실험이 성공적이면, 오늘부터 석 달에서 다섯 달 안에, 나는 세균성 마름병이라는 난치병에 내성을 갖는 벼를 유전공학적으로 개발할 것이다.

그림 4.1 낟알이 달린 벼

나는 낟알이 달린 벼 꽃대를 작고 날카로운 나이프로 세련되게 거두어들였다. 내 나이프는 동남아의 관행 수확용 나이프와는 많이 다르다. 그곳에서는 나이프에 보르네오용(龍)이나 야생돼지와 같이 수없이 기발한 형태로 손잡이를 만든 우아한 것을 사용한다. 이 같은 나이프는 "벼를 해치지 않아 벼의 정령이나 곡신(穀神)의 비위를 거스르지 않는다(Hamilton 2003년)." 간단한 이 도구가 잘 생기지는 않았지만, 나는 이분들을 거스르지 않으려고 공손하게 대한다.

낟알이 달린 벼 꽃대를 가방에 넣고, 나는 온실을 나서 자전거를 타고 페달을 밟는다. 연구실로 가는 도중, 나는 대학원 시절, 이제부터 나의 연구생활을 이 식물 연구에 바치리라고 결정했던 것이 생각난다. 17년이 지난 지금도 벼는 매혹적이며 나의 호기심을 자극하고 있다는 걸 깨닫는다. 목적지에 도착하여 자전거를 연구실 앞에 세워 잠가둔다. 계단을 올라 연구실에 들어가 보잘것없는 하얀 테이블 옆에 있는 의자에 편히 앉는다. 어린 녹색 겉껍질을 조심스럽게 긁어 벗긴 다음, 익지 않아 말랑말랑한 씨를 드러낸다. 바로 이 씨 안에 그 소중한 배아(胚芽)가 있고 그 속에 유전물질이 들어있는 것이다. 그대로 익도록 두면 이 배아(胚芽)는 식용 난알이 될 것이다. 에탄올에 재빨리 담근 다음 표백제에 담가서 멸균수(滅菌水)를 뿌려주면 벼의 배아가 대기 오염균으로부터 보호된다. 다시 말해, 사람에게는 해가 없지만 가냘픈 벼 세포를 죽이는 세균과 진균류로부터 보호되는 것이다. 나는 핀셋으로 겉껍질을 벗긴 난알 스무 개 정도를 새로 준비한 실험용(Plate) 접시에 조심스럽게 올려놓는다. 이 난알에는 배아에 영양분을 공급할 영양소가 들어있다. 그런 다음 접시를 햇빛과 열이 알맞게 들어오는 생육상(生育箱〈growth chamber〉)으로 가져간다. 나는 방금 유전공학 과정의 첫 번째 단계를 완료한 것이다.

수천 년 동안 농부들은 야생 벼와 재배종 벼에서 소기의 형질을 갖춘 벼를 신중하게 골라 개량해왔다. 예를 들어, 10,000년 전 고대 메소포타미아 농부들은 이후 요즈음 빵 밀의 원형종(原形種)이 된 야생종 밀과 재배종 밀 사이의 잡종을 개발했다(Dubcovsky와 Dvorak, 2007년). 오늘날의 육종가들은 식물의 종(種)을 교배하여 특정한 목적에 맞는 소기의 조합들을 창출한다. 벼와 옥수수의 경우, 이와 같은 인위적 선택 과정은 일반적으로 수분(受粉) 작업을 통해 이루어진다. 이 과정에서 육종가들은 웅성(雄性) 화분(花粉)을 꽃의 자성(雌性) 부위로 옮긴다(박스 4.1). 그들은 이 같은 기술을 사용하여 신품종 개발에 큰 성공을 거두었다. 실은 그 성공의 정도가 하도 커서 옥수수 품종의 경우 이전 품종과 거의 닮지 않았으며, 사람이 갖추어 놓은 환경에서만 생존한다(그림 4.2). 육종의 경우와 마찬가지로 유전공학의 목적도 작물의 유전적 구성을 개조하려는 것이다.

여러 해 동안 나의 연구실에서는 내병성(耐病性) 제어 유전자를 식별하기 위한 도구로 유전공학을 사용했다. 1990년에 내가 이 작업을 시작했을 때, 과학자들에게 알려진 유전자 기능은 몇 가지 밖에 없었

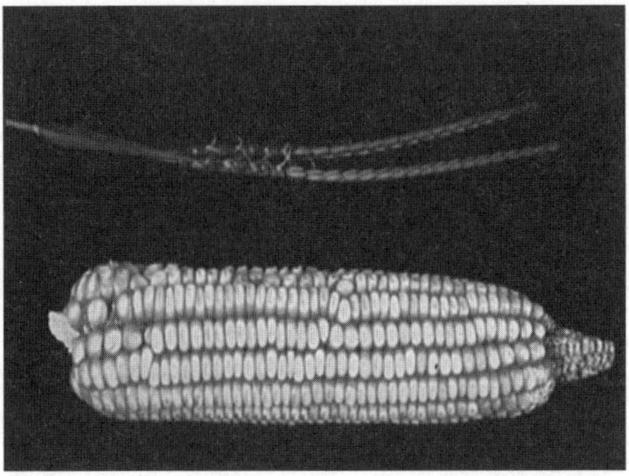

그림 4.2 현대 옥수수의 고대 원형종 콜럼버스가 받았던 옥수수는 북미 원주민이 약 6,000년 전에 테오신트(Teosinte)라는 야생 식물을 순화시켜 개발한 것이었다. 위: 트립사쿰속(tripsacum; 테오신트)이라고 부르는 오늘날 옥수수의 고대 원형종 현대 옥수수와는 전혀 딴판으로 생긴 식물에서 나온 것이다. 종자는 식물체의 몸체가 아니라 꽃대 중 하나의 끝머리에 열린다. 트립사쿰속은 식물마다 10개 또는 20개의 종자를 생산한다. 종피(種皮)를 깨서 영양 낟알을 꺼내려면 망치가 있어야 한다. 사람의 위장으로는 깨뜨리는 것이 불가능하다. 아래: 현대 옥수수의 암이삭. 현대 교잡종 옥수수에는 각각 알갱이가 1000개 이상 열리는 암이삭이 여러 개 달린다. 이들 두 식물의 주된 차이점은 현대 옥수수가 생산력이 더 높고 영양분도 더 풍부하다는 것이다. 사람이 야생 유연종(類緣種)에만 의존해야 할 경우, 수 천 배까지는 아니더라도, 수 백 배의 옥수수가 더 있어야 할 것이다. 그러기 위해서는 결과적으로 동일한 수확량을 얻기 위해 수 백 배가 더 되는 농지가 있어야 할 것이다. (캘리포니아대학교 농업 및 자연자원학부 전주〈全州〉 생명공학 워크그룹, 2007년)

다. 그 이후 유전학과 관련된 과학이 눈부신 속도로 진보한 것이다. 예를 들어, 2004년에는 과학자들이 세포 유전자 정보를 구성하는 모든 화학물질 단위의 순서를 식별하여 벼 게놈의 서열을 완성했다. 당시 이런 성과는 벼 이외에는 오직 한종의 식물, 애기장대(Arabidopsis)라 부르는 겨자와 관계가 있는 자그마한 식물에서만 이루어졌다(박스 1.1 참조). 이 서열을 컴퓨터로 자세하게 분석해 본 바로는 벼에 약 42,000개의 유전자가 있으며, 아직도 우리는 그 대부분의 기능을 알지 못하고 있다. 요즈음 내 실험의 한 가지 목적은 이들 유전자 중 하나의 기능을 밝히려는 것이다. 이 서열에는 그 기능이 질병으로부터 식물을 보호하는 것과 관련이 있는 것으로 보이지만, 이 유전자가 없는 벼를 검사해보지 않고서는 확실히 알 수 없다.

박스 4.1 **식물육종, 순화(馴化), 및 수분(受粉)**

식물육종: 즉, 특별한 목적으로 소기의 유전자 변형을 창출하기 위해 식물의 종(種)을 의도적으로 조작하는 것을 말한다. 이 조작에는 통상적으로 후대(後代)의 인위적 선택이 따르는 타가수분(他家受粉) 또는 자가수분(自家受粉) 중 하나가 포함된다.

식물의 순화(馴化): 야생 식물로부터 바람직하지 않은 특성을 적게 갖춘 식물을 생산하여 인위적인(통상적으로는 개선된) 환경에서 계속 생존할 수 있도록 인간이 행하는 선택 방법. 이 방식은 9,000~11,000년 전부터 있었던 것으로 추정된다.

(계속)

박스 4.1 계속

요즈음 우리는 가장 중요한 식량작물을 순화종(馴化種〈domesticated species〉)으로부터 얻는다. 지난 천 년간 순화종은 천연 원형종과 완전히 다르게 바뀌었다. 지금의 옥수수 속대는 야생 원형종에 비해 크기가 수 십 배나 크고, 소화가 더 잘되는 종자를 생산한다.

수분(受粉): 종자식물 번식의 중요 단계—수술(웅성기관〈雄性器管〉)에서 식물의 심피(心皮), 즉 배주(胚珠)(자성 생식세포)를 가진 곳까지 화분(웅성 생식세포)을 옮기는 것. 심피의 수용 부위를 피자식물(개화식물) 꽃의 암술머리라고 한다.

자가수분(自家受粉): 동종 식물의 화분이 웅성 수술에서 자성(雌性) 암술머리까지 전달되는 것을 말한다.

타가수분(他家受粉): 화분이 각종 화분 매개자(예, 바람, 곤충 또는 사람)에 의해 동종(同種)의 별개 꽃식물 개체로 전달되는 것을 말한다. 이계교배(異系交配) 또는 타가수분(他家受粉)에 적응되어있는 식물의 경우, 수술이 돌출되어 화분을 다른 꽃식물(예, 옥수수)로 더 잘 퍼뜨릴 수 있다.

방임수분(放任受粉): 화분이 유전적으로 관계가 있는 개체군내에서 다른 식물로 전달되는 것을 말한다. 방임수분(放任受粉)이 이루어진 식물의 종자는 모체(母體)와 유사한 식물로 자란다. 이것은 교잡종 식물의 경우와는 대조적이다. 교잡종 종자식물은 여러 가지 특성으로 분리되어, 형질이 교잡종 모체와 동일하지 않다.

낟알이 "캘러스"(callus; 유합(癒合)조직)라 부르는 미끄럽고 윤이 나는 덩어리로 자란 2주 후. 아직은 잎 또는 뿌리와 같은 특정 기관으로의 발달이 정해지지 않은 상태에서, 어떤 명령이라도 받아들일 준비가 된 일종의 줄기세포다. 나는 새로 생긴 캘러스를 낟알에서 핀셋으로 분리한다.

다음 단계는 새로운 유전자를 벼 캘러스 세포에 도입하는 것이다. 이렇게 하려면 아그로박테리움(Agrobacterium)이라 부르는 토양 세균이 있어야 한다. 이 세균은 사실상 다른 생물체가 할 수 없는 일을 한다. 다시 말해 식물 세포와 브리지를 형성한 다음, 자신의 유전자 중 일부를 식물 세포벽 너머로 옮겨가고, 이후 세포막 너머로 가서, 핵 속으로 들어간다. 태고 적부터 전해 내려온 이 과정은, 한 세기 동안 생물학자들이 알고는 있었지만, 최근 30년이 되어서야 겨우 그 자세한 내용을 이해하게 되었다. 즉, 이 유전자 전이가 식물체를 세균의 식량 생산 단위로 "전환"시킨다는 것이 알려진 것이다. 식물의

그림 4·3 근두암종(Crown Gall Tumor)이 생긴 나무. (사진 제공: Rebecca McSorley)

기저부에 붙어있는 커다란 종양의 모양으로 식물이 세균에 감염되었는지 여부를 알 수 있다. 그 결과가 때로는 아주 극적이다. UC 데이비스 캠퍼스에 있는 한 참나무에는 크기가 소형차 자동차만한 근두종양(crown gall tumor)이 있다(그림 4.3).

조작과 개발이라는 오랜 전통에 충실한 생물학자들이 솜씨 좋게도 종양을 만드는 세균 유전자를 제거함으로써 식물의 생장에 지장을 주지 않고 세균이 식물에 감염될 수 있다. 이들은 세균 유전자의 일부를

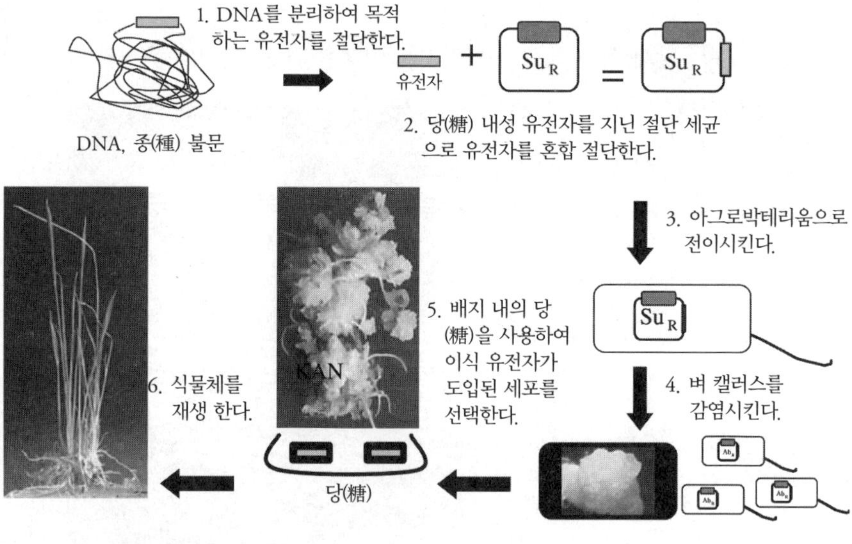

그림 4.4 식물을 유전공학적으로 변형하는 방법.

1. DNA를 분리하려면 비누 용액을 사용하여 세포막을 파괴한 다음, 염/에탄올을 넣어 석출(析出)시킨다. 정제한 DNA를 작은 플라스틱 시험관에 넣고, 특정 DNA 서열에 대한 인식 능력에 따라 선택한 상업용 "제한효소"를 혼합한 다음, 인식한 부위를 정확하게 자른다. 서로 다른 제한 효소의 조합 사용하면 게놈에서

이종 유전자로 대체할 수 있다는 것도 알아냈다. 유전자가 대체된 것을 알지 못하는 세균은 식물에 감염될 때 식물 속에 새로운 유전자를 전달하게 된다. 이 속임수를 이행하기 위해 생물학자들은 유전자 치환에 다른 도구를 사용한다. 즉, 세균의 유전자를 절단하는 작은 가위와 같은 역할을 하는 제한효소(restriction enzymes)와 아그로박테리움 게놈으로 새로운 유전자를 삽입할 때 접착제와 같은 역할을 하는 리가제(ligases)를 사용한다(그림 4.4).

유전자를 "절단"할 수 있다. 겔(gel)에서 DNA 단편(斷片)을 분리하거나, 중합효소 연쇄반응을 사용하여 증폭하면 유전자 단편을 다른 DNA 조각에서 분리할 수 있다(polymerase chain reaction 〈PCR〉) (9장, 표 4.1 참조). 이 절단과 증폭을 통해 한쪽 끝에 점성이 있는 염기(鹽基), 즉 부착부위 한 쌍이 노출된다.

2. 이러한 점성 양 끝은 동일한 제한효소로 절단한 운반체 DNA 점성 양 끝과 서로 맞물리므로 DNA 단편끼리 접착시키는 리가제 효소를 이용하여 연결시킬 수 있다. 이 운반체에는 당당(糖, Su_t) 내성 표지가 있다.
3. 이후 유전공학 벡터를 전장(電場)펄스법(法)(전기천공(穿孔)법〈electroporation〉이라함)을 사용하여 아그로박테리움(*Agrobacterium tumefacien*) 속으로 전이시킨다. 펄스를 사용하면 일시적으로 세포막을 교란하여 아그로박테리움에 운반체 DNA를 전이시킬 수 있는 것으로 생각된다. 매우 낮은 빈도의 세균내에서 전이된 DNA는 숙주 염색체로 통합되거나, 아니면 원형의 염색체외 인자로 세균 속에 자리 잡게 된다.
4. 새로 유전자 재조합된 아그로박테리움을 사용하면 벼 캘러스를 "감염"시킬 수 있다.
5. 감염된 벼 캘러스가 당이 들어있는 매체에 들어가면 통상적으로 벼는 이를 견디지 못하고, 새로운 유전자와 Su_t 표지로 감염된 캘러스만 뿌리와 줄기를 만들기 시작한다. Su_t 표지가 없고 감염이 안 된 캘러스는 죽게 된다.
6. 살아남은 유전공학적으로 조작된 세포는 온전한 식물체로 재생된다.

레시피 4.1

유기농 딸기로부터 DNA의 분리

내 친구 클레르 마조겔프만(Claire Mazow-Gelfman)은 주니아타대학(Juniata College)에서 개발된 과정을 개조하여 유기농 딸기에서 DNA를 추출했다. 추출하는 방법이 하도 쉬워서 그녀의 딸 타마라(Tamara)와 딸의 3학년 반 친구들도 재미있게 놀면서 할 수 있을 정도였다.

딸기로 작업하기 쉬운 이유 중의 하나가 부드러워 으깨기 쉽기 때문이다. 또한, 잘 익은 딸기는 세포벽을 파괴하는 효소(펙티나아제 및 셀룰라아제)를 생성하기 때문이기도 하다. 가장 흥미로운 것은, 딸기에 엄청난 게놈이 있다는 것이다. 이 게놈은 8배체(倍體)다. 따라서 세포마다 염색체가 종류별로 여덟 개씩 있고, 또 DNA도 넘칠 정도로 많다(Juniata College 2004년).

샴푸의 세제는 세포막과 세포소기관의 인지질이중막(燐脂質二重幕)을 용해시키는데 도움이 된다. 염(鹽)은 추출층(抽出層)에 단백질이 머물러 있게 하여 DNA와 함께 석출되지 않도록 하는데 도움이 된다.

DNA는 에탄올에서 용해되지 않는다. 분자가 수용성(水溶性)이면 용액 속으로 퍼지기 때문에 눈에 보이지 않는다. 분자가 불용성이면 덩어리로 엉키기 때문에 육안으로 볼 수 있다. 에탄올이 차가울수록 그 속에는 DNA가 더 적게 용해되므로, 육안으로 볼 수 있는 "응집" 현상은 더 뚜렷해진다. 그래서 냉장고나 얼음통에 에탄올을 넣는 것이다.

♣ 재료 (학생 그룹별)

내구성 지퍼락 봉지, 신선한 유기농 딸기 1개,
DNA 추출 버퍼 10ml (비누, 염수), 얼음처럼 차가운 에탄올,
50ml들이 팰콘 튜브(Falcon tube), 이쑤시개 몇 개

DNA 추출 버퍼 레시피

- 물 100ml와 혼합한 100ml 정화 샴푸
- 물/샴푸 혼합물에 소금 한줌을 추가한다.

참고: 에탄올이 적어도 90%는 되어야 하며, 차야 한다. 플라스틱 피펫을 사용하면 조제하기 쉽다. 한랭사(2겹)를 커다랗게 사각형으로 잘라 팰콘튜브 가장자리를 덮는다. 이 작업은 수업 시간 40분 이내에 완료할 수 있다.

방법

1. 딸기에서 녹엽이 제거되어있지 않으면, 지금 뜯어낸다.
2. 딸기를 지퍼락 봉지(Ziploc bag)에 넣고 약 2분 간 으깬다. 딸기를 완전히 부숴야 한다. 거품이 잔뜩 일게 하지는 마라. 거품은 적을수록 좋다.
3. 으깨기가 끝났으면, 봉지에 DNA 추출 액 10ml를 부어 넣는다.
4. 또 다시 1분 정도 으깬다. 비누 거품이 너무 많이 일지 않도록 조심한다.
5. 끝났으면 팰콘튜브 위에 한랭사를 덮는다.
6. 봉지를 열고 한랭사를 통해 혼합물을 약간 부어 넣은 다음, 시험관 속으로 여과되어 들어갈 때까지 기다린다. 시험관에는 용액 3ml만 여과하여 넣도록 한다.

7. 다음으로, 시험관 속에 에탄올을 천천히 조심스럽게 부어서 8.5ml를 채운다.
8. 하얗고 탁한 물질이 붙어있는 커다란 공기 방울이 생기는지 살펴본다. 이 탁한 물질이 DNA다.
9. 이쑤시개로 이 물질을 솜사탕 만들듯이 빙빙 돌려 휘젓는다. 시험관을 기울이면 DNA가 더 많이 생긴다.
10. DNA를 빼낸다. 점액이나 달걀 흰자위 같이 보일 것이다. 마를 때는 거미줄같이 보인다. 이 섬유가 수백만 개의 DNA 가닥이다.

몇 주 전, 나는 이렇게 잘라서 붙이는 방법을 사용하여 내병성이 있는 것으로 알려진 야생종 벼에서 아그로박테리움으로 유전자를 전이시켰다. 이제 캘러스를 재조합 균주가 들어있는 브로스(broth ; 배양액)에 담글 차례다. 이때, 세균은 야생종 벼의 유전자를 재배종 벼의 게놈으로 전달하는 운반체 역할을 한다. 세균이 활동을 개시하는 것이 보인다는 상상이 든다. 먼저 세균이 목표물을 확인한 다음, 세균을 감염시키고, 벼 세포막을 가로질러 세균의 DNA를 핵 속으로 전이한 다음, 마지막으로 각 핵안에서 DNA가 염색체로 밀려 들어간다. 아그로박테리움은 자연과 실험실 모두에서 유전자 전달 역할을 한다.

새로운 유전자가 작물의 DNA에 통합된 다음에는 과학자가 새로운 유전자의 위치를 곧바로 해독할 수 있지만, 어느 위치에 전이될지는 미리 알 수가 없다. 때로는 유전자가 벼 세포 기능에 장애가 되는 지점에 자리 잡기도 하는데, 이 경우 그 세포는 더 이상 자라지 않게 된다.

그러나 대부분의 경우, 형질전환된 세포는 잘 자라서 새로 도입된 약간의 유전물질을 지닌채 증식될 것이다. 이것이 얼마나 자연스럽지 못하단 말인가? 게놈에 유전자가 아무곳에나 삽입될 경우, 수백만 년을 진화해온 안정된 구조가 약화되지 않겠는가?

결국, 식물게놈이 이런식의 학대에 익숙해져 있다는 것이 밝혀진 셈이다. 벼와 다른 생물체에는 겉보기에 불규칙한 방식으로 이리저리 움직이는 DNA 조각들(전이인자라 함)이 들어있다는 것이 이제는 잘 입증되어있다. 이들은 스스로가 새로운 곳으로 들어가기도 하지만, 때로는 다른 유전자 조각을 긁어모아, 이들 단편(斷片)과 함께 옮겨가기도 한다. 예를 들어, 최근의 연구를 통해 1,000개 이상의 유전자에서 밝혀진 바로는, 벼 게놈에 짐노새(pack mule)라 부르는 단편을 포함한 DNA 조각이 3,000개 이상 있다는 것이다(Jiang 등 2004년). 여러개의 단편을 서로 다른 유전자에서 떼어내어 재배치되고 융합되어 새로운 단백질을 발현하게 된다. 이제 우리는 게놈의 서열만 보고서도 식물에 여러 가지 다른 생물체로부터 가져온 유전자가 있다는 것을 알 수 있다. 그러므로 우리가 실험실에서 수행하는 유전공학 과정에는 자연에서 발생하는 과정과 유사성이 있는 것으로 생각된다.

모든 세균이 세포 속으로 자신의 DNA를 성공적으로 전이하는 것은 아니다. 다시 말해, 벼 세포 중 극소수만 새로운 유전자를 받아 "형질전환"되는 것이다. 그렇다면 생물학자들은 어떻게 유전자가 없는 수천 개의 벼 세포 중에서 유전자 재조합이 이루어진 세포를 식별할 수 있는가? 사실, 이 식별은 표지유전자(標識遺傳子)라는 또 다른 도구 없이는 불가능하다. 식물 변형에 관한 초기 실험에 흔히 사용된

표지가 항생제 내성 부호 표지가 있는 유전자였다. 이 과정에서는, 유전자가 세포로 전이되는 것은 물론이고, 표지유전자까지도 전이된다. 요즈음은 형질전환 식물이 높은 수준의 당도에서도 자라게 할 수 있는 표지도 사용할 수 있다. 본질적으로 이 표지는 당(糖) 이용가능 유전자로, 유전자가 다른 방법으로는 사용할 수 없는 당에서 생장이 가능할 수 있도록 하는 것이다(Lucca 등 2001년). 감염된 벼 세포를 "선택"(당 또는 항생제) 매체에 이식시키면 형질전환된 세포만 살아남게 되어, 나머지 식물 세포는 생장이 차단된다. 다시 말해, 표지유전자가 생존 속성을 유전공학적으로 조작된 세포에게만 수여하기 때문에 생물학자들은 새로 형질전환된 세포를 죽어가는 깔개(lawn), 즉 형질전환이 되지 않은 세포군에서 골라 낼 수 있게 된다.

2주 후면, 나는, 비록 당 농도는 높을지라도, 새로 형질전환된 세포가 잘 자라서, 표지유전자와 관심 유전자를 지닌 새로운 세포가 생겨나게 되는 것을 볼 것이다. 이 새로운 세포는 작은 염주 알 크기 정도의 희끄무레한 반투명 방울과 같은 덩어리로 보인다. 이 같은 세포는, 야생종에서 추출한 유전자와 표지유전자를 가지고 있다는 것을 제외하면, 내가 실험을 시작한 벼 종자와 유전적으로 동일하다. 나는 뿌리와 줄기를 유도하는 식물호르몬이 첨가된 배지로 세포들을 옮기고 나서, 이 세포들에게 축복한 후 다시 생육상에 넣는다.

한 달 후, 나는 일찍 연구실에 나와 서둘러 생육상으로 간 다음, 내가 작업한 작은 식물을 살펴본다. 만세! 유전자를 재조합한 세포가 나의 예상대로 줄기와 뿌리를 냈다. 나는 화분에 흙을 채워 유전자 조작된 모종을 옮겨 심는다.

식재(植栽)는 12살 때 영양번식(clonal propagation 〈營養繁殖〉)을 첫 실험으로 했던 것을 생각나게 하므로 내가 좋아하는 단계다. 나는 벌레가 우글거리는 어머니 채소밭 흙을 푸석푸석하게 파곤 했다. 어머니도 외조부모님같이 열렬한 정원사다. 나는 그 흙을 내 방으로 가져오느라 도중에 온 집안에 흘려가며 화분과 작고 흰 플라스틱 단지를 보관해둔 벽장으로 가져가곤 했다. 단지에는 발근(發根)을 유도하는 식물 호르몬이 들어있었다. 이것을 루트원(Rootone)이라 했고, 지금까지도 가정집 원예가들이 삽목(揷木)에서 근(根) 생장을 유도하기 위해 사가는 것이다. 나는 아프리카제비꽃에서 새싹을 조심스럽게 잘라 흰 가루가 고루 묻을 때까지 루트원을 발랐다. 그 다음 새로 물을 뿌려준 토양 속에 대를 묻어, 창턱에 놓았다. 극진한 관리와 물주기를 마치면 뿌리가 자라고 새싹이 돋아나 자색-꽃이 피는 식물 컬렉션에 유전적으로 동일한 식물 — 즉, "클론(clone)"— 을 추가할 수 있으리라. 식물에 뿌리나 새싹과 같이 새로운 조직을 재생할 수 있는 기능이 없다면 식물 증식도 불가능하고, 따라서 유전공학도 불가능할 것이다.

오늘 나는 유전공학 벼를 새 화분에 담아 온실로 가서 내려놓고 물을 뿌려준 다음 귀가했다. 집에 올 때 나는 곰곰이 생각했다. 이제는 내 방에서 장난감을 여기저기 늘어놓고 작업하지 않지만, 내가 어린아이와 노는 기본 구성요소는 마찬가지다. 즉, 식물, 토양, 호르몬, 그리고 유전자다. 차이가 있다면, 실험이 끝나갈 때쯤이면 내가 연구하는 유전자로 인해 야생종이 내병성을 갖게 되는 것인지를 알게 될 것이고, 또 실용적인 입장에서 볼 때 더 중요한 것은 야생종의 유전자 하나를 추가하는 것만으로도 재배종에 내성을 갖도록 할 수 있는지 알게 될 것이다.

한 달 후 나는 학생 두 명을 데리고 다시 온실로 갔다. 온실에 들어가서 우리는 병원(病源) 세균에 담가두었던 가위로 잎사귀 끝머리 수백 개를 잘라내기 시작했다. 가위질로 작은 상처가 생겨 세균이 이를 통해 식물을 감염시킨다. 작업을 마치자 마치 녹색 자물쇠가 사방에 너부러진 것처럼 온실 바닥이 한창 성업 중인 뉴에이지 이발소 같다.

열흘 후에는 다시 식물이 있는 데로 가서 살펴볼 것이다. 대조구 식물(새로운 유전자를 도입하지 않은 본래의 것)에 큰 병이 생겨, 질척질척한 병소(病巢)가 긴 잎사귀 아래로 처져 내려갔다. 우리가 유전자를 재조합한 식물은 싱싱하고 건강하다. 내 눈을 믿을 수가 없다. 이렇게 극적인 결과까지는 기대하지 않았다. 나는 학생들에게, 어쩌다 우리가 실수를 해서 잎사귀에 세균을 감염시키는 대신 물을 준 것은 아닌지 물으면 학생들은 미소를 지으며 고개를 가로 저었다. 우리가 유전공학을 통해 벼에 세균성 마름병 내성을 갖게 하려던 노력은 성공이었다(Song 등 1995년). 이 발견으로 벼가 어떻게 번성하여 8,000년 동안 사람들을 살찌웠는지 희미하게나마 알게 되었다.

샌프란시스코 베이에어리어 연구원들이 유전공학을 통해 세균에 새로운 형질을 도입하는 것이 가능하다는 것을 처음으로 입증한 것은 1970년대 초였다. 이들은 이종(移種) 유전자를 잘라 내어 옮겨 붙이는 것이 가능하며, 이 새로운 유전자를 증식시켜 세균 내에 발현시키는 것도 가능할 수 있다는 것을 보여주었다. 그 유명한 1975년의 재조합 DNA 기술사용에 관한 아실로마(Asilomar) 국제회의에는 이 분야에 저명한 과학자 150명이 모여 안전, 위험, 비용, 이익, 및 규제 등과 같은 문제를 놓고 토론을 벌였다(표 4.1).

여기에 참석한 과학자들의 요청에 따라, 미국 국립보건원(National Institutes of Health 〈NIH〉)은 자문위원회를 결성하여 이 같은 새로운 분야의 이득과 위험을 조사하고 위험을 최소화할 수 있는 절차를 개발한 다음 연구 지침을 기초했다. 최근 미시간대학교 과학 역사학자인 수잔라이트(Susan Wright)는 규제법적 구상을 통해 연구를 진전시키는 것 이외에도, "대중에게 유전공학의 열매가 과학자뿐만 아니라 모든 사람에게 이익이 된다는 점을 설득해야 한다."고 제안했다. 이 같은 이중 접근 방식은 성공이었다. "이 새로운 연구 분야가 전성기를 맞아 그 결과, 우리는 이제 게놈의 복잡성, 유동성, 및 적합성 등에 관해 1975년 회의 때는 생각지도 못했던 정도로 훨씬 더 많이 이해하게 되있다(Wright 2001년)."

오늘날, 유전공학 적용 사례가 급증하고, 또한 전 세계적으로 작물 생산 방식과 의학에깊은 변화를 가져왔지만, 유전공학의 안전 및 이익은 재평가되고 있다. 예를 들어, 최초로 시판된 유전공학 약품 인체 인슐린은 1982년부터 미국 인구 7%가 감염된 질병인 당뇨병 치료에 사용되었다(National Diabetes Information Clearinghouse 2005년 발간). 유전공학 인슐린은 비용이 적게 들고 알레르기 유발 항원도 적기 때문에 가축을 통해 생산하는 인슐린을 대체하게 되었다.

표 4.1 생물학적 기술 역사의 하이라이트

연도	과학자	발견내용
기원전 4000년	중국인	양쯔강변에서 벼를 경작함
기원전 1750년	수메르 인	맥주 양조법 발견
기원전 250년	그리스인	토양 비옥도를 최대화하기 위해 윤작(輪作) 실행
1859년	찰스 다윈(Charles Darwin)	종의 기원 출판
1866년	그레고르 멘델(Gregor Mendel)	완두콩 식물 "요소"의 유전적 성질 입증
1870년	장앙리 파브르(Jean-Henri Fabre)	곤충페로몬 발견
1888년	찰스 릴리(Charles V. Riley)	호주무당벌레를 수입하여 감귤류의 귤가루깍지벌레(cottony cushion scale)를 방제함
1900년대 초	알버트 하워드 경(Sir Albert Howard)	유기농 원리 전개
1900년대 초	루돌프 스타이너(Rudolf Steiner)	생물역학 전개
1901년	시게타네 이시와타리	일본에서 바실러스 써링지엔시스(*Bacillus thuringiensis*〈*Bt*〉) 세균 분리
1910년	토마스 헌트 모간(Thomas Hunt Morgan)	1933년 유전형질 염색체 관련 의학부문 노벨상 수상
1911년	언스트 벌리너(Ernst Berliner)	독일에서 *Bt* 재발견

(계속)

표 4.1 계속

연도	과학자	발견내용
1927년	허만 멀러(Hermann J. Muller)	1946년 X-ray 조사로 유도된 돌연변이 연구로 의학부문 노벨상 수상
1928년	프레드 그리피스(Fred Griffith)	쌍구균(雙球菌)의 무해한 R 계통을 독성이 있는 S 계통으로 "형질전환"시키는 미지의 어떤 "인자"가 있음을 제안함
1944년	에이버리(O. Avery), 맥리오드(C, MacLeod), 맥카티(Maclyn McCarty)	자신들이 Griffith의 실험에서 형질전환 인자를 정제하여 그것이 DNA라고 보고함
1947년	로데일(J. I. Rodale)	펜실베이니아에 유기농 실험농장을 설립
1940년대 말	바바라 맥클린톡(Barbara McClintock)	게놈에서 이리저리 이동하는 DNA 조각, 즉 전이 인자로 옥수수 색상 변화를 설명할 수 있다는 가설 전개. 1983년 생리학 또는 의학 부문 노벨상 수상
1951년	로잘린 프랭클린(Rosalind Franklin)	1962년 생리학 또는 의학 부문 노벨상 수상자 왓슨(Watson), 윌킨스(Wilkins), 및 크릭(Crick) 등의 DNA 구조 발견으로 이어진 X-레이의 선명한 회절(回折) 사진 획득
1952년	체이스(M. Chase), 허시(A. Hershey)	DNA가 유전형질 분자라는 최종 증거 제공
1956	앵거스(H. F.-J. Angus)	Bt 독소를 유기농약으로 사용할 수 있는 길을 닦았음
1962년	레이철 카슨(Rachel Carson)	침묵의 봄(*Silent Spring*) 저술
1967년	앨런 차드윅(Alan Chadwick)	산타크루즈 캘리포니아대학교 학생실습원예농원 개원

(계속)

표 4.1 계속

연도	과학자	발견내용
1967년	해리 쇼레이(Harry Shorey)	페로몬을 사용하여 양배추자벌레나방의 교배(交配)를 막을 수 있다는 것을 발견
1970년	해밀튼 스미스(Hamilton Smith) Kent Wilcox	특정 DNA 분자 절단이 가능할 수 있는 최초 제한효소 분리. 스미스는 1978년 의학부문 노벨상 수상
1972년	폴 버그(Paul Berg)	최초의 재조합 DNA 분자 제조. 버그는 1980년 DNA 연구로 화학부문 노벨상 수상(DNA 염기서열 결정 기술 개발로 월터 길버트(Walter Gilbert) 및 프레데릭 생어(Frederick Sanger)와 공동 수상)
1973년	코헨(S. Cohen), 창(A. Chang), 보이어(H. Boyer), 헬링(R. Helling)	미국 국립과학원 회보에 재조합 DNA 분자를 유지관리 하여 대장균 복제("cloning")에 사용할 수 있음을 입증하는 논문 발표. 보이어(Boyer)는 1997년 ATP 합성에 관한 효소 구조 발견으로 화학부문 노벨상 수상
1975년	캘리포니아, 아실로마(Asilomar) 국제회의	재조합 DNA 실험 규제지침 채택 촉구
1977년	제넨텍(Genentech)	재조합 DNA 방법을 사용하여 인체 인슐린을 포함, 의학적으로 중요한 약품 제조
1980년	미국 농무부	유기농에 관한 미국 농무부보고서 및 권장사항
1980년	미국 연방 대법원(Diamond 대 Chakrabarty 판례)	유전자가 변형된 생물 형태도 특허 획득이 가능함을 판결

표 4.1 계속

연도	과학자	발견내용
1985	멀리스(Kary B. Mullis)	지금까지 발표된 DNA 분석시험 중 가장 민감한 중합효소 연쇄반응(PCR)을 기술한 논문 출판. 1993년 마이클 스미스(Michael Smith)와 화학부문 노벨상 공동 수상
1987년	어드벤스트 제네틱 사이언스(Advanced Genetic Science) 사	작물 결로현상을 막는 유전공학 세균, "프로스트반(Frostban)" 포장시험. 유전공학 생물체의 최초 옥외 검사다.
1987년	미국 과학한림원	종(種) 간의 유전자 전이가 중대한 환경 위해를 가하지 않는다고 결론지음
1987년	미국 의회	LISA (저투입 '지속가능한 농업') 프로그램 상설(이후 지속가능한 농업 연구 및 교육프로그램이 되었음)
1988년	인간 게놈 프로젝트	인간 염색체를 구성하는 전체 DNA 염기서열 해독 목표 설정
1989년	미국 과학한림원	미국 국가과학위원회가 현대 농업 생산에서 대체 농법의 역할에 관한 보고서 발간
1990년	미국 회계감사원	'연방정부 장려제도 및 농민의 견해'라는 제하의 대체 농업에 관한 보고서 발간:
1992년	밥 스코우크로프트(Bob Scowcroft)	미국 유기농 연구재단(OFRF) 설립
1992년	미국 농무부	유전공학을 통해 유통기한을 연장한 "플레이버세이버(FlavrSavr)" 토마토 상용 생산을 승인
2000년	애기장대 염기서열유전체계획	애기장대 게놈의 염기서열 완성
2002년	국제 벼게놈 시퀀싱 프로그램	상세한 벼의 게놈 서열을 완성함.

(계속)

표 4.1 계속

연도	과학자	발견내용
2004년	미국 과학한림원 의학연구소	생명공학 작물이 줄 수 있는 위험은 일반 작물 수준을 넘지 않는다고 결론 지음
2005년	농민	유전공학 작물 10억 번째 에이커를 경작
2006년	앤드류 파이어(Andrew Fire)와 크레이크 멜로(Craig Mello)	이중나선 RNA에 의한 유전자 발현억제, 즉 RNA 간섭에 관한 발견으로 생리학 또는 의학 부문 노벨상 수상

출처: Lane 1994, http://www.accessexcellence.org/AE/AEPC/WWC/1994/geneticstln.html; http://www.ucbiotech.org; http://www.fao.org/DOCREP/006/Y4011E/y4011e0e.htm; http://cuke.hort.ncsu.edu/cucurbit/wehner/741/hs741hist.html

요즈음은 전 세계적으로 수백만 명이 유전공학 약품으로 치료를 받고 있다. 10억 에이커에 이르는 땅에 유전공학 작물이 재배되고 있다. 수백만 명이, 환경이나 사람의 건강에 부작용으로 인한 역효과가 있다고 검증할 수 있는 단 한 차례의 사례도 없이, 10년 이상 유전공학 식품을 먹었다. 그럼에도 불구하고 유전공학은 논쟁을 야기하고, 때로는 폭력시위까지 일으킨다(Guyotat 2005년).

유전공학 작물에 관한 토론에는 강력하고 또 질적 변화의 가능성까지 지닌 새로운 기술에 대해 사람들이 우려하는 좋은 본보기가 나타난다. 과학발달에서 이렇게 많은 논쟁을 불러일으킨 것이 있으며, 기존 방식에 대해 이 같이 극단적인 대안을 제시한 것이 있었던가? 설사 있다 하더라도, 그 기술을 완전하게 받아들여 일상생활에 도입했는가? 그리고 끝으로, 그 기술이 쓸모가 있었는가?

2백 년 전에는 많은 사람들이 동식물로부터 분리시킨 "천연" 또는 유기화합물(탄소와 수소를 함유한 것)이 무기화합물에서 얻은 것과는 근본적으로 다르다고 생각했다. 이들은 생체에만 있는 "생명력"이 유기화합물에 들어있다고 생각했다. 이런 생각은 19세기에 미국 화학자들이 원소 물질에서 유기화합물 합성 기술을 개발하자 모두 바뀌었다. 웰러(Friedrich Wöhler, 1800~1882년)는 그가 성공했던 첫 번째 실험을 통해 동물의 간(肝)에서 유기화합물로 생산된 요소(尿素)를 합성할 수 있었다.

흥분한 웰러가 스웨덴 화학자 베르젤리우스(Jöns Jakob Berzelius, 1779~1848년)에게 다음과 같이 썼다. "동물이나 사람 또는 개의 간(肝) 없이도 요소(尿素)를 합성할 수 있습니다"(McBride 2003년). 실로, 그의 연구는 일련의 실험에 시동을 걸어, 연구실에서 합성했거나, 무생물의 원천에서 분리한 화합물이 동일하다는 것을 증명했다. 19세기 말 경에는 유기물 합성이 널리 보급되어 생명력 이론은 폐기되었다. 웰러는 베르젤리우스에게 보낸 편지에서 이렇게 될 것을 "추한 사실로 아름다운 가설을 학살한 과학의 엄청난 비극"을 목격했다는 말로 예언했다(Brooke 1995년). 유기화학은 이제 생물의 원천에서 얻은 물질 연구로 취급되는 대신, 탄소 화합물 연구로 취급되었다(Bodner Research Web 2004년). 유기화학의 급속한 발전은 약품, 염료, 농약, 및 무기물질 초전도체 등은 물론이고, 당(糖), 전분(澱粉), 밀랍(蜜

蠟), 및 식물성유(植物性油) 등과 같은 각종 유기화합물 합성으로 이어졌다.

점차 더 많은 과학자들이 이를 수용함에도 불구하고 어떤 사람들은 천연 화합물 합성까지 "천연이 아닌" 것으로 생각했다. 실로, 생명력 이론은 과학 이론으로서 신빙성을 상실한지 100년도 더 되었지만 잠깐만 인터넷을 뒤져도 여전히 그 지지자들을 찾아볼 수 있다. 예를 들어, 생명력 이론이 아직도 사라지지 않고 남아있는 흔적은, 천연적인 원천에서 얻은 비타민이 아무래도 합성 비타민보다는 건강에 좋다는 생각에서도 찾아볼 수 있다.

사람들이 처음으로 화학물질을 용이하게 입수할 수 있게 되었기 때문에, 유기물 합성은, 이제, 의학을 포함하는 대부분의 연구 및 산업 영역에서 우리가 당연하게 여기는 획기적인 발전의 기틀을 마련하게 되었다. 예를 들어, 1940년대 초에 호지킨(Dorothy Crowfoot Hodgkin)이 해독한 페니실린의 화학 구조로 페니실린의 대량 합성생산이 가능하게 되었다. 이때부터 페니실린을 일상적으로 사용하여 세균 감염을 치료하고, 이후 오늘날까지 가장 널리 사용하는 항생제가 되었다. 제2차 세계대전 때부터 지금까지 페니실린은 무수한 생명을 구했다. 천연 페니실린을 화학적으로 더욱 개량할 수 있다는 발견으로 인해 의학에서 항생제의 역할이 확대되었다. 암피실린이나 카르베니실린 같은 현대의 반합성 페니실린을 사용하여 감염을 치료하는 것은 이제 다반사가 되었다.

물론, 합성방법을 유효하게 이용할 수는 있다. 그러나 일부 유기물 합성 제품에는 문제가 있었다. 예를 들어, 요소(尿素)를 비료와 동물성 사료의 구성요소로 사용하여 비교적 값이 싼 생장 촉진용 질소원으로 사용했다. 그러나 1950년대에는 비료와 농약 과용으로 환경에 주목할 만한 부정적 영향이 발생하기 시작했다. 그 까닭은 과도한 비료 사용이 조류(藻類) 생장 잠재력을 촉진하여 인근의 수원(水源)을 오염시킬 수 있기 때문이다. 필요 이상으로 조류가 생장하면 생존에 필요한 산소를 더 많이 소비하게 되고, 이들이 썩을 때는 다른 종(種)이 사용할 산소를 빼앗아가게 된다(Clark 1999년). 유기농은 부분적으로는 이 같은 남용에 대한 대응으로 발전했고 오늘날은 놀랄 일도 아니지만 유기농을 하는 사람들 대부분이 농업을 "탈바꿈"시킬 수 있다는 새로운 기술에 대해서는 회의적이다.

유전공학의 등장과 마찬가지로, 유기화합물 합성은 우리 생활방식에 엄청난 변화를 가져온 기술의 본보기로 그 가능성은 아직도 무한하다. 유전공학과 마찬가지로 많은 사람들이 이 방법을 "천연이 아닌" 것으로 생각했다. 유기화학의 이점이 이 위험을 메우기에 충분한가?

이 문제를 계속 집적거리는 것은 쉬운 일이 아니다. UC 데이비스 캠퍼스의 포도 재배학 교수인 내 동료 워터하우스(Andrew Waterhouse) 박사는 기본적인 문제를 다음과 같이 지적했다. "기술의 발전이 우리 일상생활에 서로 얽혀 있는 상호관계가 엄청나기 때문에 전체 시스템의 기능을 멈추지 않고 그 중 하나를 빼내기란 아주 어렵게 되어있다." 예를 들어, 요즈음은 거의 "모든 것"을 컴퓨터에 의존하고 있다. 이 책을 집필하는 것도 컴퓨터에 수많은 페이지에 달하는 문장을 타이프해서 입력해야 하고, 또 계속해서 고칠 때도 컴퓨터에서 이를 지워내야 한다. 뿐만 아니라 남편과 내 조수 르베카와의 잦은 연락도 인터넷을 통해야 한다. 사실, 이 책도 "고성능" 플라스틱, 컴퓨터 칩, 그리고 컴퓨터 화면의 특수 색조 등이 함께 어우러지지 않았으면 존재하지 않았을 것이다. 또한 이와 관련된 신비한 작용이 없었더라면, 컴퓨터도 없었거나 그 외의 현대적인 다른 통신수단도 사실상 불가능했을 것이다. 참신한 에너지 기술의 경우도 이와 같다. 남편 라울은 최근 몇 주 동안 집안에 에너지를 공급할 태양전지판을 설치하느라 시간을 보냈다. 웰러의 발견과 그 이후 과학자들의 연구가 있기 전에는 이 같은 광전지(光電池)를 만들지 못했을 것이다. 웰러는 태양 에너지의 전기 변환을 가능케 함으로써 본인은 꿈도 꾸지 못했던 방식으로 우리의 생활에 영향을 끼쳤다.

식물 유전공학의 경우는 어떤가? 유전공학을 우리 식품에 사용해도 되는가? 그 이점을 평가하려면 어떤 종류의 기준을 사용할 수 있는가? 경제학자 슈마허(Schumacher)가 그의 저서, '작은 것이 아름답다(*Small is Beautiful*)'에서 단언한 것과 같이 적절한 기술이란 건강, 아름다움, 그리고 영구성 등과 같이 가치를 제고할 수 있는 것이라야 한다(Schumacher 1973년). 슈마허가 정의한 바에 따르면 저비용 및 저유지관리 요건도 그 중요성은 으뜸이다. 슈마허의 논평과 박스 P.3에 열거된 친환경 농법에 관한 우리의 목적을 고려하면, 유전공학이 때로는 식품 개량에 적합하기도 하고, 때로는 그렇지 못하기도 하다. 그 이유는 유전공학이 정책 입안자, 농민, 및 소비자 등의 결정에 따라 수많은 용도에 적용되는 도구에 지나지 않기 때문이다.

우리가 이 책에서 보여주려는 것과 같이, 아직도 유전공학에는 슈마허가 지지했던 많은 속성이 포함되어있다. 이것은 많은 개발도상국이 포함된 대부분 국가의 과학자들이 이미 완성해놓은 비교적 단순한 기술이다. 유전공학 기술 제품, 즉 종자에는 별도의 추가 유지관리나 재배 기술이 필요치 않다. 이 제품의 유전자 배열은 여러 세대를 거쳐 전해지고, 그 도중에 더욱 좋게 개량될 수 있다. 따라서 사람들이 유전공학으로부터 목숨을 구할 수 있을 정도로 중요한 이익을 거두게 되리라는 것도 있을 법한 일임은 명백하다. 그 이유는 영양성분, 내병성, 작물의 수확량, 또는 스트레스 내성 등의 증진이 농민과 그 가족들의 건강과 복지를 향상시킬 수 있는 여지가 많기 때문이다. 또한 유전공학을 적용함으로써 재배로 인해 환경이 받는 부작용을 줄이고, 농민이 자기 지역에서 식품을 더 많이 생산하여 판매할 수 있는 가능성도 있다. 박스 4.2의 설명과 앞으로 다룰 장(章)의 논지와 같이, 실로, 유전공학의 사용으로 전 세계적으로 살포된 농약의 양이 근본적으로 감소되었으며, 미국 파파야 산업도 살렸고, 또 가난에 찌든 어린이들의 생명을 구할 수 있는 새로운 도구가 되었음을 뒷받침하는 자료가 있다 (Toenniessen 2003년).

박스 4.2 유전공학 파파야가 업계를 살리다

1950년대 오하우 섬의 전체 파파야 생산은 감염된 과실수의 열매에 둥근 무늬가 나타나는 파파야 둥근무늬바이러스(papaya ringspot virus)로 인해 격감되었다. 이 질병을 방제할 길이 없었기 때문에 파파야 농장이 아직까지는 이 바이러스가 없는 하와이로 이전했다. 1970년에 이 바이러스가 파파야 재배지역에서 불과 20마일밖에 떨어지지 않은 힐로(Hilo) 읍(邑)에서 발견되었는데, 이곳은 미국 파파야의 95%를 재배하던 지역이었다. 바이러스가 재배지역에 침투할 가능성이 아주 컸기 때문에 1978년 하와이가 고향인 곤살베스(Dennis Gonsalves)와 그의 동료들이 이 질병을 방제하기 위한 연구에 착수했다. 1992년에는 파파야 농원에서 이 바이러스가 발견되었고, 1995년에는 이미 확산되어 하와이 파파야 농민들이 위기를 맞게 되었다. 다행히도 곤잘베스 그룹이 유전공학을 사용하여 이 바이러스에 내성이 있는 파파야를 개발할 수 있었다.

곤잘베스 그룹은 약독(弱毒) 계통 바이러스에서 작은 DNA(바이러스성 RNA로 만든 것; RNA 간섭이라 함; 박스 12.1 참조) 조각을 파파야 게놈에 이어 붙였다. 소아마비나 천연두 백신접종처럼 파파야가 더 이상 감염되지 않고 면역을 갖게 되었다. 유전공학 식물은 바이러스 계통에 내성이 있을 뿐만 아니라, 다른 파파야 품종과 교배되면 다량의 유전공학 종자를 산출한다. 1998년에는 유전공학 종자가 현지 재배자에게 무료로 배급되었다. 유전공학 파파야 수확량은 비유전공학 품종보다 바이러스 침투하였을 때 20배 이상이나 많았다.

박스 4.2 계속

1999년에는 농민의 90% 이상이 유전자를 이식한 종자를 구입했고, 이들 중 76%가 이 종자를 재배했다.

미국 농무부의 보조금이 기금의 대부분을 이루고 있는 이 프로젝트에는 약 60,000달러가 소요되었지만, 이는 유전자를 이식한 파파야가 도입되기 전, 1997년과 1998년 사이에 파파야 업계가 입은 손실에 비하면 아주 적은 금액이다. 1998년 파파야 생산은 2천6백만 파운드로 떨어졌다. 농민들에게 유전공학 파파야를 배급한 후에는 생산이 급속히 신장하여 2001년에는 절정에 달해 4천만 파운드가 되었다.

흥미로운 것은 유전공학 파파야가 파파야 관행 재배자에게 도움이 되었을 뿐만 아니라, 유기농 재배자에게도 이익이 되었다는 사실이다. 그 까닭은 유전자 이식 파파야를 바이러스 감염 농장을 제외한 곳에 초기에 대규모로 재배한 것이 바이러스 접종원(接種源)의 총량을 극적으로 감소시켰기 때문이다. 이 뿐만 아니라, 재배자들은 보호용으로 유전공학 파파야를 커다란 원으로 돌려 심고, 그 가운데에 비유전공학 품종을 재배하는 방식으로 과일 수확을 계속할 수 있었다(Gonsalves 1998년). 이러한 비유전공학 파파야는 유전공학 품종을 허용하지 않는 주 수출 시장인 일본으로 수출이 가능하다(2002년 발간 미국국립 농산물 통계원). 미국에서는 일부 소비자들이 아직까지도 유전공학이 아닌 유기농 인가(認可) 파파야를 선호하고 더 많은 돈을 지불한다. 그러나 이들은 유전공학이 아닌 유기농 파파야가 감염될 경우, 바이러스성 RNA와 단백질이 사실상 바이러스가 없다고 할 수 있는 유전 공학

(계속)

박스 4.2 계속

파파야에 비해 아주 많다는 것은 모르고 있을 것이다(Tripathi 등 2006년).

하와이 파파야 이야기는 특정한 농업 문제 해결에 유전공학이 가장 적절한 기술이었다는 본보기다. 이후 이 지독한 질병으로부터 파파야를 보호할 수 있는 다른 기술은 없었으며, 이는 지금까지도 사실이다.

스위스 아미 나이프와 분자 가위는 인간의 노력과 창의력을 통해 개발된 새로운 기술이 줄곧 변화되어온 본보기다. 이들 중 어떤 기술이 진실로 농업에 "적절한" 것인가? 이 질문에 대한 간단한 답은 없다. 친환경에 기반을 둔 생산적 영농체계가 목적일 경우, 여기에는 통상적으로 여러 가지 가능성이 서로 엉켜 있다. 물리학자이며 철학자인 브로노스키(Jacob Bronowski)가 50년 전에 지적한 바와 같이, "우리는 점점 더 과학이 침투하는 세상에 살고 있으며, 이 세상은 완전무결하다. 우리가 편을 든다고 이것을 게임으로 바꿀 수는 없다…. 비평이 만족스럽거나 사변적인 과학자의 저술을 한 페이지라도 읽어본 사람이라면 누구도 다시는 예스냐 노냐는 식의 무익한 선택이 우리 사고력의 전부라고 생각할 수는 없다(Bronowski 1956년)."

소비자들
Consumers

05

과도한 규제의 점심*

기름과 물처럼 아마도 과학과 정치는 서로 섞이지 않는다. 나는 친구, 베스(Beth)의 토요타 캠리(Camry) 차창을 내다보며 그 정도는 아닐 거라고 생각하는데, 우리가 매년 가는 요가 피정 길에 그녀가 굽은 길을 달려 소노마밸리(Sonoma Valley)의 포도원으로 우리를 데려간다. 언덕길이 완만한 것이 우리 모두가 사는 납작한 센트럴밸리와는 기분 좋은 대조를 이룬다. 비구름 사이로 태양이 얼굴을 내밀고 포도원 가을 군엽(群葉)에 놀라리만치 휘황찬란하게 반짝인다. 농가 담장에 균형을 유지하고 있는 호박이 마치 금방 핀 잎사귀에서 물감을 뽑아 담가놓은 것 같이 보인다. 눈에 보이는 것은 길 뒤편으로 물러나 앉은 빅토리아풍의 아름다운 농가다. 잘 정돈된 뜰에는 다음과 쓰여 있는 사인이 있다. "M 법안에 찬성합니다(Yes on Proposition M.)." 캘리포니아주(州)의 2005년 의안인 M 법안이 통과될 경우, "적어도 10년간, 소노마 카운티의 유전공학 생물체 대부분의 육묘, 재배, 번식, 경작, 판매, 또는 배급 등이 금지될 것이다(Sonoma County, California 2005년)."

나는 포도나무에 치명적인 질병을 야기하는 질렐라(*Xylella fastidosa*)라는 아주 작은 세균이 아름다운 이 농원에 위협이 된다는

*Legislating lunch

것을 유권자들이 알았으면 좋겠다. 이 세균은 유리날개매미충(glassy-winged sharpshooter 역주: 대형 멸구과 곤충)이라는 곤충이 전염시킨다. 이 곤충이 포도 엽맥(葉脈)에서 영양분이 풍부한 수액을 빨아들일 때 세균이 주입되고, 이후 이 세균이 번식한 다음 퍼져서 포도나무에 물을 공급하는 엽맥을 막게 된다. 그 결과, 포도나무 잎사귀가 얼룩덜룩하게 되고 여러 해에 걸쳐 서서히 죽게 되므로, 한때 건강했던 대목(臺木 역주: 접을 붙일 때 그 바탕이 되는 나무)은 곤죽이 된다. 전염병이 기승을 부릴 때는 감염된 포도원이 마치 눈 깜짝할 사이에 지나가는 불길에 다 탄 것처럼 보인다(Purcell 2006년). 이렇게 되면 포도나무를 모조리 없애고 다시 재배하는 것만이 감염된 포도원을 살리는 길이다. 카운티 내의 60,000에이커에 심은 연간 3억 달러짜리 양조용 포도는 위험에 처하게 된다(Cline 2005년). 바베라(Barbera), 샤도네(Chardonnay), 및 피노누아(Pinot Noir)와 같은 어떤 포도 품종은 이 질병에 매우 민감하다. 이 질에 내성이 있다고 알려진 품종이 없기 때문에, 내성에 맞을까 하고 표준방식으로 재배하는 것은 안이한 생각이다. 그리고 농약은 아무리 독성이 강한 것이라도 이 곤충을 방제하는 데는 별 효과가 없다(Purcell 2006년). 그 대신 이제 과학자들은 파파야 둥근무늬바이러스(ringspot virus)로부터 파파야 방제에 성공적으로 사용했던 것과 비슷한 방법을 사용해서 포도나무의 유전공학을 시도하고 있다(박스 4.2 및 12.1 참고). 유전공학 금지 법안이 통과되면 이 질병 방제의 가장 유망한 연구 영역인 질렐라(*Xylella*)세균 내성 포도의 유전공학 방제를 통한 재배 가능성은 막히고 말 것이다.

지역 유기농민과 거래하는 지방의 푸드코업 매니저로 오랜 동안 일해 온 베스는 "M 법안 찬성" 사인을 보고 다음과 같이 말한다. "캘리포니아 유기농업 인증기관(California Certified Organic Farmers)과 같이 유기 재배자를 대표하는 동업 조합이 'M 법안'을 지지한다는 건 압니다. 그렇지만 소노마(Sonoma) 의안이 유전공학 인슐린과 유전공학 레닛(rennet)(박스 5.1)으로 제조한 치즈를 예외로 규정한 건 이상하다고 봅니다. 또한 이 의안은 유전공학 성분으로 만든 식품의 구매, 판매, 및 식사까지 인정하고 있습니다(캘리포니아 소노마 카운티 2005년). 유전공학에 뭔가 내재하는 위험이 있다면, 어째서 예외가 그렇게 많은가요?"

박스 5.1 **유전공학 레닛**(rennet)

치즈는 응유(凝乳)를 생성하기 위해 레닛(rennet)을 첨가하는 방식으로 우유를 응결시켜 제조한다. 응유는 유장액(乳漿液)에서 분리된 다음, 가공과 숙성을 거쳐 다양한 치즈로 생산된다. 레닛 유효성분이 키모신 효소(enzyme chymosin 〈응유효소〉)다. 1990년까지는 레닛(rennet)을 대부분 신생 송아지를 도살하여 그 장(臟)으로 만들었다. 요즘에는 1990년 이전의 1/10 비용으로 유전자 재조합 세균 속에 이 효소 유전자를 삽입하는 방식으로 생산하며, 이 방식은 미국, 유럽, 및 기타 세계 여러 지역의 치즈 제조에 사용된다.

나는 이렇게 답했다. "이곳에서 유전공학 옥수수를 재배하는 농민은 몬산토사로부터 종자를 구매합니다. 많은 소비자들은 다우케미컬과 몬산토가 월남전 중에 미군의 고엽제(枯葉劑〈Agent Orange〉)를

그림 5.1 큰담배밤나방 유충(corn earworm)에 감염된 단옥수수. 왼쪽은 유기농으로 만기재배(晩期載培)한 세 개의 단옥수수 암이삭이다. 오른쪽은 Bt가 함유된 세 개의 유전공학 단옥수수 암이삭이다(노스캐롤라이나주립대학교 프레드 가울〈Fred Gould〉 사진 제공).

생산하던 2대 회사라는 것을 잊지 않고 있습니다." 소노마 의안에는 언급이 없지만, 소노마밸리에 이 거대한 다국적 기업이 간접적으로 진출해 있다는 것은 커다란 이슈가 아닐 수 없다. 사실은 이 문제가 금지법 제안의 근본적인 이유일 수 있다. 다수의 소비자들은 이 회사의 힘에 겁을 먹고, 그 상관습(商慣習)에 의문을 품는다.

베스가 말을 잇는다. "맞아요. 사람들이 잊을 리 없어요. 고엽제를 만든 회사가 우리가 먹을 식품의 유전자를 재조합한다면 믿을 사람이 있을 리 없지요."

그래서 내가 이렇게 묻는다. "가난한 농민이나 영양실조에 걸린 어린이들에게 혜택을 주는 작물을 개발하기 전에 먼저 일반에 공개되었거나, 아니면 첫 제품이 '유전공학 파파야'와 같은 비영리 단체 기금으로 생산되었더라면, 유전공학에 대한 반응이 달랐을까요?"

"그렇고 말고요." 베스의 말이다.

베스와 나는 이 의안의 진의를 곱씹어 본다. 우리가 알기로는 일부 소비자들이 다국적 생명공학 회사들의 식품 외적 조작을 알고 있다는 것 이외에도 이들이 유전공학 방법의 안전성 자체에 대해서까지 우려하고 있다. 다른 사람들은 일부 유전공학 작물의 경우, 농민이 농약 사용을 줄일 수 있기 때문에 — 이것은 유기농의 장점이지만 — 유전공학 작물이 경제적으로 보아 유기농 식품의 틈새시장을 침식할 것이라고 우려한다. 또한 이들은 유기농작물을 유전공학 작물로부터 퍼져나와 딴짓을 할지도 모를 화분(花粉)으로부터 격리해야 한다는 생각에서 이 같은 우려를 하게 된 것이다.

소노마 카운티에는 일부 유기농으로 재배한 옥수수가 있기 때문에, 유전공학 옥수수와 유기농 옥수수 사이에 타가수분(他家受粉) 가능성이 있다(Cline 2005년). 종자에 이식 유전자가 있기 때문에 유기농을 하는 사람이 인가 취소를 당한 일은 없지만 — 실로 이 같은 인가 취소는 미국 농무부의 명백한 표준에 상반될 것이다. — (Hawks 2004년), 일부 유기농 사업주들은 이식 유전자 실재에 대한 시험이 긍정적인 결과로 나타나지 않을 경우, 소비자들이 자신들의 작물을 거부할 것이라고 걱정한다. 미국 농무부의 유기식품 생산기준에는 검사가 필수사항도 아니고, 권장사항도 아니라는 것을 이들은 알지 못하고 있을지 모른다.

일부 유기농 재배자들은 유전공학이 그들의 사업이나 소비자에게 이익이 된다고 보지 않는다. 그렇지만 이들에게도 방제해야 할 해충이 있으므로, 일부 유전공학 작물은 방제를 하지 않아도 되므로 이익이 될 수 있다. 예를 들어, 센트럴밸리에서는 유기농 단옥수수가 주로 큰담배밤나방 유충 때문에 유기농작물 판매 20위에 들지 못한다(캘리포니아 식품농업국 2004년). 옥수수 암이삭에는 통상적으로 포동포동하고 살찐 누르스름한 벌레가 한 둘씩 있다. 따라서 이점 때문에 전국적으로 재배자들이 벌레가 낀 옥수수를 그대로 받아들이거나, 아니면 작물 단위당 최대 20배가 많은 광범위 농약을 사용하도록 만들었다. 지속가능한 농업 연구 및 교육 재단(Sustainable Agriculture Research and Education Foundation)의 보고서에 따르면 유기농 재배자들이 수익성이 가장 높은 자신들의 여름작물들에 별도의 반갑지 않은 단백질역주: 유충을 추가해서 출하할 수 밖에 없다고 한다. "큰담배밤나방 유충이 창궐하면 판매가 엄청 떨어집니다."라고 매사추세츠주 스토우(Stow) 읍(邑)에서 채소를 재배하는 스티브 몽(Steve Mong)이 말한다. "테이블 위에 나이프를 올려놓지요. 그러면 집에 벌레를 가져가고 싶지 않은 사람은 이 나이프로 벌레가 붙어있는 부분을 잘라냅니다(Sustainable Agricultural Research and Education 2002년)." 그 대안은 농약으로 방제한 작물이나 유전자를 이식한 단옥수수로, 큰담배밤나방 유충을 없애는 것이다(그림 5.1; Syngenta 2004년).

유기농 판매기구의 입장이 있음에도 불구하고, 일부 개별 유기농민은 이 기술을 노골적으로 거부하기 전에 유전공학에 관한 구체적인 정보를 좀 더 알고 싶어 한다. 우리 친구 프랜시스 앤드류즈(Frances Andrews)는 센트럴밸리 지역 공동체에서 유기농을 하는 사람이다. 그녀는 듀크대학교에서 역사학 학사를 받았고, 1986년 서부로 오기 전에는 뉴욕 모간스탠리에서 근무했다. 캘리포니아 버클리에서 그 유명한 셰파니즈(Chez Panisse)와 카페 패니(Café Fanny) 레스토랑에서 일하던 그녀는 1993년 남편과 함께 70에이커의 유기농장을 시작했다. 이들은 로즈메리, 라벤더, 파슬리, 그리고 다른 신선한 향초를 재배한다. 체리와 전통 토마토, 견과류, 및 기타 과일과 채소 일체도 재배한다.

프랜시스는 10년 동안 유전공학 사용에 관한 토론에 이따금 참석하고 있다. 언젠가 그녀가 이렇게 말했다. "시간이 갈수록 유전공학이 무엇인지 더 모르겠어요. 유전공학에 관한 소리를 들었어도 골치만 아팠지 뭐 사실인 게 없더군요. 제가 보기에는 사람들이 없는 사실을 두고 결론을 내려요. 이들은 이슈가 실제로는 회색인데 흑백으로 만들려고 해요. 이게 아니면 저거거나, 모두가 좋거나 모두가 나쁘다는 식일 필요는 없잖아요. 그리고 저도 긍정적인 소리는 듣습니다. 예를 들면, 유전공학 면화를 재배하는 중국과 인도 농부들이 농약 사용을 엄청나게 줄였다더군요(Bennet 등 2006년; Huang 등 2005년; Huang 등 2002년; Qaim과 Zilberman 2003년). 이게 사실이라면 어떻게 유전공학이 안 좋다고 생각하겠습니까?"

우리는 포도주 양조장으로 바뀐 작은 헛간 옆에 주유소가 있는 걸 보았다. 우리는 차를 끌고 가 주유소에 넣고 나왔다. 베스가 그 지역

유권자들에게 'M 법안' 지지를 요구하는 팸플릿을 보았다. 거기에는 허리케인 카트리나가 할퀴고 간 뉴올리언스의 파괴된 모습과 조지 W. 부시 미국 대통령이 이를 당혹스럽게 응시하는 모습이 사진으로 나와 있었다. 이 팸플릿은 "가족의 건강과 안전을 위해 누구를 믿습니까? FEMA역주: 미국 연방 긴급사태 관리청(Federal Emergency Management Agency)가 무너지면, 백만 명도 더 되는 미국인이 고통을 받습니다."라고 공언하고 있었다. 우리 둘은 똑 같이, 핵심은 선전이 아니라, 유권자가 문제를 이해할 수 있도록 도와주기보다 차라리 소비자에게 겁을 주려는 것이라는 생각이 들었다. 물론, 뉴올리언스 홍수에 대한 정부의 대응이 유전공학 식품과 관계 있을 리가 없다. 더욱이, 나는 부시 대통령이 과학이나 농업에 그렇게 조예가 깊은 사람으로 알려지지는 않았기 때문에, 이런 지방 의안은 모르는 게 아닌가 하고 생각한다. 나는 팸플릿에서 볼 수 있듯이 전반적으로 과학적 내용이 소홀한 것도 싫지만, 매체를 통해 이런 식으로 불필요하게 두려움을 조성하는 것도 싫다.

그러나 나의 동료로서 UC 버클리의 옥수수 유전학자인 사라 헤이크(Sarah Hake)는 이렇게 말한다. "겁을 주면 먹히지만 데이터는 먹히지 않아요. 농업에서 유전공학이 조금 성공했다고 해서 유명 일간지에 자주 오르내리지는 않지만, 우리가 겁먹을 이유야 무진장이지요. 반(反) 유전공학 법안을 지지하면 유전공학작물의 환경위해성 및 식품으로서의 안전성과 그 이점과 같은 중요한 질문은 받아보지도 못하고, 상대에게 기회를 뺏기는 셈이 되거든요(Bolinas Heresay News 2004년)."

차에 다시 기어 들어가는데, 베스가 말한다. "내 고객 중에 어떤 사람은 유전공학 성분이 눈곱만큼이라도 있는 식품을 먹는 건 엄청 무서워해요. 이들 중에 한 사람은 매일같이 이 이슈를 들먹이지요. 문제는 일반적으로 농민에게서 나오는 게 아니라 농업과는 거리가 먼 소비자들이 꺼낸다는 거예요. 이 사람들은 대부분 유전공학 제조법이 본질에 어긋나는 것으로 보기 때문에, 관행농업에 대해 이들이 갖고 있는 개념과는 맞지 않지요. 그렇지만, 땅 파먹고 사는 것과 가장 관계가 많은 농민 자신과 그 가족은 대부분 유전학과 앞으로의 유전공학 가능성에 대해 점점 관심을 갖기 시작하고 있고, 이제는 전폭적이라고는 할 수 없지만 관심은 갖게 되었지요. 도시와 도시 주변에 사는 사람들은 사는 게 너무 고달파지면 꿈에서라도 찾아갈 수 있는 시골 생활이 변하지 않고 남아있기를 바라는 일종의 환상을 갖고 싶어 하는 건 아닐까 하는 생각이 들어요."

그녀의 설명이 옳다고 생각된다. 지금까지 우리가 소노마 카운티에서 본 바로는 시골-도시 간의 격차가 분명히 있다. 소노마 카운티의 농업진흥과는 이 의안에 반대하고 있다. 이와 반대로, 도시 거주자, 식품가공회사, 그리고 포도주 양조장 등은 이 의안을 지지하고 있으며, 새로운 판로를 개척하기 위해, 자기들 제품에 "유전공학이 배제된 소노마"라는 라벨을 붙일 수 있기를 기대하고 있다. 땅을 경작하는 농민, 느릿느릿 풀을 씹는 젖소, 그리고 익어서 수확할 때가 다 된 과일 등의 이미지가 사람들이 동경하는 그런 삶을 나타내는 것으로 보인다. 해충, 스트레스, 그리고 새로운 과학기술 따위가 없는 아름답고 정돈된 삶을 말이다. 아무리 이런 삶을 원한다 해도, 대부분의 농민이 살아가는 삶은 이렇지가 않다.

캘리포니아에는 다른 곳에도 이런 격차가 있다. 농업을 주로 하는 카운티는 유전공학 사용에 대한 추가 제한을 반대하고, 다른 카운티는 이를 찬성한다. 예를 들어, 농업으로는 미국에서 네 번째로 큰 캘리포니아 주의 컨(Kern) 카운티는 최근에 "농민과 목장주가 안전하고, 건강에 좋으며, 풍부하고, 값도 알맞은 식품을 생산 공급할 수 있는 기술을 광범하게 이용하기 위한 선택권 및 연방법에 규제를 받는 안전한 생명공학 기술은 진취적인 농업 생산의 장래를 약속하는 구성요소"임을 확인하는 결의안을 통과시켰다(Cline 2005년). 이와 비슷한 결의안이 농업을 주로 하는 캘리포니아 샌워킨밸리(San Joaquin Valley)의 몇 개 카운티에서 통과되었고, 여기에는 농업으로 미국 최대이며 연간 농업 소득이 거의 30억 달러에 달하는 프레즈노(Fresno) 카운티도 포함된다(Cline 2005년)."

캘리포니아에서는 농업 거래가 훨씬 적은 마린(Marin) 카운티와 멘도시노(Mendocino) 카운티의 유권자들만 'M 법안'과 유사한 반(反) 유전공학 의안을 통과시켰다. 2002년에는 마린 카운티가 농산품 판매 총합 가치 측면에서 캘리포니아 58개 카운티 가운데 41위였다. 멘도시노 카운티의 판매 금액은 이보다도 적었다. 그 후 법제화된 반(反) 유전공학 법은, 이들 카운티에서 유전공학을 통해 재배하는 작물이 사실상 없기 때문에, 현재 작물 생산방식에는 아무런 영향을 끼치지 않는다. 마린 카운티에서 유기농을 하는 사라와 그녀의 남편 돈 머치(Don Murch)는 둘 다 마린 카운티의 법안에 반대했는데, 그 이유는 사라가 최근의 인터뷰에서 밝힌 바와 같이, "마린 카운티에서는 대부분 유기농을 하고 있고, 유전공학 작물은 해충과 질병에 내성을 갖도록 기획할 수 있으며, 따라서 농약이나 진균제 사용을 감소시킬 수 있기 때문입니다. 이 같은 사항이 우리 카운티에는 해당되지 않겠지만, 농약을 엄청나게 사용하는 다른 카운티에는 중요한 문제겠지요(Point Reyes Light 2004년 10월 21일)."

한 시간 뒤 베스와 나는 멘도시노 카운티에 갔다. 우리는 반갑게 친구들을 만나, 슬리핑백과 요가 매트 그리고 식품 보따리를 풀었다. 나는 주방으로 가 학생실습농장에서 칠리, 마늘, 올리브유와 함께 가져온 가지를 기름에 살짝 튀겼다(레시피 5.1). 우리는 자리를 잡고 앉아 점심을 먹고 샤도네(Chardonnay)를 마셨다.

소노마 카운티의 'M 법안'은 결국 머지않아 기각될 처지였다. 신문기자인 마이크 리(Mike Lee)는 그의 '유전공학 금지법 제안에 관한 기사(*Sacramento Bee*, 2004년 11월 4일)'에서, 2004년에 뷰트(Butte), 샌루이스오비스포(San Luis Obispo), 및 훔볼트(Humboldt) 카운티 등에서 이와 비슷한 법안이 역시 부결되었다고 기술하였다. 많은 농민에게는 이 문제에 다음과 같은 두 가지 측면이 있다. 즉, 유전공학 작물을 사용하여 포도에 실렐라 세균이 야기하는 것과 같은 질병과 싸울 수 있는 가능성은 그대로 보전하면서, 카운티가 재배 가능한 것을 규제하지 못하게 하는 것이다.

이 의안은 카운티의 농업을 더욱 친환경적인 균형을 유지하도록 하는 특화된 건설적 제안이라기보다 차라리 우리의 삶에 상존하는 변화에 대한 투쟁이라 할 도전에 가까운 것이었다고 여겨진다. 농업과 그 농업이 지원하는 지역 공동체가 유전공학으로 파멸되거나 몰락하지 않는다면 어쩔 셈인가? 그런 게 아니라, 유전공학이 마치 포도를 발효시켜 와인을 만들고, 이를 마시는 사람들을 기쁘게 하고 영양분을 주듯이 개량되고 공유될 수 있는 도구라면 어쩔 셈인가?

레시피 5.1

양념 가지

♣ 재료

가지 2개(1/2" 주사위 꼴로 썬 것), 올리브유 3Tbsp,
마늘 한 쪽(으깨어 저민 것), 칠리 몇 조각 1/2tsp

1. 으깨어 저민 마늘 조각을 올리브유에 살짝 튀긴다.
2. 냄비에 칠리 몇 조각을 추가한다.
3. 가지를 납작한 냄비에 넣고, 아주 연하고 부드러워질 때까지 기름에 튀긴다.
4. 소금 양념을 친다.

요가 피정 주말을 보낸 지 몇 주일 뒤, 나의 가족은 크리스마스 휴가를 맞아 다들 타호(Tahoe 역주: 타호호수를 이름, 캘리포니아와 네바다주 사이의 시에라 네바다 산맥에 위치한 고산 호수로서 명소임)에 모였다. 나는 주방에서 남편 라울이 유기농으로 재배한 브로콜리를 썰고, 시누이 앤은 옥수수 빵을 만들고 있다. 앤은 마린 카운티에 살기 때문에, 2004년 11월에 있었던 선거에서 반(反) 유전공학 조례(條例)에 찬성하는 쪽에 투표했다. 내가 회원으로 있는 비영리 학술단체인 미국 식물학회(American Society of Plant Biologists)는 물론이고 마린 카운티 농업진흥과 그리고 우리 친구 사라와 돈 등은 이 조례에 반대했다. 하지만 조례는 통과되었으며, 지금은 이 카운티에서 유전공학 생물체를 경작하거나 파종하고 또 육묘하거나 재배하는 것은 불법으로 간주된다. 물론 나는 거기에서 벼농사를 하지 않겠다.

지난 열흘 간 비가 내려 눈에서 놀지도 못했기 때문에, 우리가 이야기할 시간은 아주 많다. 내 마음 속에는 금지법이 떠나질 않아 시누이 앤에게 왜 이 법안을 지지했는지 물어본다. 시누이 앤은 여러 가지 면에서 전형적인 마린 사람이다. 그녀는 고등교육을 받아 법학 학사를 받았고, 친환경 농업을 지원하는 식품을 선택하려고 하며, 정치적으로 진보적이어서, 현재는 타호 호(湖) 분지(盆地)(Lake Tahoe Basin)의 환경 보호에 전념하고 있는 비영리 기구에 비상근으로 봉사하고 있다. 시누이 앤은 유전공학에 관심이 많아 독서를 엄청나게 하고 있으며, 그 이야기라면 마다하지 않는다. 그녀는 식품과 관련된 결정에서 전적으로 과학기술자 집단을 믿지는 않고, 다만 유전공학 작물이 너무 일찍 출하되었다고 생각한다.

"제가 이 조례(條例)에 찬성한 이유는, 대기업에게 환경에 관한 책임이 걸려있다는 메시지를 보내서 그들의 제품이 사람이 소비하기에도 안전하고 환경에도 안전하다는 것을 증명하도록 요구하려는 거예요."라고 그녀가 말한다.

나는 그 조례에 대기업의 역할에 관한 말은 전혀 들어있지 않다는 것과, 그 조례가 단순히 농민의 유전공학 작물 재배를 금지할 뿐이라는 것을 지적한다. 또한, 미국 과학한림원과 영국의 유전자변형기술의 과학적 고찰위원회(Genetically Modified Science Review)(NAS 2004년; GM Science Review Panel 2003년)가 모두 현재 시판되고 있는 작물이 먹어도 안전하다는 것을 이미 지적한 바 있다는 것을 언급한다.

"아무리 먹어도 괜찮다지만 미국에서 재배하는 유전공학 작물 대부분에 제초제를 뿌린다는 건 좋지 않다고 생각해요."라며 말을 덧붙인다.

그녀가 하는 말은 제초제 글리포세이트에 내성을 갖도록 하는 세균 단백질의 유전자를 재조합한 유전공학 작물을 가리키는 것이다. 이것이 몬산토사(社)의 라운드업 제초제 주요 성분이다(박스 5.2). 관행농업을 하는 사람은 제초제를 잡초에 뿌릴 수 있기 때문에 이 유전공학 작물을 좋아한다. 잡초는 죽어도, 심지어 제초제까지 유전공학 작물에 날려 쌓여도, 작물은 살아남는다. 김을 매거나 일구거나 할 필요가 없기 때문에, 지금은 제초제에 내성이 있는 유전공학 작물을 많이 재배하고 있다.

나는 이상적으로 말해서 농민들이 아무것도 뿌려주지 않고 잡초를 방제할 수 있는 방법이 있다는 것에 의견을 같이한다. 게다가, 제초제는 값도 비싸고 따라서 그 값을 감당할 수 없는 저개발국 농민에게는 실용적인 것이 못된다. 그렇지만, 모든 농민에게는 잡초가 아주 큰 골칫거리라서 가볍게 넘길 일이 아니라는 것은 잘 안다. 예를 들어, 남편 라울이 나에게 말하는 걸 들으면 유기농 미작 수확량이 자주 관행농업 수확량보다 떨어지는 것은 잡초가 그 주된 이유라고 한다.

나는 이 점을 시누이 앤에게 설명하고 이렇게 말한다. "글리포세이트가 좋은 건 포유류에게 무독성 물질이고 물이나 토양에 쌓이지 않으며 따라서 널리 보급은 되었어도 자연환경에서 없어지지 않고 그대로 남아있는 다른 제초제보다 선호되기 때문이에요."

박스 5.2 **제초제-내성**(herbicide-tolerant 〈HT〉) **작물**

제초제 글리포세이트(상품명 라운드업)는 식물 생장에 필수적인 엽록체 효소(chloroplast enzyme)(5-enolpyruvoyl-shikimate-3-phosphate synthetase 〈EPSPS〉라고 함)를 차단한다. 글리포세이트에 내성을 갖도록 유전자를 재조합한 작물에는 글리포세이트 내성 EPSPS 단백질을 부호화하는 아그로박테리움으로부터 분리된 유전자가 들어있다.

비록 HT 작물이 제초제 사용이 금지된 유기농민이나, 가난으로 제초제를 살 수 없는 개도국 농민에게 직접적으로 이익이 되지는 못할지라도, 관행농민과 환경에는 분명히 이점이 있다. 제초제 내성 작물이 등장한 이후에는 대부분의 경우(전부는 아니지만) 에이커마다 제초제 사용이 줄어들었고(Cornejo와 Caswell 2006년) 또 글리포세이트가 자연환경에서 급속히 분해되기 때문에, 전체적인 순 효과(net effect)는 사용된 제초제의 독성 감소로 나타났다. 글리포세이트에는 급성독성이 아주 적으며(중독되려면 라우드업 3/4 컵을 섭취해야 하지만, 그래도 식탁용 소금보다는 독성이 적다!), 발암 물질도 아니다.

(계속)

박스 5.2 계속

콩 관행 재배자들은 메톨라클로(Metolachlor)가 지하수를 오염시킨다고 알려지고, 독성학적 문제를 일으킨다는 의심을 받는 농약류에 포함되었는데도, 콩의 잡초 방제에 더 독성이 강한 이 제초제를 꾸준히 사용해왔다. 메톨라클로(Metolachlor)에서 글리포세이트 사용으로 콩 생산을 전환하는 것이, 그 유효성분을 파운드로 계측한 것은 아니지만, 환경에 영향을 끼치는 측면에서 볼 때 막대한 이익을 가져왔다(Fernandez-Cornejo와 McBride 2002년). 농업과 관련된 또 다른 이익은 제초제에 내성이 있는 콩을 사용함으로써 저경간농법(低耕墾農法〈low-till〉 역주: 땅을 갈지 않고 도랑에 씨를 심어 농사짓는 방법)과 무경간농법(無耕墾農法〈no-till〉) 사용 촉진에 도움이 되어, 비옥한 표토가 손상되지 않고, 바람이나 비로부터 보호될 수 있게 되었다. 또한, 트랙터 경간이 최소화되었기 때문에, 연료 소비가 적어지고 온실가스 배출도 줄어들게 되었다(Farrell 등 2006년).

"그러나 아무리 제초제에 독이 없다 해도, 화학물질이 물고기에 해가 될 수 있는 제초제와 혼합되어 있잖아요." 시누이 앤이 대꾸한다.

글리포세이트는 일부 상업적 형태에서 그 효과를 높이기 위해 계면활성제(surfactant)라는 화합물질과 혼합되어있다. 비록 글라이포세이트가 민물고기에 독성을 띄지 않는다지만, 시누이 앤의 말은 맞다. 일부 제제(製劑)에 사용하는 POEA역주: 폴리엑시텔린 아민(polyexythelene amine)이라는 계면활성제(surfactant)가 수생종(水生種)에게는 글라신액제보다 더 독성이 강하다는 증거가 있다(Durkin 2003년).

나는 지지 않고 작전을 바꾸어 말했다. "반대하는 게 계면활성제(surfactant)라면, 그것만 금지시키는 것과 제초제 자체를 금지시키는 것 중 어느 것이 더 옳은가요?"

예의 바르게 진행되던 우리 토론이 템포가 빨라지고 목소리도 커진다. 그녀 대답은 이렇다. "많은 사람들이 자기들 정원에 라운드업을 사용하려고 하니까 제초제를 금지시켰다가는 정치 생명이 끝장날 거예요." 내가 보기에, 그녀가 하는 말은 소규모 제초제는 받아들일 수 있지만, 농민이 사용하는 것(즉, 대규모)은 안 된다는 것 같다. 또한, 그 의미가, 많이들 사용하는 제초제는 금지할 수 없지만, 제초제에 내성이 있는 유전공학 식물만은 금지해야 한다는 것 같다.

낙심천만이었다. 내 시누이 같이 똑똑한 사람도 성질이 그렇게까지 크게 다른 많은 문제를 한 덩어리로 취급하고, 또 구별 따위는 의미가 없다고 한다면, 도대체 그 많은 세상 사람들이 여기에 수반된 문제의 복잡성을 평가할 수 있는 기회가 있기는 있는 걸까? 나는 그녀가 캠페인 이슈에 관한 자료나 읽었는지 제대로 알 리가 없다는 썩 사교적이지 못한 생각을 해본다.

그녀가 열심히 말을 이었다. "이 문제에 대해 50시간도 더 되게 책을 읽어서, 알만큼은 알아요." 부끄럽게도, 나는 이 말이 물론 사실이라는 걸 깨달았다. 어쨌든, 그녀가 셋째 아이를 가지기 전에는 변호사로 일했기 때문에 관심 있는 주제를 만나면 깊이 파고들어 스스로의 견해를 세우는 데는 선수였다.

나는 이 문제나, 또는 이 내용으로 다른 어떤 것에 대해서도 내 시누이를 납득시켜야 한다고 느끼는 게 정말 싫다. 그렇지만, 이 사안은 중요한 것 같다. 만약 시민들이 투표를 한다면, 새로운 기술이나 인식상의 제초제 과용에 관한 일반적인 우려 때문이 아니라, 스스로가 잘 알고 있는 특정한 내용에 대해 투표권을 행사해야 한다. 이 내용으로 너무 오랜 동안 물고 늘어진 것이 공정하지 못한 건 아닐까? 어째서 나는 편하게 쉬면서 곧 눈이 올 거라는 믿음을 가지고, 산의 아름다움 및 산과 교우하는 아름다움을 즐기지 못하는가? 무슨 수를 쓰더라도 과학과 정치를 양립시키는 것이 불가능할지 모른다는 것, 이것이 결국 의견의 차이점이 아닐까? 그러나 우리는 너무 오랫 동안 둥우리에 갇혀있어서, 나는 그 속으로 더 깊이 빠져든다.

"그러나 중국에서 농부들이 유전자를 재조합한 Bt 면화를 사용하기 시작한 뒤로 농약 사용이 근본적으로 감소한 것은 뭐라 할 거예요?" 나는 물었다. "유전공학이 농약 사용 감소에 도움이 되었는데 좋지 않아요?"

우리는 Bt 독소 특화 유전자를 재조합하여 면화 속에 이식한 다음, 작물을 파괴할 수 있는 목화다래벌레(cotton bollworm)와 같은 난치성 해충에 식물이 내성을 갖도록 작업했던 중국에서의 결과에 관해 이야기를 나누었다(박스 5.3). 이 유전공학 면화 식재(植栽)를 통해 2001년에는 캘리포니아 주의 연간 총사용량에 거의 맞먹는 78,000톤의 농약을 줄일 수 있었다(Toenniessen 등 2003년)(농약규제부〈Department of Pesticide Regulation〉의 2004년 농약 사용 보고서). 또한 미국에서는 Bt 작물을 채택한 사람들도 자신의 농약 사용을 줄일 수 있었다(FernandezCornejo와 Caswell 2006년).

시누이 앤이 응수한다, "물론 저도 농약을 사용하는 건 걱정이지만,

모두가 농약 사용이 몸에 배었고, 그 위험까지 잘 알고 있으니, 금지도 할 수 없지 않아요. 게다가, 정치적으로도 먹히지 않을 터이고. 뿐만 아니라, 제가 보기에는 유전공학 작물에 사용되는 Bt 독소가 제대로 시험을 거쳤다는 생각은 들지 않아요."

이 점은 내가 동의하지 않는다. 미국 환경보호국(Environmental Protection Agency 〈EPA〉)은 지금까지 알려진 바로 대부분의 Bt 독소와 관련하여 사람의 건강에 위해가 되는 것은 없다고 지적한 바 있다. 또한 Bt 독소는 포유류, 조류, 및 어류 등과 같은 야생 생물에도 아무런 영향을 끼치지 않는다. 사실상, EPA(미국 환경보호국)가 Bt 독소의 위험이 지극히 적다는 것을 알고, 음식물 찌꺼기 내성, 지하수 제한 규정, 멸종위기 종 표지, 및 특별 심사 요건 등에서 이를 제외했다. 이것이 유기농민이 Bt 독소 사용을 좋아하는 이유 중의 하나다. 나는 유기농을 하는 사람들이 지난 50년 이상 Bt 독소를 사용해왔으며, 내가 말할 수 있는 바로는, 내 남편이 아직도 건강하다는 점을 논하고 있는 것이다. 무슨 이유인지 그녀는 나의 통계 추출 표본을 신통치 않게 보고 그렇게 말하기까지 한다.

박스 5.3 **해충 내성을 위한 유전공학 작물**

토양 세균 바실러스 써링지엔시스(*Bacillus thuringiensis* (Bt))는 일부 애벌레 및 갑충과 같은 중요한 모종 해충을 죽일 수 있는 Bt 독소라는 단백질을 생산한다. Bt 독소는 익충, 야생 생물, 및 인간 등과 같은 비표적(非標的) 생물체에는 대부분 무해하거나, 거의 해가 되지 않는다. Bt 독소의 살포방식 제제(製劑)는 유기농을 하는 사람들이 선호하는

(계속)

살충제 중의 하나다. 옥수수와 면화에서 유전자를 재조합하여 Bt 독소를 만든다. Bt 옥수수와 Bt 면화라 부르는 이 같은 유전공학 작물은 유전물질 속에 Bt 독소를 부호화하는 세균 유전자를 삽입하여 생성한다. 잎사귀에 살포된 Bt 독소는 태양빛에 급속히 분해되어, 식물 내부를 파먹는 곤충이 있는 곳까지 도달하지 않는다. 그러나 Bt 작물의 경우, 이 Bt 독소를 내부적으로 생성한다. 그래서 Bt 작물이 매년 미국에서 10억 달러 이상의 피해를 끼치는 유럽 조명충나방(European corn borer)과 같이 줄기 속에 구멍을 뚫는 해충에 효과가 높다.

Bt 작물은 1996년에 최초로 상품화되어, 오늘날은 전 세계에서 가장 많이 재배되는 유전자 이식 작물이 되었다. 2004년에는 Bt와 제초제 또는 그 중 하나에 내성이 있는 유전공학 작물이 전 세계 17개국에서 2억 에이커로 추정되는 경지에 재배되고 있으며, 이는 2003년에 비해 20%가 증가한 것이다. 이 중에서 미국의 에이커 수(數)는 59%에 달하며, 그 다음은 아르헨티나(20%), 캐나다와 브라질(각각 6%), 및 중국(5%) 등으로 이어진다(Fernandez-Cornejo와 Caswell 2006년).

Bt 작물이 개발되기 훨씬 전에는, 살포방식 제제(製劑)의 Bt 독소를 사용하여 해충을 방제했다. 이 사실 때문에 EPA(미국 환경보호국)와 FDA(미국 식품의약국〈Food and Drug Administration〉)가 사람의 안전성 여부 평가에 20년씩이나 사람을 무방비 상태로 방치하고서야, Bt 옥수수를 상업용으로 인증하게 되었다. 이 같은 자료 이외에도, 수많은 종류의 천연 Bt 독소에 대한 각종 독성 검사와 알레르기 검사가 있었다. 이 같은 검사와 식용작물에 대한 Bt 사용 이력을 바탕

박스 5.3 계속

으로 내려진 결론은 Bt 옥수수가 기존 옥수수 못지않게 안전하며, 따라서 인간과 동물의 건강이나 환경에 부작용을 초래하지 않는다는 것이었다(Opinion on …, EFSA 2004년).

Bt 옥수수는 진균류가 생성하는 독성 화학물질, 즉 마이코톡신(mycotoxin〈진균독〉)에 의한 식품 오염을 감소시켜 사람과 동물의 건강을 향상시킨다(Wu 2006년). 이것이 가능할 수 있는 것은 Bt 옥수수가 균류의 성장을 촉진하는 해충 피해를 감소시키기 때문이다.

미국에서는 리오그란데 접경지역에 거주하는 멕시코 계 미국 여인들이 옥수수 토르티야(tortillas) 비중이 큰 음식을 상식한다. 마이코톡신 오염 옥수수로 만든 토르티야 소비는 일반적인 미국 여인들보다 훨씬 더 빠른 속도로 신경관 결함 임신(neural tube defect pregnancy)을 증가시킨다. 그 까닭은 마이코톡신이 모체세포(maternal cell)로부터 엽산(葉酸) 흡수를 방해하기 때문이다. 이 같은 신경관 결함 위험은 Bt 옥수수 품종으로 생산한 옥수수 토르티야 소비로 감소시킬 수도 있다(Kershen 2006년).

또한 마이코톡신도 사람의 몸에서 식도암과 간암을 야기할 수 있으며, 어린이 발육 저해와도 관련이 있다. 이 같은 문제는 농민들이 갑충과 바구미 유충의 창궐, 및 균류 오염 등에 노출된 잔가지 세공 곡식통(wicker crib)에 일 년치 옥수수 보급량을 저장하는 아프리카 시골의 경우 특히 극심하다(Wu 2006년).

미국에서는 농민들이 특정 Bt 작물을 채택함으로써 화학 살충제 사용량이 줄어들었고, 이로써 환경에는 이익이 되었지만, 감소량의 크기

(계속)

는 특정 작물에 따라 다르게 나타났다. 전반적으로 보아, 미국 농무부 경제연구소(Economic Research Service)가 밝힌 바로는, Bt 옥수수를 채택한 농민의 경우, 그렇지 않은 농민의 경우보다 에이커 단위 재배 면적당 살충제 사용이 8%로 줄었다고 한다(Fernandez-Cornejo와 Caswell 2006년).

미국 농무부 ERS의 보고에 의하면, 살충제 처리가 적을수록 비용이 적게 들고, 해충의 피해도 적어져서 이윤 확대로 이어지며, 해충 피해에 따르는 반작용이 클 때는 그 의미가 주목할 만한 정도로 커질 수 있다(Fernandez-Cornejo와 Caswell 2006년). 해충 피해의 반작용이 적을 때는 유전공학 종자 구매로 늘어난 비용을 수확량 증가로 보충하는 것이 불가능할 수도 있다. 42개 농지를 대상으로 실험한 분석에서, 유전자를 이식하지 않고 살충제로 방제한 농지보다, Bt 면화와 Bt 옥수수 농지에서 오히려 비표적 무척추 동물이 더 많다는 것이 나타났다. 살충제를 사용하지 않고 방제한 농지와 비교했을 때, 비표적 특정 분류군(分類群)은 Bt 농지에서 더 적게 나타났다(Marvier 등 2007년).

이 같은 결과는 Bt 작물이 환경보호라는 입장에서 볼 때 바람직하지 못한 농업적 측면, 특히 살충제에 의한 비표적 영향을 감소시킬 수 있다는 미국 농무부의 결론을 뒷받침한다. 유전공학 면화를 재배하는 중국과 인도 농부들이 농약 사용을 근본적으로 줄였으며(Bennet 등 2006년; Huang 2002년과 2005년; Qaim 2003년), 이들이 입은 정적 측면이 있음에도 불구하고, 중국의 주요 면화 생산지역 중 5개 지역의 농부 481명을 대상으로 한 예비 연구보고서에 나타난 것은,

농약관련 피해 건수도 크게 감소했다(Huang 등 2005년). 이 같은 긍 Bt 대상이 아닌 다른 곤충 중 이전에 농약을 광역에 살포하는 방식으로 방제했던 곳의 곤충 개체군은, 7년 후, 증가되었다는 것이 뒷받침되어 있다(Wang 등 2006년). 그럼에도 불구하고, 몇 가지 연구 보고서에 나타난 것은, 전반적으로 보아, 그 농민들의 광범위 농약 사용에는 순량 감소가 있었다는 것을 보여주고 있다(Huang 2007년). 애리조나 주에서는 면화 농지에서 Bt로 방제가 안 되는 고구마 가루이(whitefly 〈*Bemisia tabaci*〉)를 광역 살충제보다 해가 적다고 생각되는 곤충 성장 조절물질(growth regulator)을 사용하여 대신 방제할 수 있다(Cattaneo 등 2006년).

유기, 합성, 또는 유전공학 중 어떤 것이든, 농약 사용의 한 가지 결점은 해충이 그 농약에 내성을 갖도록 진화할 가능성이 있다는 것이다. 과학자와 기타 관련 종사자들은, Bt 작물이 널리 보급됨으로써, 곤충이 Bt 독소에 내성을 갖도록 급속히 진화할 수 있는 상태가 생성될 것이라는 우려를 해왔다. 그러나 지금까지 농지에서 진화하여 Bt 작물에 내성을 갖게 된 해충이 있다는 기록은 없다(Tabashnik 등 2003년).

연구실에서는 곤충이 진화하여 Bt 독소에 내성이 생겼지만, 노지(露地) 환경에서는 배추좀나방(diamondback moth 〈*Plutella xylostella*〉) 이라는 작물 해충이 유일하게 Bt 독소에 내성을 갖도록 진화했다(Tabashnik 등 2003년). 그러나 이 내성은 Bt 작물 때문에 생긴 것이 아니라, 관행(유전공학이 아닌) 채소 작물에 해충을 방제하기 위해 Bt 독소를 반복해서 엽면 살포(葉面撒布)한 반응으로 발생한 것이다

(계속)

(Tabashnik 1994년). 부분적으로는 배추좀나방(diamondback)에 대한 경험을 바탕으로 한 것이지만, Bt 작물의 경우, 대상 곤충을 한 철 내내 Bt 독소에 무방비 상태로 방치하기 때문에, 일부 과학자들은 해충이 Bt 작물에 대한 내성을 수 년 내로 갖게 될 것이라고 예견한다.

최악 상황의 시나리오에서 Bt 작물에 대한 해충의 내성이 급속히 발달할 것이라는 예상과는 달리, 애리조나 주의 분홍색 면화다레벌레(pink bollworm) 농지 개체군(個體群)의 경우, Bt 면화에 대한 장기간의 내성 연구에서, 1997년부터 2004년까지 분홍색 면화다레벌레가 Bt 면화(Cry1Ac라 함)에서 독소에 대한 순수 내성 증가를 보인 것은 없다는 것이 드러났다. Bt 면화가 광범하게 재배되었음에도 농지에서 진화된 내성이 없다는 것과 연구실에서는 내성이 급속히 진화된다는 것은 "피난처 전략(refuge strategy)" — 즉, Bt 독소를 생성하지 않는 작물 수종에서 피난처가 많아지면 Bt 독소에 취약한 곤충의 생존을 증진시켜준다는 것 — 주효하여, 분홍색 목화다레벌레가 Bt 면화에 내성을 갖게 되는 것을 지연시키는데 도움이 된다는 것을 뒷받침한다(Tabashnik 등 2005년).

"글쎄요, 한 사람이 Bt 독소를 뿌리는 것과 수백만 명이 그 걸 먹는 것과는 다르지요. 만약 사람들한테 알레르기 반응이 나타나기 시작하면 어떻게 되겠어요?"라고 묻는다.

실제로는 지난 50년 동안 Bt 독소에 기반을 둔 분무 액을 그렇게나 많이 사용했지만, EPA(미국 환경보호국)에 알레르기 반응으로 보고된 것은 두 건뿐이며, 이것도 유전공학 품종에 뿌렸던 것이 아니라 유기농민이 사용했던 분무 액에 알레르기 반응으로 나타난 것이었다. 첫 번째 건(件)에 대해서는 이 분무 액에 노출되었던 특정인이 이전에 진단받았던 다른 질병을 앓고 있었다는 결론이 나왔다. 두 번째 건(件)에는 생명이 위험할 정도의 식품 알레르기 병력이 있던 사람이 관련되어있었다. 또한, 이전에 식품 알레르기와 관련이 있는 탄수화물과 방부제가 Bt 분무 액 제제(製劑)에 들어있었다는 것이 조사를 통해 밝혀졌다. 이 같은 결과 때문에 일부 과학자들은 식물유전자를 재조합하는 것이 요즈음 유기농민들이 이를 살포하는 것보다 더 안전할 수 있다고 주장한다(Bernstein 등 1999년).

흥미로운 것은 Bt 독소와 관련하여 사람들이 당면하고 있는 위험은 그 처리 방법과 관련이 있는 듯하다. 어느 수업에서 나는 학생들에게 농산물 중에서 어떤 것을 피하고 싶으냐고 물은 적이 있다(박스 5.4). 이 목록에는 "구충(驅蟲) 독소를 내포한 죽은 박테리아를 살포한 토마토 열매" 와 유전공학 식품이 들어있다. 대부분의 학생들은 결코 이 토마토를 먹지 않겠다고 결론지었다. 무섭네요라고 한 학생이 말했다. 그녀는 이런 Bt 독소 분무 액을 유기농을 하는 사람들이 아무렇지도 않게 사용한다는 것과 이들이 항간에서 안전하다고 인식되고 있는 것을 뒤늦게 알고 약간 겁을 먹었다.

박스 5.4 아래의 유전공학 농산물 중에서 괜찮은 것은 어떤 것이라고 생각하십니까?

- 단가불포화지방산(單價不飽和脂肪酸〈monounsaturated fat acid〉)은 더 많고, 다가불포화(多價不飽和) 트랜스지방산은 더 적어서, 건강에 좋은 식물성 기름의 공급원이 되는 콩
- 비타민 A가 농축되어, 실명을 줄이고 개발도상국의 수많은 생명을 구할 수 있는 벼와 옥수수
- 독성 부산물을 생성하는 화학적 처리가 필요치 않도록 해주는 유전공학 콩의 도료
- Bt 독소 유전자를 가진 옥수수로 사육한 젖소의 우유
- 송아지 장(臟)에서 추출하지 않고, 대신 유전공학 미생물로 생산한 레닛(rennet)을 재료로 만든 치즈
- 더디게 완숙시킨 유전공학 수목(樹木)에서 수확한 남미산(產) 망고. 이제 망고를 미국으로 수출할 수 있게 되어, 가난한 농민들이 더 많은 이익을 얻을 수 있게 되었다.
- 유전공학을 통해 국내 생산한 파파야로, 파파야 둥근무늬바이러스(ringspot virus)가 없고, 값도 유기농 파파야보다 싼 것(바이러스성 RNA와 단백질이 다량 함유된 것)
- 농약을 적게 뿌린 유전공학 면화로 제조한 코튼셔츠
- 구충(驅蟲) 독소를 내포하고 있으며 죽은 세균을 살포한 토마토 열매
- 유리날개매미충(glassy-winged sharpshooter)에 내성이 있는 유전공학 포도나무에서 생산한 포도로 양조한 포도주
- 양성(良性) 제초제에 내성을 갖도록 해주는 세균 유전자가 함유된

유전공학 콩으로 만든 두부

- 독성 제초제를 더 많이 뿌리고, 대신 비유전공학 콩으로 만든 두부
- 알레르기를 적게 유발하는 유전공학 땅콩
- 단백질 함유량을 향상시킨 유전공학 옥수수로 사육한 젖소 고기 (예, 리신〈lysine〉 함유량이 높은 옥수수)
- 유전공학 담배로 제조한 저니코틴 담배
- 유전공학 옥수수에서 추출한 항암제 택솔(Taxol)
- 유전공학적으로 변형시킨 미생물을 발효하여 제조한 인체 인슐린
- 유전공학적으로 변형시킨 식물을 밭에서 키워 제조한 인체 인슐린 (위의 것과 같이 절반 값)

Chrispeels과 Sadava 1994년 저(著), '식물, 유전자, 농업(Plant, Genes, and Agriculture)'에서 따와 부분적으로 수정한 것임

나는 시누이 앤에게 유전공학에도 약간의 이익을 올릴 수 있는 가능성이 있다는 것을 납득시키기 위해, 내가 가지고 있는 가장 강력한 무기를 사용하기 시작했다. "유기농업 방식으로는 언제나 방제할 수 없는 해충도 있어요. 대부분 유기농으로 재배한 단옥수수 암이삭에는 저희들끼리 서로 잡아먹는 벌레와 그들이 배설한 똥 부스러기가 들어있지요. 이렇게 기막힌 게 들어있는 옥수수를 먹기보다 차라리 미량의 Bt 독소가 함유된 유전공학 옥수수를 먹는 게 낫지 않겠어요?"

"마린 카운티에서 빵 값을 낼 때 나는 빵 굽는 이에게 말해요. 벌레 안 먹으려면 가게 주인에게 벌레 없애달라고 하면 되지요." 시누이 앤이 답했다.

나는 그 점에서 시누이 말에 일리가 있다고 인정한다. 아무렴, 사는 지역이 다르면 좋아하는 것도 다를 터이고, 식품가공의 양도 다르게 처리할 수 있겠지. 단순하고 적절한 기술로 유기농업 방식을 사용한다고 알려진 펜실베이니아 주 아만파(派) 신도들이 유전공학 담배를 선택하여 재배해왔는데, 그 이유는 높은 값을 받고 팔 수 있는데다가 그들의 방식에 따라 공동 수확을 할 수 있기 때문이다(박스 5.5). 캘리포니아 주에서 가장 부유하고 전국적으로도 가장 부유한 마린 카운티에서는 소비자들이 벌레가 없는 유기농 식품을 선호하기 때문에, 사람을 사서 이 벌레를 추려낸다. 그러니 이 같이 선호도가 서로 다른 것을 법으로 규제해야 하겠는가?

박스 5.5 **유전공학 담배를 재배하는 아만파(派) 신도**

펜실베이니아 주 아만파(派) 신도가 이제 유전공학 작물의 실용성을 면밀히 평가하기 시작했다. 어느 한 보고서에 의하면, 펜실베이니아 주 아만파 신도 중 600명 이상이 유전자 이식을 통해 니코틴 함량을 줄인 담배 3억4천5백만 개비를 재배할 수 있는 3,800에이커의 농지를 경작하기로 계약을 맺었다고 한다. 떼돈이 생긴 것이 이 지역 공동체에게는 얼마나 고마운 일인지 모른다(Davis 2003년). 옥수수를 재배해서 1에이커에 400달러를 벌던 것이 이제는 유전공학 담배를 재배해서 1에이커에 3,500달러를 벌게 되었다. 이렇게 부가가치가 높은 작물로 경작 현지의 가족들이 직접 참여할 수 니코틴 함량 감소로 금연에 도움이 되어 일부 소비자에게도 이점이 될 수 있으므로, 이런 작물이 지역 공동체에 직접적으로 이익이 되는 것이다.

나는 시누이 앤이 사용하는 옥수수 가루가 "영양이 풍부하고 살균 처리한"것을 보고, 다른 접근 방식을 사용하기도 한다. "앤, 그 옥수수 가루는 고효율로 가공처리한 데다가 영양분을 강화하기 위해 합성 화학물질을 넣었어요. 또, 유전공학 성분도 들어있을 거예요. 결국 가공식품의 70%가 적어도 유전공학 옥수수나 콩의 성분을 한 가지 이상 가지고 있는 거지요(CDFA 2003년). 이 중에 어떤 것도 천연인 건 없어요. 그걸 사용하면서도 어떻게 아무렇지 않을 수 있어요?"

그녀가 잠시 놀란 듯 했다. "당장 죽기야 하겠어요. 겁 안나요. 단속하는 사람들이 우릴 완전히 죽게 내버려 두겠어요(박스 5.6)."

오빠 릭(Rick)이 돌아다니다 들어와 자기가 만드는 칠리를 살펴보며 이렇게 말한다,

박스 5.6 **규제에 의한 유전공학 작물 단속**

유전공학 작물이 상용화되어 도입되기 전까지는 주와 연방정부 법령에 규정된 표준에 부합해야 한다. 생명공학 규제를 위한 협력 체계(Coordinated Framework for the Regulation of Biotechnology) 하에서는 연방정부의 단속을 미국 농무부(USDA), 미국 환경보호국(EPA), 및 미국 식품의약국(FDA) 등이 공동으로 분담하고 있다.

생명공학 농산품 현장 검사 단속에서는 미국 농무부의 동식물검역소(Animal and Plant Health Inspectin Service 〈APHIS〉)가 중추적 역할을 한다. 신고 또는 허가 절차 중 하나에서는, 식물, 미생물, 및 무척추 동물 등의 유전자를 재조합한 제품을 "규제 품목"으로 간주한다.

(계속)

박스 5.6 계속

규제를 해제할 경우 농업이나 환경에 미칠 위험 여부에 따라 APHIS가 검사 인가 여부를 판정한다. 현장 검사를 마치고 몇 년이 지나면 제품을 상용화 하려는 신청인이 APHIS에 비규제 품목(nonregulated status) 판정을 신청할 수 있다. APHIS가 이를 철저히 검토한 다음, 제한 없이 해제해도 농업이나 환경에 중대한 위험을 초래하지 않는다고 판정하면, 그 생물체는 "규제 해제"된다. 이 시점에서 해당 생물체는 더 이상 규제품목으로 간주되지 않으므로, APHIS 인가 없이 이동이 가능하고 또 파종할 수도 있다.

식물을 유전공학적으로 조작하여 "해충을 예방, 박멸, 퇴치, 또는 경감"시킬 수 있는 물질을 생산할 경우, 이는 농약으로 간주되어 EPA의 규제 대상이 된다. FDA는 식물 신품종으로 개발한 식품이 먹어도 안전한지 확인하기 위해 작물에 관한 모든 식품 신청을 규제하며, 여기에는 생명공학으로 개발한 작물이 포함된다.

현재 규제체계가 효과적이긴 하지만, 미국 농무부, EPA, 및 FDA는 새로운 추세와 미래에 관한 이슈를 다루기 위해 부단히 앞날을 내다보고 여기에 수정을 가하고 있다. 예를 들어, 미국 농무부 APHIS에는 1993년과 1997년에 업데이트가 있었으며, 현재는 규제에 추가로 수정을 가할 필요가 있는지 검토하고 있다. 또한, 미국 과학한림원도 절차를 더욱 투명하고 엄격하게 만들고, 동료 과학자들의 검토를 거치며, 대중으로부터 의견을 수렴하고, 또 자료, 방법, 분석, 및 정보해독 등을 좀 더 명확하게 제시하는 방식으로 규제를 개선할 수 있다는 것을 뒷받침하는 보고서를 제출한 바 있다. (Fernandez-Cornejo와 Caswell 2006년)

"과학자들이 생각하는 게 무슨 상관이야. 일반 대중에게 유전공학의 위험과 이점을 분명하게 설명하지 않으면, 그 식품을 먹고 자기 어린아이들이나 환경에 해가 되지 않는다는 것을 납득할 때까지는 아무도 그걸 받아들이지 않을 텐데."

릭이 브로콜리를 찐 포트 뚜껑을 들어올린다. 나는 이걸 새까맣게 잊고 있었는데, 이제 보니 초록색 풀같이 생겼다. 내일까지 찔 거야? 그가 물었다.

내가 불을 끄러 뛰어가자 모두들 웃음을 터뜨린다. 창문을 열자 김을 뺀 것처럼 방안에 감돌던 긴장이 약간 풀린다. 시누이 앤은 아직까지 어느 것 하나도 시인하지 않았다. 이것이 그녀 스타일이고, 때로는 내 스타일이기도 하다. 가족 중에서는 우리가 고집쟁이로 통한다. 그러나 우리 둘은 모두 식품 안전과 농약 사용 축소가 중요하다는 점에 서로 비슷한 견해를 가지고 있으며, 십중팔구는 서로 공통되는 견해가 그렇지 않은 것보다 더 많다는 것을 잘 알고 있다. 게다가, 그녀가 빵에 유전공학 옥수수 가루를 즐겨 사용하는 것을 보면, 지금 시판되고 있는 유전공학 옥수수가 먹어도 안전하다는 점에서도 견해를 같이 하는 듯하다.

애들이 배고파해서 나는 조금 일찍 오븐에서 옥수수 빵을 꺼낸다. 매끈매끈한 노란 껍질 아래에는 과학, 농업, 및 정치 등 온갖 모순이 감춰져 있는 듯이 보인다. 그런데도 아무렇지 않은 듯 보이니 놀랍기만 하다. 버터를 살살 바르니 증기에 곧 녹는다. 모두가 바삭바삭한 노란색 빵을 먹으며, 맛있다고 한다.

레시피 5.2

옥수수 빵

♣ 재료

버터 2Tbsp, 달걀 2개, 유전공학 캐놀라 또는 옥수수기름 1/4c, 꿀 2Tbsp(참고: 시판되고 있는 꿀은 대부분 캐나다 카놀라 농지에서 생산된 것으로 유전공학적으로 생산된 것이 80%다.), 버터밀크 1c, 유전공학 옥수수 가루 1c(새로 빻은 것이 좋지만, 필수는 아님), 통밀가루 1/2c(새로 빻은 것이 좋지만, 필수는 아님), 보리가루 1/2c(새로 빻은 것이 좋지만, 필수는 아님), 소금 1/2tsp, 베이킹파우더 2tsp

1. 오븐을 425°F(218.3°C)로 예열한다.
2. 버터를 8인치짜리 납작한 정사각형 냄비에 올려놓고 예열하는 동안 오븐에 넣는다.
3. 달걀을 거품이 나게 휘저어 섞는다.
4. 달걀에 기름, 꿀, 및 버터밀크 등을 넣어 섞는다.
5. 마른 재료를 알맞게 섞는다.
6. 납작한 팬에 재빨리 쏟아 붓고, 25분 간 굽는다.

Madison(1997년)것을 개작한 것임

06

누구를 믿을 수 있나?

캘리포니아(주민 발의에 의해 법률을 제정할 수 있는 곳)의 입안 절차가 과학적 이슈를 심의하기에는 건설적인 수단이 되지 못한다는 생각이 점점 깊어만 가는데도, 나는 유전공학에 대한 일반적인 불안감과 이 같은 캠페인에서 과학에 대해 나타난 불신을 떨쳐버리지 못한다. 대중이 인류와 환경 개선에 관한 유전공학 사용 방법에 관해 성공적인 결정을 내리려면, 과학적 방법을 이해해서 시간을 통해 검증된 과학연구와 단순한 주장이나 터무니없는 소문을 분간할 줄 알아야 한다.

뉴욕타임즈 잡지 작가인 짐 홀트(Jim Holt)는 미국 성인 중에서 과학적 소양이 있는 사람은 10% 미만이라는 설문을 예로 들었다. 과학자가 아닌 사람에게는 "생경하고 위험한 듯 보이게 만드는" 일상생활과의 소원함, 즉 과학 그 자체가 어려운 것일 수 있다. 그러나 과학의 증진으로 사회가 얻게 되는 가치가 — 즉, 탐구의 자유, 사상의 자유, 언론의 자유, 투명성, 관용, 및 증거를 바탕으로 논쟁을 기꺼이 중재하려는 정신이 — 바로 새로운 식물 품종을 생산하기 위한 유전공학 사용의 미래에 관한 논쟁이 발생할 경우 꼭 필요한 품성이다. 알렉산드리아 도서관 관장이며 세계은행의 환경적 사회적 지속가능한 개발(Environmentally and Socially Sustainable Development) 부서의 부총재를 역임한 바 있는 이스마엘 세라겔딘(Ismail Serageldin)이 말한 바에 따르면, 과학적 방법에 관한 이해는 "과학발달을 촉진하기 위해 필요할 뿐만 아니라, 변화에 적응하고 새로운 것을 받아들일 수 있는 더욱 훌륭한 관용 사회를 이룩하기 위해서도" 중요하다고 한다(Serageldin 2002년).

과학이 관념과 정치적인 목적으로 와전(訛傳)되면, 애석하게도, 유전공학 식품과 관련된 경우 자주 발생하듯, 논쟁을 혼란에 빠뜨리고 만다. 예를 들면, 유전공학이 위험하다는 주장을 뒷받침하기 위해, 이 방법을 금지하려는 캘리포니아 의안(議案)의 지지자들은 과학교육이라고는 받아본 적도 없는 미국 녹색당(Natural Law Party)의 아이오와 주 정치 후보자가 쓴 '기만의 종자(*Seeds of Deception*; Smith 2004년)'라는 책을 자주 인용한다. 이 책은 1999년 실시한 실험 중 근본적인 결함으로 전혀 확인이 안 된 실험과 관련하여, 걸핏하면 "유전공학 식품으로 사육한 실험용 동물의 위장에 병변이 나타난다."고 뒷받침하는 소노마 카운티의 팸플릿 정보원(源)이 된다. 이 같이 재현성이 없는 결과에 신빙성을 부여하기 위해 스미스는 쥐를 유전공학 감자로 사육한 17세 학생의 실험을 인용한다. 이들이 참조한 웹사이트를 보면, "무엇보다도, 유전공학식품으로 사육한 [마우스]가 대체로 평균 체중이 더 나가기 때문에 먹기는 더 많이 먹었지만 체중이 느는 것은 더 적었다."라고 되어있다. 이외에도, "그 소년이, 이 결과는 '주관적'이며 계량적인 것은 아니다"라고 시인했음에도 불구하고 "뚜렷한 행동의 차이점"을 보였다고 했다. 스미스는 이 실험으로 유전공학 식품이 "인간의 심령(human psyche)"에 부정적인 영향을 끼칠 수 있다고 주장하며, 그 소년이 "과학자들을 부끄럽게 하였다."라고 결론짓는다. 이것이 암시하는 것은 과학교육으로 방해받지 않은 한 학생의 실험은 대중이 신뢰할 수 있지만, 최초 실험의 결함을 지적한 과학계는 신뢰할 수 없다는 것이다. 스미스는, 한 십대 소년의 실험이 과학실험이라면 반드시 거쳐야 할 철저한 절차를 밟지 않았다는 사실은 묵살한다.

이렇게 해서, 대중이 소문과 고급 학문을 식별하는 방법을 통해 무엇이 입증된 과학적 "사실"이고, 무엇이 아직도 미지로 남아있는지가 결정된다. 실용적인 기준으로 다음과 같이 몇 가지를 들어본다.

1. **1차 정보원(源)을 검토하라.** 정보원에 대한 참조는 있는가? 없다면, 검증은 불가능하다. 있다면, 그 정보원에 대한 평판은 좋은 것인가? 이 소년과 쥐의 경우, 소년이 실험에 사용했던 참조는 다른 웹사이트에서 가져온 것이며, 그 웹사이트는 또 다른 웹사이트를 참조하고 있었다는 것을 알았다(Ho 2002년). 밝혀진 바로는 이 실험의 유일한 방증자료는 이 소년의 "과학 정보" 출처였던 그의 어머니와 우연히 만났다는 것뿐이었다. "구세(Guusje) 엄마는 자기 아들을 아주 자랑스럽게 생각해요…." 나는 어떤 사람들이 소년의 어머니와 대화를 나눈 것을 왜 훌륭한 과학적 참조로 인용하는지 모르겠다. 그 책의 저자와 해당 웹사이트 중 하나는 과학에 대한 기본적인 이해가 결여되어있기 때문에 실험의 정확성을 평가하지 못하거나, 아니면 그런 따위에 전혀 신경을 쓰지 않거나, 그도 아니라면 이들 두 가지 모두가 사실일 것이다. 그렇지만 이들이 신경을 써야 할 게 있다. 이런 식의 기만은 사람들을 혼란에 빠뜨려 겁만 주게 된다는 것이다. 그리고 이 같은 바보짓을 근거로

현재 법령 통과가 임박해있다.

2. **실험결과가 동료평가방식의 정기 간행물에 발표되었는지 물어보라.** 동료평가방식은 과학 출판물의 표준 절차다. 동료평가방식의 출판용 원고는 동일한 분야에 종사하는 여러 학자들(동료라 함)이 이를 읽어본 다음, 이 동료들이 실험과 결과가 자기들 학문 분야의 표준에 부합하며, 출판해도 타당한가에 관한 의견을 표시한다. 동료들의 평가 없이는 해당 자료가 갖는 의미와 특성을 평가할 수 없다. 이 소년의 주관적 실험이 동료들의 평가와 기록이 없기 때문에 정상적인 과학적 표준 방법을 적용했는지 믿을 수가 없는 것이다.
3. **과학 연구에 관한 해당 간행물의 평판이 좋은지 조사하라.** 동료들이 평가한 논문을 인용한 경우, 발표는 어디에 했는가? 그 간행물은 많은 사람들에게 인정받고 있는 것인가? 통상적으로 간행물의 등급, 평가, 분류, 및 비교에 사용하는 한 가지 도구는 특정 연도 또는 기간 중에 간행물에서 "평균 논문"이 인용된 횟수이다. 피인용 횟수가 바로 과학계가 그 중요성을 인지한다는 것을 반영하는 것이다. 영향력이 높고 많은 사람들이 인정하는 간행물로는 사이언스와 네이처지(誌)가 있다. 그러므로 이 사이언스지에 인용되었다는 것은 일반적으로 학계가 인정한다는 것을 뒷받침하며, 반면에 비과학적 간행물이나 별로 알려지지 않은 간행물의 경우는 그렇지 못하다.
4. **발표된 논문 중에서 다른 논문이 독자적으로 확인해준 것이 있는지 확인하라.** 어느 연구가 동료들의 평가를 받아 알아주는 간행물에 발표되었다 하더라도, 독자적인 평가가 있으면, 그 연구결

과를 확인하거나 이를 부연하는데 결정적인 요인이 된다. 최고의 간행물이나 과학자라 할지라도 때로는 실수가 있으므로, 후에 되돌릴 수 없는 논문을 발표하는 경우가 있다. 때로는 심사자들이 간과하였을 뿐만 아니라 이후에도 간파하지 못할 만큼 노골적인 조작도 있을 수 있다(Kennedy 2006년). 이와 다른 경우를 보면, 과학 보고서가 정확한데도 매체에 의해 그 중요성이 와전되는 것도 있을 수 있다. 좋은 예가 유전공학 옥수수와 1999년에 발발한 제왕나비(monarch butterfly) 논쟁이다. 코넬대학 곤충학자, 존 로지(John Losey)가 과학 학술지 네이처지에 제왕나비 유충이 유전공학 옥수수 화분(花粉) 뿌린 박주가리(milkweed)를 먹고 죽었다고 보고한 단편 논문을 발표했다(Losey 등 1999년). 이 논문이 미국은 물론 국제적인 뉴스가 되어 하룻밤 사이에 일부 소비자들이 제왕나비를 농업 생명공학의 위험물로 보는 극적인 상징으로 바꿔놓았다. 현장 시험이 포함된 이후의 과학 연구에는 제왕나비가 유전공학 옥수수에 노출된 것이 극히 적었으며, 재래식 농학에 의해 발생하는 위험과 비교하면 제왕나비에 대한 위협은 무색한 것이라고 되어있다(식량과 생명공학에 관한 피우계획〈Pew Initiative on Food and Biotechnology〉 2002년). 이 같은 와전이나 오류는 통상적으로 다른 연구원들에 의해 발견되는데, 그 까닭은 대부분의 보고서, 특히 보고서가 유전공학이 제왕나비를 죽였다거나 또는 생쥐를 병들게 했다는 식의 흥미거리 뉴스가 될 경우, 다른 과학자들이 곧바로 이에 대한 재시험을 실시하게 되기 때문이다. 자료에 이의가 제기되면, 최초의 저자가 이 이의를 반박하는 논문을 다시 쓸 수 있는 계기가 된다. 과학적 "진실"을 입증한다는 것이 비록 시간이 걸리는 방법이기는 하지만, 특정한 과학적 결론을 통해 마침내는 폭 넓은 인정을 받거나 아니면 폐기되든가 둘 중 하나로 귀결되는 것이다.

5. 이해관계의 충돌 가능성이 존재하는지 평가하라. 사람들은 대부분 어머니라면 통상적으로 자기 자식의 가장 좋은 점만 생각하고, 과학교육이 부족하다는 식의 듣기 싫은 지엽적인 내용에는 신경 쓰지 않는다는 점에 동의한다고 할 수 있을 것이다. 따라서 이 경우에는 어머니의 장점이 명백한 이해관계의 충돌로 나타난다. 이같이 드러나지 않은 이해관계 충돌로 얼룩진 연구가 유전공학에 관한 논쟁의 주요 관심사가 되고 있다. 정부 단속 관리가 공공의 선이 아닌 사적인 이해관계가 일차 관심사인 관계자의 공급 자료만을 전적으로 신뢰할 경우, 일반 대중에게는 해당 연구의 진실성을 의심할 만한 사유가 주어진다고 하겠다. 마찬가지로, 농업에서 유전공학 사용에 대해 강경한 입장에 있는 사람이 영리를 목적으로 하는 생명공학이나 유기농업계의 고용인일 경우, 이해관계의 충돌이 존재할 수 있으므로 이 같은 고용관계를 반드시 밝혀야 한다(완전 공시; 남편 라울과 내 자신 중 어느 누구도 영리를 목적으로 하는 생명공학 또는 유기농업계와 금전적인 관계가 없다. 결백이 필요한 곳에서는 투명성이 멋진 소독제가 된다.).
6. 학회 또는 토론자들의 특성을 평가하라. 그 보고서가 미국 교육부(Department of Education)가 공인한 대학 또는 이와 동급 사회집단에서 나온 것인가? 일반적으로 이 같은 정보는 일개 개인이

웹에 올린 정보보다는 신뢰도가 높다. 일반적으로 보아, 미국에서는, 미국 국가과학재단(National Science Foundation)과 미국 국립 보건원(National Institute of Health) 및 과학 학회 등이 최신의 고급 정보를 제공한다. 예를 들어, 미국 식물학회(American Society of Plant Biologists)는 전적으로 식물학 발전을 위해 구성된 비영리 전문 집단이다. 이 학회는 세계 일류 간행물을 발간하며, 여러 차례 회의도 주최하고, 기타 과학발전에 관건이 되는 각종 활동을 수행한다. 미국 과학한림원(NAS)은 "과학 및 기술 그리고 이들을 이용하여 공공복지에 이바지 할 수 있는 기회를 조성하기 위해 과학 및 공학 연구 분야에 종사하는 저명한 학자들로 구성된 명예직 사회집단이다(NAS 2006년)." 한림원 회원으로 피선된다는 것은 미국 과학자 또는 공학자에게 수여되는 최고의 명예로 간주된다. 이 같은 종류의 비영리 기구는 정부의 틀 밖에서 과학, 기술, 및 의학 등에 관한 문제에 독자적인 조언을 함으로써 사회에 봉사한다.

7. **서사에 관한 평판을 검토하라.** 저자는 과학교육을 받았는가? 받았다면, 석사 또는 박사와 같은 상급 학위로 이어진 정식 교육을 받았으며, 명망 있는 간행물에 널리 논문을 발표했는가? 받지 않았다면, 명망 있는 과학자와 공동으로 자료를 평가하는 일에 종사하고 있는가? 소년과 생쥐의 경우, 대학에 적을 두는 문제가 암시되어있지만, "실험"은 집에서 이루어졌고, 이에 대한 평가는 그 소년의 어머니가 했다는 듯하다.

독자로서 당신은 이제 유전공학을 둘러싼 여러 가지 이슈를 파고들 준비가 되었다. 이와 같이 과학적 방법에 관한 착상을 활용하면 당신도 이제 좀 더 용이하게 매체 보고서의 정확성을 평가할 수 있게 된다. 과학관련 출처를 조사하는 것은 많은 시간을 요하는 일이지만, 소문이나 미확인 보도보다는 이 같은 출처를 통해 유전공학에 관한 틀림없는 사실에 접근할 수 있게 된다.

07

유전공학 식품을 먹으면 위험한가?

사람을 다치게 하는 위험과 사람을 당황하게 만드는 위험은 거의 완전하다 할 정도로 관계가 없다.

헨리 파운틴이 리스크 커뮤니케이션 컨설턴트, 피터 M. 샌드만에 관해 인용한 '뉴욕타임즈지' 기사

PETER M. SANDMAN, risk communications consultant, as quoted in the *New York Times* article by Henry Fountain

"손톱은 요세미티 바위를 파고, 로프는 고통스럽게 장비를 당기는데, 다리는 재봉틀처럼 휘청거리고, 양팔은 벌벌 떠는 것이…. 로프가 느슨해지니, 나는 안다. 내가 떨어져 죽으리라는 것을." 애미가 읽는 내용이다.

12월, 우리 집필그룹 회원들이 애미의 거실 한쪽 구석에서 바닐라 헤이즐넛 차에 두유를 넣어 마시며 소파에 앉아 그녀의 이야기에 귀를 기울이고 있다. 중국 종(種) 오렌지, 감, 그리고 벼 등을 잔뜩 올려놓은 커다란 목재 테이블 — 자줏빛 토마토가 들어간 셀러리 샐러드가 아늑한 실내를 반씩이나 차지하고 있다. 우리 앞에는 치즈와 슈톨렌(Christollen) 케이크, 버터 바른 감귤 맛 달걀빵, 그리고 바닐라 등, 손님 접대용 음식이 가득 쌓인 커피 테이블이 놓여있다. 전통적인 로날드 가(家)의 휴일 인기품목이다(레시피 7.1).

레시피 7.1

트리쉬 슈톨렌 케이크(Trish's Christollen)

♣ 재료

우유 2c, 설탕 1c, 소금 2tsp, 버터 1 1/3c, 이스트 2봉, 밀가루 2c,
달걀 4개(휘저어 섞은 것), 밀가루 8c,
아몬드 1 1/2c(저며서 물에 데친 것),
건포도 1 1/2c(따뜻한 물에 누그러뜨린 다음 물기를 뺀 것),
씨 없는 건포도 1/2c, 오렌지 1개(껍질을 빻은 것),
레몬 1개(껍질을 빻은 것), 바닐라 2tsp

1. 우유를 끓는 물로 소독한 다음, 설탕, 소금, 버터를 추가한다. 휘저어 식힌다.
2. 약간의 물에 녹인 이스트와 달걀을 추가한다.
3. 컵 2개 분량의 밀가루를 뒤섞어라. 거품이 일 때까지 그대로 둔다.
4. 달걀과 나머지 밀가루를 차지지 않고 묽어질 때까지 휘젓는다.
5. 밀가루를 살짝 뿌린 외면에, 아몬드, 건포도, 씨 없는 건포도, 껍질 및 바닐라를 잘 이겨 응어리지지 않고 낭창낭창할 때까지 개어 넣어라.
6. 가루 반죽을 싸서 크기가 두 배가 될 때까지 부풀어 오르게 한다. 눌러 때려 세 부분으로 나눈다. 10분 동안 그대로 둔다.
7. 반죽 각 부위를 3/4인치 타원형 두께로 평평하게 편다. 녹인 버터를 솔로 칠한다. 드문드문 설탕과 계피를 흩뿌린다.

8. 타원형을 평평하게 편 것을 약 반으로 접는다. 양쪽 끝을 함께 끼워서 꼭 조여라. 쿠키 시트에 기름을 바르고 그 위에 올려놓는다. 녹인 버터를 솔로 칠하고, 1시간 동안, 또는 크기 배가 될 때까지 부풀어 오르게 한다.
9. 오븐을 218.3°C(425°F)로 예열한다. 218.3°C(425°F)에서 10분 간 굽는다.
10. 176.7°C(350°F)로 내린 다음 40분간 굽는다. 식도록 둔다.
11. 정제한 가루 설탕과 레몬주스를 섞어 시럽을 만들어 입힌다.
12. 과일과 너트로 장식한다.

우리가 애미를 만나기 전에는 그녀는 마린 카운티에서 알아주는 그린걸치농장(Green Gulch Farm)의 선승(禪僧)이었다. 이 곳은 명상과 유기농을 교육하는 불교 신자의 도장이다. 선승으로 10년을 지낸 다음 그녀는 혼자서 딸을 키워가며 샌프란시스코 캘리포니아대학교에서 산과학(産科學)을 공부했다. 이제 그녀는 데이비스에서 정식 간호 조산원으로 일하고 있다. 그녀가 우리 아이들 셋을 받았기 때문에, 우리 부부의 눈에는 거의 신과 같은 존재로 되어있다.

이런 경력과 명망이 있는 여인이라면 대담무쌍하리라 생각할 것이다. 그러나 아무래도 그렇지는 않은 것 같다. 애미가 말하는 걸 들어보면, 그녀는 항상 높은 곳이 무서워서 공포를 직시하려고 암벽 등반을 결심했다고 한다. 이 스포츠에 위험요소가 있는 것은 분명하다. 어쨌든, 높은 데서 떨어지면 죽을 수도 있다. 그러나 애미가 흥분해서 한 이야기를 들어보면, 땅에서 불과 3피트밖에 안 남을 때까지 떨어졌지만, 자기를 사랑하던 노련한 파트너의 로프에 걸려있었다는 것이다. 따라서 부정적인 결과가 생길 확률은 지극히 낮았다. 그러니 분명한 것은 우리가 하는 활동 때문에 위해를 입는다는 것은 말이 안 돼도, 스스로 위험하다고 생각하기 때문에 겁이 나는 것이다.

리스크 커뮤니케이션 컨설턴트, 피터 M. 샌드만은 2006년 '뉴욕타임즈지(誌)'에 발표된 인터뷰에서, "위해 가능성에 영향을 줄 수 있는 것이 사람의 분노여부에 영향을 주는 주된 요인은 아니다. 오히려 규제나 친밀성이 더 큰 영향을 준다."고 했다(Fountain 2006년).

농약을 예로 들어보자. 대부분의 소비자들은, "카르밤산염"계("carbamate" type)와 같은 특정 농약이 매년 수만 명을 중독시킨다는 사실에도 불구하고 그 대부분이 영농 종사자들인데, 농약과 친숙해졌다. 중독 중 일부는 치명적임에도 농약으로 골치를 앓거나, 농장에 농약을 사용하는 것을 항의하는 사람은 비교적 없는 편이다. 비슷한 맥락에서, 어린이 비만이 점점 높아가고 있는 풍조는 부분적으로는 감미료를 많이 쓴 음료를 지나치게 마신 탓이다(Ludwig 등 2001년). 비만 풍조가 계속될 경우, 2000년에 태어난 미국 어린이 세 명 중 한 명은 살아가는 동안 비만이 된다. 전국에서 몇 개 학교가 자기 학교 학생들이 마시는 소프트드링크를 금지하거나 그 양을 제한하기 시작했지만, 이것은 결코 흔한 일은 아니다. 이와는 대조적으로, 30년을 사용해서 아직까지 단 한 사람이나 동물에게도 해가 되지 않았던 방법, 즉 유전공학은 말 한 마디만 꺼내도 난리가 난다. 반(反) 유전공학 옹호론자들이 세상의 종말을 방불케 하듯 펼치는 명제는 잠재적 위해성에 대해,

특히 이점이라는 면에서 볼 때, 터무니없이 균형이 안 맞는 것 같다.

농도가 높으면 확실하게 동물의 생명을 위협할 수 있는 불화물(弗化物) 또는 로테논(rotenone)과 같은 일부 합성 또는 유기농약과는 달리, 유전공학 특성은 매일 우리가 먹는 동일한 화학적 기본 요소(DNA와 단백질)로 구성되어있다. 실로 이들은 2,500년 전 석가모니께서 잡수셨고, 또 앞으로 2,500년 동안 우리가 먹을 것과 그 성분이 동일하다. 즉, 인류가 점점 늘어만 가는 우리 행성의 과밀현상, 불충분한 영양공급, 질병, 가난, 및 환경오염 등을 이기고 살아남는다면, 한 시간 이내로 식품의 DNA 98%가 완전히 소화되고(Schubert 등 1997년), 단백질도 대부분 훨씬 더 빨리 소화될 것이다. 다시 말해서, 칫솔 위에 놓인 불화물(弗化物)을 첨가한 치약 또는 냉장고 속의 소프트드링크가 아침에 먹은 유전공학 파파야보다 건강에는 훨씬 더 큰 위험할 것이다. 우리는 엉뚱한 위험을 두고 걱정하고 있는 듯하다.

애미의 이야기가 끝나자, 나는 이 책에서 반(反) 유전공학 입법 초록을 읽는다. 우리 그룹은 토론 시간이 될 때까지 경청한다. 애미는 추정에 따른 비평은 빼고 곧장 본론으로 들어간다. "유전공학 식품을 먹어도 위험하지 않다고 어떻게 그렇게 확신할 수 있어요?"

유전공학 식품과 관련된 모든 우려 중에서도, 위험에 관한 이 질문이 대부분의 사람들에게는 가장 큰 걱정거리다. 미국 과학한림원(NAS)은 더 큰 질문에 초점을 맞춰 이렇게 물었다. "우리 식품에 유전공학을 통해 유전자를 추가하는 방법이 관행 육종을 통해 유전자가 추가되는 것보다 더 위험합니까?"

그 답은 '노'다. 사실상 우리가 먹는 모든 음식은 어떤 방식으로든 유전적으로 변형된 것이므로 실제로 우리가 먹는 모든 음식에는 비록 그 정도가 아주 아주 적기는 하지만 일종의 위험이 따른다. NAS 위원회가 유전공학과 관행 육종 방법, 이들 둘에 모두 비슷하게 위험이 있어서 '의도하지 않은 결과'가 나타났다고 판정했다(NAS 2004년).

내가 이렇게 말하자 애미가 더 자세하게 설명해달고 한다. 도대체 그 "의도하지 않은 결과란 게 실제로 무얼 뜻하는 거예요?"

나는 계속해서, 우리가 연구실에서 한 가지 벼 품종으로부터 어떤 유전자를 취해서 다른 벼 품종에 이식하는 전형적인 방법을 설명했다. 위원회는 이런 종류의 작업으로 생기는 '의도하지 않은 결과'의 위험이 기존의 두 가지 품종의 벼 사이에서 관행 육종으로 기인된 결과와 비슷하다고 추론한다. 반면에, 관계가 먼 유연종에서 유전자를 전이하는 방식으로 예를 들면 세균이나 물고기 유전자를 식물에 이식하면 이것이 더 위험하다고 본다. 돌연변이 육종과 같은 관행방식에 더 큰 위험이 따른다는 것을 알고 나면 이건 놀랄 일도 못된다.

"돌연변이 육종이란 게 무언가요?" 맷(Matt)이 묻는다. "제가 변종을 먹은 건가요?"

"십중팔구는 그랬겠지요,"라고 나는 답했다. "돌연변이 육종의 경우, 종자를 고단위 발암성 용액에 담가두거나 방사선을 조사(照射)해서 DNA에 무작위 변화를 유발시키지요. 발아 단계가 지나면, 육종가들은 특성이 새롭고 쓸모 있는 종자 중 살아남은 것을 채택하는 거예요."

"그게 유전공학보다 훨씬 더 위험해 보이네요. 그 특성이 우리가 먹는 식품 속에 들어있다는 건가요?" 애미가 흥분해서 우리 앞에 놓인 샐러드를 의심에 찬 눈으로 보며 소리친다.

"아, 예 그렇다는 말이지요." 나는 이렇게 돌연변이를 유도하는 기술은 관행 육종에서 흔히 사용되는 것이며 자연계에서 발생하는 돌연변이와 아주 흡사하다고 생각된다는 점을 설명한다. 화학물질에 적시는 일은 돌연변이 개체군의 초기 생장 단계에서 단 한 번만 있으며, 육종세대(breeding generation)가 몇 차례 지나면 화학물질이 남아있지 않아 아주 안전한 것으로 간주된다. 육종가들은 유도 돌연변이와 자연 돌연변이 두 가지 모두의 장점을 살려 스트레스 내성과 같은 유용한 특성을 생성하여 곡물의 특징을 개량시켰다. 지난 70년 동안에 벼, 밀, 보리, 그레이프프루트, 및 면화 등을 포함하는 2,250여건의 돌연변이 품종이 식물육종가에게 공여되었다(Ahloowalia 등 2004년).

"때로는 돌연변이 식물이 꽤 맛이 좋을 수 있어요."라고 나는 말한다. 1,000년도 더 되는 옛날에, 자연 돌연변이 덕에 내가 좋아하는 레시피에 쏙 필요한 쌀이 생기게 되었다. 망고를 넣은 차진 쌀(sticky rice 역주: 한국사람들이 일반적으로 먹는 쌀)인데 옛날에 태국에서 생겼으며 그 걸 사용한 레시피를 지금 집필 그룹과 나눠먹고 있다(박스 7.1 및 레시피 7.2).

박스 7.1 벼의 납질 돌연변이

농업경제학으로 보아 유용한 특성을 산출하는 한 가지 기술을 "돌연변이 유발"(mutagenesis)이라 한다. 이 과정이 진행되는 동안, 종자를 돌연변이 발생률을 높이는 고단위 발암성 용액에 담가둔다. 이 처리에는 DNA 화학문자(chemical letter)의 무작위 변화가 포함된다. 이후 종자를 파종하며, 통상적으로 약 50%는 죽게 된다. 육종가는 살아남은 식물에서 종자를 채집하고 발아시킨 다음 새로운 특성 여부를 조사한다. 이 같은 "유발 돌연변이" 기술은 관행 육종에 흔히 사용되며 자연계에서 발생하는 자연 돌연변이에서 얻어지는 것과 동일한 변종이 된다.

자연 변종 중 하나에서 그 귀중한 태국의 차진 쌀(sticky rice)가 생긴 것이다. 차진 쌀에는 그렇지 않은 쌀의 내배유(內胚乳)에 함유된 전체 녹말의 최대 30%를 구성하는 녹말 아밀로스(amylose)가 결핍되어있다. 아밀로스 결핍은 아밀로스 합성에 필요한 효소를 부호화하는 *Waxy*라는 유전자에 발생한 돌연변이 때문에 생기는 것이다(Sano 1984년). 차진 쌀은 동남아 전체에서 중요한 요리 및 문화적 구성요소를 이루고 있으며, 제례 식품과 후식에 사용된다. 동남아 고지대 지역에서는 차진 쌀이 대부분 가정의 주식(主食)이 되어있다. 매년 거래되는 쌀의 10퍼센트는 차진 쌀이다.

"차진" 쌀의 정확한 기원은 아직까지 분명하지 않은데, 그 이유는 차진 쌀이 고고학적 기록에 나타난 것이 없기 때문이다. 라오스의 부처 설화에 의하면 차진 쌀의 기원을 약 1,100년 전으로 보고 있지만, 중국 민속에는 2000여 년 전 시인 굴원(Qu Yuan)의 사망 당시에 이미 있었다는 뒷받침이 있다(Xu 1992년). 유전학적 방법을 사용한 노스캐롤라이나 주립대학교 유전학자 두 명의 최근 연구에 나타난 바로는 "차진" 쌀이 필시 동남아에서 단 한 차례 발원된 적이 있음을 뒷받침하고 있다(Olsen과 Purugganan 2002년).

상이한 벼 품종이 모두 아주 비슷한 유전자를 지니고 있지만, 상당한 비율의 사례(이는 품종에 따라 다름)에서, 한 품종의 특정 유전자는 아주 가까운 유연종의 상대물과 약간 다르다는 것을 이 연구원들이 알고 있었다. 그것이 자연이고, 또 유전적 다양성의 기본이다. 즉, 유전자는 벼 품종별로 다른 것이다. 연구원들은 2000년 전 어느 육종가가 독자적으로 정말 좋은 차진 쌀 품종을 개발했고 이후 다른 육종가들과 이를 아낌없이 나눠가졌더니 정확하게 꼭 같은 *Waxy* 유전자가 이 신품종에 함유되어있었다는 가설을 세웠다. 다시 말해, *Waxy* 유전자의 기원은 하나일 것이다. 이 같은 생각을 시험하기 위해 이들은 105가지 벼 계통에서 *Waxy* 유전자의 서열을 살펴보고 차진 것들은 모두 거의 동일한 *Waxy* 유전자 서열을 지니고 있다는 것과, 여기에는 아밀로스(amylose) 생성을 망쳐버린 돌연변이가 포함되어있다는 것을 알아냈다. 이 결과를 보면, 초기에 차진 쌀을 육종한 사람들이 그 단일 *Waxy* 돌연변이가 베풀어준 점착 특성이 좋아서, 육종을 통해 이를 바람직한 다른 특성을 지닌 신품종에 통합하는 방식으로, 그 특유의 특성을 보전했다는 것을 암시하고 있다.

"차진" 쌀의 개발은 지역적이고 문화적인 기호에 부응하여 육종가들이 개량 벼를 선택한 방법을 보여주는 좋은 본보기다.

레시피 7.2

망고 또는 유전공학 파파야를 곁들인 차진(돌연변이) 쌀

타이 차진 쌀밥의 주요 재료는 *Waxy* 유전자에 돌연변이된 쌀이다.

♣ 재료

돌연변이 쌀("차진" 쌀 또는 "모찌" 쌀 또는 "점착성" 쌀이라고 함) 1파운드, 소금 1Tbsp, 설탕 3/4c, 야자유 2 1/4c, 껍질을 벗긴 망고 또는 유전공학 파파야 3개

1. 돌연변이 쌀을 찬물에 담가두었다가 씻어 헹군다. 물이 깨끗해질 때까지 반복한 다음, 약 3회, 물을 따라낸다.
2. 씻은 쌀을 사발에 넣고, 찬물을 부어 물이 쌀보다 약 2~3인치 위에 오게 한다. 쌀을 물에 6~8시간 동안 담가둔다.
3. 쌀에서 물을 따라내고, 한랭사에 넣어 둘러싼 다음, 한랭사를 대나무 또는 금속재 채소 찜통 안에 넣는다. 찜통에 물 6~8컵을 부어넣고 끓인다. 쌀을 싸서 45분 간 찐다(또는 연해질 때까지).
4. 그 동안에, 야자유에 소금과 설탕을 푼 다음, 가열한다. 덩어리지지 않게 휘젓는다. 야자유 혼합물이 끓으면, 저온에서 분량이 1/3로 줄어들 때까지 휘젓는다.
5. 불에서 빼낸 다음, 3/4컵을 챙겨둔다. 쌀이 다 익으면, 즉시 뚜껑을 꽉 잠글 수 있는 용기에 넣고, 나머지 야자유 혼합물을 부어넣는다.

힘차게 휘저은 다음, 뚜껑을 닫아 15분 동안 그대로 둔다.

6. 껍질을 벗긴 망고 또는 유전공학 파파야를 썰어 조각을 낸다. 접시에 올려놓는다. 다 익은 차진 쌀을 숟갈로 떠서 망고 또는 유전공학 파파야 옆에 놓는다. 따로 떼어둔 야자유 혼합물에 흩뿌린다. 고루 나눠서 맛있게 즐긴다.

맷이 끼어든다. "그렇지만 그 경우는 다르지요. 자연 돌연변이가 자연스런 거지요. 그것이 발암성 화합물로 유도한 벼 변종보다는 더 안전한 벼라는 건 맞아요. 어쨌든, 유기농 식품을 사먹으면 그런 위험은 피할 수 있잖아요."

나는 동의할 수가 없다. "이것이 유전자 변형을 유도한 것은 '천연'이 아니라고 생각하는 대부분의 소비자들이 흔히 잘못 알고 있는 거예요. 유기농 규제법에서는 화학적 돌연변이 유발 물질을 사용하여 개발한 작물은 허용되고 또 식품이나 환경 안전에 대해서도 이를 규제하고 있지 않아요."

맷이 놀라서, "유전공학보다는 돌연변이 육종 방법에서 오히려 더 생각지도 못한 결과가 나올 수 있다는 미국 과학한림원 보고가 있는데도, 돌연변이 식품을 아직도 유기농이라고 인가할 수 있다는 겁니까?"라고 한다.

"네, 그래요. 위험이란 건 상대적이라는데, 이게 바로 그 좋은 본보기에요. 육종 및 유전공학 방법이 다 그렇듯이, 이 중 어떤 것이라도 부정적인 결과를 낳을 위험은 극히 적어요. 사실은 그 위험이 너무 적어서 유전공학이 등장할 때까지는 아무도 '의도하지 않은 결과'에 대해서는 신경을 쓰지 않았거든요."

나는 회원들에게 자줏빛 토마토가 들어간 셀러리 샐러드를 돌린 다음, 신디에게 전에 어떤 쌀을 사용했었는지 묻는다(레시피 7.3).

"인기 좋은 런드벅가족농장(Lundberg Family Farms)에서 생산한 단립(短粒) 현미(玄米)예요. 데이비스 푸드코업에서 샀어요."라고 그녀는 답하였다.

이렇게 완벽한 본보기가 바로 내 앞에 있다니, 나는 기분이 좋아서 이렇게 말한다. "이 인가(認可) 유기농 쌀은 방사선을 조사한 품종으로 칼로즈 76(Calrose 76)이라는 거예요(Ahloowalia 등 2004년; J. Jiang, Lundberg Family Farms 개인교신 2006년)." 회원들이 놀라 서로 쳐다본다. 그렇지만 일단 모두들 먹기 시작한다. 이내 오도독 오도독 셀러리 씹는 소리가 작은 실내를 채운다.

레시피 7·3

자줏빛 토마토가 들어간 셀러리 샐러드

♣ 재료

단립(短粒) 현미(玄米)(방사선 조사 칼로즈 76) 2c(찬물에 30~60분 간 담갔다가, 씻은 다음 물을 따라낸 것),

물 7~10c, 소금 1tsp, 올리브유 1Tbsp

드레싱-

저민 파/부추 2Tbsp, 저민 코리앤더/고수 잎사귀 3Tbsp,

저민 박하 3Tbsp, 레몬 주스 2~3Tbsp, 올리브유 1Tbsp,

양념 소금 및 피망, 길이로 4등분한 오이 1개(이후 얇게 썬다.),

셀러리 꽃대 2~3개(얇게 썬다.)

고명 -

프루든(Pruden) 자줏빛 토마토 4개(저민 것)

1. 자루 냄비에 물을 담가 가열한 다음, 끓으면 소금과 기름을 넣는다.
2. 쌀을 한 번 조금 넣는다(그래도 물은 계속 끓는다).
3. 불을 약간 올려, 10~20분 간 쌀을 찐다(한두 번 휘젓는다).
4. 찐 쌀에서 물을 여과기에 걸러내고, 물이 빠지는 대로 찐 쌀을 납작한 트레이로 옮겨, 덩어리가 생기지 않도록 포크로 집적거려 벌려놓는다.
5. 셀러리와 오이가 든 드레싱을 사발에 넣고 섞는다.
6. 찐 쌀이 식기 전에는 드레싱을 뿌리지 않아야 한다.
7. 큰 사발에 식힌 쌀과 드레싱을 섞은 다음, 대접에 올려놓는다.
8. 꼭대기에 토마토 조각을 올려놓거나, 가운데에 저민 토마토를 쌓아 올린다.
9. 딱 맞을 때까지 식히고, 대접하기 전에 실온으로 맞춘다.

Sri Owen 저(著), 벼(The Rice Book) 중 "타불라 스타일 벼 샐러드(*Rice Salad, Tabbouleh Style*)"

식사 중에 우리는 다른 식품 화합물에 관한 이야기를 나누었다. 식물에는 당(糖), 단백질, 비타민, 그리고 광물질 등이 풍부해서, 여러 포식자들이 즐겨 찾는 맛있는 먹거리가 된다. 식물은 도망을 가지 못하기 때문에 진화했다. 자신을 보호할 수 있는 방어수단을 마련한 것이다. 셀러리가 겉보기에는 부드러워 보여도, 소랄렌(psoralen)이라는 독성 화합물을 생성하기 때문에 포식자들이 감히 먹을 생각을 하지 않아 너무 어렸을 때 간식이 되고 마는 일을 막아준다. 가끔은 사람까지도 우연찮게 이 소랄렌에 중독되는 경우가 있다.

육종가들이 비교적 소랄렌 함량이 높은 셀러리를 선택하는데, 그 이유가 해충에 내성이 있는 식물을 선호하기 때문이고, 또 소비자들이 상하지 않은 농산물을 선호하기 때문이다. 불행하게도 셀러리를 수확하는 일꾼들이 가끔 심각한 피부 발진을 일으켜(NAS 2004년), 이 관행 육종의 '의도하지 않은 결과'에 의해 피해를 입는 경우가 있다. 독성 단백질을 부호화하는 유전자를 복제하여 이를 신품종에 이식하기 전에 연구했었더라면, 독성에 노출되기 전에 그 폐해를 미리 알았을 것이다.

남편 라울이 다른 예를 생각하곤, "푸른 감자역주: 푸른색은 감자가 햇빛에 노출되어 엽록소가 늘어나면서 생기는 현상임에 설치류 독성이 꽤 많답니다. 하루는 버팀살대로 지은 인가 유기농 온실에 가서 방금 파먹은 푸른 감자 옆에 생쥐 세 마리가 죽어있는 것을 보았어요."

감자는 글리콜카로이드 솔라닌(glycoalkaloid solanine)이라는 독성

화합물을 생성하는데, 대부분의 품종은 그 양이 아주 적어서 동물에게 해가 되지 않는 것으로 간주한다. 그렇지만 어떤 감자 품종은 그 양이 다른 것보다 많아서 햇볕을 쬐거나 하면 독소가 위험할 정도로 많이 생길 수 있다.

아직까지는 동물에 독이 되는 화합물이 관행 육종 방식을 통해 개발된 식품에서만 발생했다. 상품화된 유전공학 작물에서는 아직까지 건강이나 환경에 부작용이 있었던 것은 없다. 그 까닭은 유전공학을 통해 생산된 식품은 더 세심하게 조사하기 때문이거나, 아니면 간단히 말해 시판되는 유전공학 작물이 아직까지 많지 않기 때문이라 하겠다. 이유야 어떻든 이렇게 중요한 사실이 때로는 유전공학 식품 논쟁 중에 잊어버리는 경우가 있다.

"그렇다면 유연관계가 없는 종으로부터 형질을 이식할 때는 어떻게 되나요? 만약 물고기 유전자를 벼에 이식한다면, 새로운 형질 그 자체가 문제가 될 수 있나요?" 애미가 물고 늘어진다.

"인간은 동식물과 공유하는 유전자 숫자가 엄청나서 이번의 특정한 예는 문제가 될 수도 있고, 그렇지 않을 수도 있겠네요. 그러나 이제 문제는 유전공학 식품에서 두 번째로 중요한 측면으로 넘어가는 거예요. 유전공학의 경우 어떤 종(種)의 유전자라도 식물에 이식이 가능한데, 이것이 의미하는 것은 새로운 유전공학 특성은 사례별로 일일이 평가해야 한다는 거지요."라고 내가 대답했다.

나는 시판된 유전공학 작물이 인간에게 해를 끼친 적은 없지만, 연구실 실험에서는 생각지도 못한 결과가 나온 적이 있다고 부연했다. 예를 들어, 보통 콩과(科) 단백질을 부호화하는 유전자가 완두콩에 발현되었을 때, 생쥐에 면역 반응을 일으키는 완두콩이 나타났었다. 이 같은 유전공학 완두콩은 한 번도 상용화된 적이 없다(Prescott 등 2005년). 또 다른 예가 보통 옥수수 해충에 내성을 갖도록 유전자를 재조합한 Bt 옥수수다. 의외로, 유전자를 이식한 Bt 옥수수에는 기대했던 큰담배밤나방 유충과 뿌리벌레(rootworm)에 대한 내성이 생긴 것 말고도, 곤충이 줄기를 손상시켰을 때 번식하는 진균류가 생성하는 독소의 양이 상당히 적다.

"시판된 유전공학 식품이 사람에게 알레르기 반응을 일으킨 적이 있나요?"라고 신디가 묻는다.

"없었지요."라고 내가 답했다. 나는 말을 이어가며 이들에게, 콩에 이미 알려진 알레르기 항원(抗原)(브라질 호두 단백질)을 유전공학을 통해 이식한 실험 이야기를 한다. 유전공학 신품종이 브라질 호두에 알레르기 반응이 있는 것으로 알려진 사람의 혈청에 반응성 항체 생성을 유발했다(Nordlee 등 1996년). 이 유전공학 콩 품종은 포장시험(圃場試驗)을 거친 적이 없어서, 원래 의도대로 닭 사료로 사용되지 않았는데, 그 부분적인 이유는 이 유전공학 작물을 상품화하기 전에 실시한 포괄적 안전성 검사에서 부작용이 있는 것으로 나타났기 때문이다. 애미는 조산원이므로 임신이나 출산과 관련된 위험에 대해서는 조예가 깊다.

그녀는 내가 셋째 아이 오드리를 임신했을 때, 집에 있는 실외 온수 욕조에서 오드리를 분만하도록 권유했던 사실을 상기시킨다. "너무 위험해,"라며 여러 친구나 가족들이 그렇게 하지 않도록 충고했다. 유난

히도 프랑스 친구인 서지(Serge)와 이블린(Evelyne)이 놀라워했는데, 그 이유가 프랑스에서는 집에 있는 온수 욕조에서 분만하는 것보다는 임신 중에 와인을 마시는 것이 더 흔한 일이기 때문이다.

세상 사람들이 생각하기로는 병원에서 분만하는 것이 산모와 아기에게 더 안전하다는 것이다. 물론 대부분의 여자들은 가장 현대적인 기술이 지척에 있다는 사실에 안도하는데, 이는 출산과 관련된 위험이 실재하고 또 기록으로도 그러하기 때문이다. 그러나 연구를 통해 밝혀진 바로는 집에서 분만하기를 원하는 건강한 여인의 경우 자신이나 아기에게 위험이 더 많이 생기는 일은 없다고 한다(Ackermann-Liebrich 등 1996년). 사실은, 적어도 한 가지의 연구 사례에서 출산 경력이 있고 또 출산을 앞두고 있는 여인의 경우 숙달된 조산원을 두고 자가(自家) 분만하는 것이 실제로는 병원 출산보다 덜 위험하다고 한다(Wiegers 등 1996년). 이 같은 과학적 연구로 마음이 든든해진데다가 병원이 집에서 불과 5분 거리에 있었고, 또 애미의 실력이 탁월하다는 것을 알고 있었기 때문에 우리 부부는 오드리를 집에서 낳기로 했던 것이다.

내가 무슨 생각을 하고 있는지 알고 있다는 듯 웃으며 애미가 이렇게 말한다. "거봐요, 아무렇지도 않았잖아요. 안 그래요?" 그렇다. 그녀 말이 맞다. 오드리는 봄날 정오에 격자무늬 자색 등나무 향수를 탄 물속에서 태어났다. 내 기억에 분명한 것은, 우리가 모두 햇볕 가리는 모자를 쓰고 있었으며 사방에 웃음소리가 들리는 가운데 어머니가 방금 짜서 정성들여 준비한 달콤한 레모네이드의 맛이 떠올랐다는 것이다.

그렇지만, 저는 정말 아이들을 생각해서 하는 말이에요. 애미가 심각한 말투로 이어간다. "저는 우리 아이들만 말하는 게 아니라 이 지구에서 자라나는 모든 어린이들을 다 생각해서 하는 말이예요. 작물이 많아지고 또 영양분도 충분하게 키워줄 수 있는 환경을 더 깨끗하게 해서 물려주어야 되겠지요."

"으응," 나는 동의했다. 지금 당장은 입에 슈톨렌(Christollen) 케이크가 잔뜩 들어있어서 뭐라고 말을 할 수가 없다. 그렇지만, 애미 말을 듣고 보니, 개도국 어린이에 대한 유전공학의 영향과 그에 대한 우리의 책임에 관해 생각하지 않을 수 없다.

100여개 국가에서, 특히 아프리카와 동남아에서, 비타민 A 결핍증(VAD)이 공중보건 문제가 되어 어린이와 임산부에 가장 큰 타격을 주었다는 것은 잘 알려진 사실이다. 전 세계적으로, 124개 이상의 국가에서 어린이들이 비타민 A 결핍증에 걸렸다고 추정된다. 이들 중 대부분은 시력을 잃거나 설사를 하게 되며, 거의 8백만 명에 이르는 취학연령 이전의 아이들이 매년 이 결핍증으로 사망한다. 세계보건기구 추산으로는 비타민 A 영양 상태를 개선하면 매년 130만 명에서 250만 명에 달하는 유아기(late-infancy)와 취학연령 어린이의 사망을 예방할 수 있을 것이라고 한다(Humphrey 등 1992년). 예방할 수 있는 질병 때문에 어린이를 잃고 애통해 하는 심정은 대개 개도국에서만 볼 수 있는 것은 아니다.

VAD와 싸우기 위해 세계보건기구는 영양 "웰빙 무기" 창고를 추천한 바 있다. 여기에는 모유 수유(授乳)에 이어, 장기적인 해결책으로 비타민 A가 풍부한 식습관과 식품을 강화하는 방식으로 비타민 A를 보충하는 것이 포함되어있다. 이 과제에 부응하여 일단의 록펠러 재단산하 단체들이 비타민 A의 전구체인 카로티노이드(carotenoid) 함유량이 많은 강화 벼의 생산을 결심한 과학자들을 지원했다. 이들은 유전공학을 통해 수선화(꽃이 노란색을 띠게 하는 색소, 카로티노이드를 다량 생성함)에서 유전자 하나, 그리고 세균 하나에서 유전자 둘을 벼에 이식했다(Ye 등 2000년). 그 결과물인 유전공학 쌀알은 황금빛을 띠며, 카로티노이드가 풍부하게 들어있다.

애미가 우리 컵을 다시 채워주고, 나는 이를 한 모금 마신 후 계속한다. "어떤 의미에서, 이렇게 영양분이 향상된 벼 결과물은 비타민 D가 풍부한 우유를 마시는 것과 비슷하지요. 방법이 다르다는 것을 제외하면 말이에요."

"그렇지요"라고 내가 답했다. "또 소금에 요오드를 추가하는 것과도 비슷해요. 유아의 요오드 결핍증을 근본적으로 감소시켜주는 것으로 알려진 방법이 바로 이렇지요."

"카로티노이드가 강화된 쌀을 먹으면 정말로 애들에게 도움이 될까요?"라고 맷이 묻는다.

그래서 나는 이들에게 내가 최근 텍사스 휴스턴의 아동영양연구센터(Children's Nutrition Research Center)에 근무하는 동료 마이크 그루삭(Mike Grusack)과 나눴던 대화를 소개한다. 마이크가 내게 해준 말로는, 인간이 먹었던 것에 관한 초기 연구 결과로 보아, "황금쌀(Golden Rice) 역주: 비타민 A의 전구체인 카로티노이드를 쌀에 축적케 한 유전공학의 도정된 쌀의 표면이 일반 쌀과는 달리 짙은 노란색을 띠므로 황금쌀이라고 부른다"에 함유된 카로티노이드를 적절하게 신진대사시키면, 어린이들이 필요로 하는 비타민 A로 바뀔 수 있다고 한다(M. Grusack 개인교신 2006년). 다른 연구에도 황금쌀 소비가 많아지면 비타민 A 결핍증이 줄어들어, 수천 명의 목숨을 구하게 될 것이라 한다(Stein 등 2006년). 황금쌀의 긍정적인 효과는, 현재 영양보충 프로그램에 소요되는 비용에 비해 눈곱만한 돈이면, 최저 소득 계층에서 가장 크게 나타날 것으로 예견된다(Stein 등 2006년). 이 같이 비교적 하위기술(low tech), 지속가능한 공공기금 등으로 상징되는 프로그램이 뒷받침될 경우, 사람 중심 운동이 콩이나 호박과 같이 비타민 A가 풍부한 작물을 재배하는 가정집 채소밭 개발과 같은 다른 방식에 보완적으로 사용될 수 있게 된다.

공교롭게도 비타민 A 벼가 유전공학 농산물이기 때문에, 일부 사람들은 이를 의심의 눈초리로 보고, 그 장기적인 결과를 우려하고 있다(박스 7.2). 이와 비슷하게 일부 국가에서도 요오드 강화 식염을 사용토록 하는 정책을 소금에 독을 타려는 정부의 음모로 간주하였다. 역주: 서양음식을 상식하면 요오드 결핍에 의해 갑상선종에 걸리기 쉽다. 식염에 요오드를 첨가하여 이를 예방하는 정책을 시행하는 국가들이 있다. 2006년 뉴욕타임즈지(誌)에 발표한 기고문에서 언론인 도날드 맥네일(Donald McNeil)은 요오드 강화식염이 어떻게 해서 에이즈, 당뇨, 발작, 발기 부전, 및 짜증 등의 원인이 되는지 설명하고 있다. "요오드 강화식염은 절인 채소가 터지거나 캐비어를 망치거나, 또는 경질 치즈를 연하게 만든다." 카자흐스탄에서는 이 같은 종류의 저항을 차단하려고 돈과 정치적 리더십 둘이 다 있어야 했다. 하지만 결국은 성공했다. 오늘날 카자흐스탄 가구의 94%가 요오드 강화식염을 사용하고 있으므로, 국제연합이 이 국가를 공식적으로 요오드 결핍증이 없는 나라로 공인하리라 기대하고 있다.

박스 7.2 장기적인 건강 위험 지수

비록 압도적인 다수의 과학자들이 유전공학 방법을 안전한 것으로 보고 있지만, 일부 소비자들은 그래도 유전공학 식품 소비가 만시지탄이 되기 전에는 판정할 수 없는 장기적인 부작용을 야기할 수 있을지 모른다고 우려하고 있다.

이것은 바로 시러큐스대학교 맥스웰 스쿨(Maxwell School)의 사회학자 겸 사회문제학과 교수인 앨런 마주(Allan Mazur)가 그의 저서, 바른 경고와 잘못된 경종(True Warnings and False Alarms)에서 다룬 것과 같은 우려다. 이른바 위험이라는 것의 진실이나 허위를 예보하는데 도움이 될 수 있는 전형적인 특징을 식별하기 위해, 마주는 1948년과 1971년 사이에 농약 및 지역사회 식수 불화물 첨가역주: 국민의 치아 건강을 위해 정책적으로 식수에 불소화합물을 일정량 섞어야 한다는 주장이 오래전부터 있어왔음와 같이 다양한 기술과 관련하여 제기된 31가지 건강경보를 평가하고 있다. 30~50년이 지난 다음에 뒤늦게 알게 된 것이지만, 그는 논쟁이 터졌을 때부터 최초에 허위 경보와 참된 경보를 가장 효과적으로 구별할 수 있는 세 가지 분명한 특징을 식별하고 있다.

1. 대중의 이목을 끌었던 첫 번째 공공경보 출처가 인지도가 높은 연구기관의 과학연구 보고서에 바탕을 두었을 경우, 경보는 진실일 가능성이 두배 이상으로 높은 것으로 나타났다. 경보가 정부기관 또는 시민단체가 제기한 것일 경우, 허위일 가능성이 높다.
2. 참된 경보는 허위 경보보다 이른바 위험을 제기한 사람에 대해 편견을 가진 후원자가 있을 가능성이 적었다.

(계속)

박스 7.2 계속

3. 이전 뉴스 기사와 관련하여 뉴스에 나타나는 경보는 이중 출처에 의해 확대되지 않고도 뉴스가 되는 경보보다 허위일 가능성이 높았다 (Mazur 2004년).

유전공학 방법에 내재적 위험이 있다고 최초 경보가 제기된 지 거의 30년이 다 되었다. 여기에서, 나는 마주의 기준을 적용하여 유전공학 식품의 안전성을 평가한다.

1. 유전공학 생물체의 환경 배출과 관련하여 대중의 이목을 끌었던 첫 번째 공공경보 출처는 시민단체에 의해 제기되었다. UC 버클리 대학원 2년차 시절, 미국 환경보호국이 최초로 유전공학 생물체의 환경 방출(放出)을 승인한 것을 두고, 대중의 강력한 항의가 있었다. 내 연구실 복도 건너 쪽에서 사람들의 이목을 끌지 않고 나서지 않는 교수로 조용히 연구하던 스티브 린도(Steve Lindow)가 서리로부터 식물을 보호하기 위해 프로스트반(Frostban)이라는 세균을 생성했다. 1987년 딸기농장의 작은 구획에 아침 일찍 프로스트반을 적용하던 것이 목격되어 전 세계의 75개 매체가 이를 보도했다. 이 단계에서 신생 생명공학계에 대한 항의뿐만 아니라, 농업 및 환경 두 가지 목적에 모두에 대한 현장의 유전공학 사용이 정식으로 개시되었다. 프로스트반이 환경과 소비자에게 해롭지 않다는 견해가 과학분야에서 널리 알려져 있지만 과학분야에서는 "비자연적인" 것으로 인한 환경위해 가능성이 지적된 바 있다(Rifkin 1983년). 오늘날은 이 제품에 대해서 주목할 만한 우려가 더 이상 나오지 않는다. 사실은 스키장에서 이와 관련된 계통을 스노맥스(Snomax)라는

상표명으로 사용하여 제설기(製雪機) 유효성을 제고하고 있다 (York Snow, Inc. 2001년).

2. 반(反) 유전공학 후원자들은 대부분 최초로 유전공학 종자를 대규모로 상품화한 몬산토를 싫어한다. 이 비평가들이 우려하는 것은 유전공학 방법으로 인해 우리의 식품 공급을 대기업이 통제하게 되는 기회가 많아질 것이라는 점이다. 그러나 이 같은 통제가 사실상 발생할 경우, 이는 사회경제적인 사항이며 식품을 먹어서 발생하는 위험과는 관계가 없는 것이다. 이 같이 비과학적인 우려는 정책을 통해서만 처리할 수 있다.
3. 유전공학 식품에 관한 경고가 세계 다른 지역의 식품안전 문제와 동시에 터져 나왔다. 예를 들어, 광우병(유전공학과는 전혀 상관이 없음)이 1986년 영국에서 처음 보고되어, 규제기관의 신뢰도를 흔들어놓았다.

이상의 세 가지 특징이 모두 전형적인 허위 경보다. 따라서 대다수 과학자 및 과학기구들이 유전공학 방법과 관련된 장기 또는 단기적인 위험이 있을 가능성은 없다는 것이 마주의 기준에 의해서도 뒷받침되는 것이다.

라울이 주제를 바꿔 유전자 이식 식물에 이따금 나타나는 항생제 내성 유전자 안전성에 관한 질문을 한다. “우리의 장(臟) 안에 사는 세균에 어떤 연유로든 항생제 내성 유전자가 생기면 어떻게 되오?”

“미국 과학한림원의 한 위원회에 의하면, 이런 일이 일어날 가능성은 없다고 해요."라고 내가 답한다. 우선 유전자가 사람의 소화액을 탈출해야 하고, 이후 내장에서도 아무 탈 없이 살아남아야 하며, 끝으로 장내에 사는 세균 속으로 들어가야 하기 때문이다. 실로, 어느 한 연구에 의하면 유전공학 콩에 이식된 유전자는 대장(大腸)에 도달할 때쯤이면 완전히 분해되고 만다(Netherwood 등 2004년). 게다가, 항생제 내성 유전자는 이미 세균 속에 흔하게 있는 것이고, 또 우리가 먹는 식품에도 내내 있었던 것이다. 또한 몇 가지 기술 발달이 있었기 때문에 남편 라울의 걱정에 대해서는 염려하지 않아도 되게 되었다. 예를 들어, 당 이용 가능 표지(그림 4.3 참조)와 같은 새로운 표지가 이제는 구입이 가능하기 때문에, 전보다는 항생제 내성 유전자를 덜 사용하고 있다. 또한, 세균에 내성이 있는 *XA21* 벼와 같은 새로운 유전자 이식 작물 대부분에는 표지 유전자가 전혀 들어있지 않다(중국 농업과학학술원, 생명공학연구소, 시롱 지아〈Shirong Jia〉박사, 개인교신). 이보다 위험이 훨씬 더 큰 것은 의료용의 항생제 남용, 이로 인해 항생제 내성균을 선발하는 꼴이 되며(Gold와 Moellering 1996년)을 골라서 동물성 사료에 항생제를 하는 것도 동일한 결과를 초래한다(Kidd 등 2002년).

사료에 항생제를 넣어 사용하는 것이 위험하다는 가장 좋은 본보기가 암탉이다. 양계 업에서는 대부분 성장을 촉진하고 밀집 축사(1제곱미터마다 12마리 이상)에서 키우느라 스트레스로 생길 수 있는 질병확산을 막기 위해 저용량의 항생제를 곡식 사료에 혼합한다(미국 식품의약국 수의학센터 2000년). 저용량이라도 반복해서 노출되면 세균에 내성이 생길 수 있다는 것은 잘 알려져 있는 일이다. 항생제에 내성이 있는 세균이 암탉의 장(腸)에 퍼지고 사람이 잘 익지 않은 닭고기를 먹게 되면 병에 걸릴 수 있다. 그래서 과학자들은 비록 엄격한 과학적 방법을 사용하여 증명하기는 쉽지 않지만, 다음과 같은 가설을 세웠다. 즉, 복합 약물에 내성이 생긴 세균의 진화와 사람이 복용하는 의료 약품의 효력 감퇴는 항생제 사용과 관련되어있다는 것이다(Anderson 등 2003년; 식용 동물에 대한 의약품 사용위원회〈Committee on Drug Use in Food Animals〉, 동물건강, 식품안정성 및 공중위생 패널〈Panel on Animal Health Food Safety, and Public Health〉, 농업국〈Board on Agriculture〉, 국가과학위원회〈National Research Council〉 1999년; Wiley 등 2004년).

애미가 말하기를, "과학자들이 거의 다 유전공학 작물을 안전하다고 한다면, 왜 이런 작물로 생산한 제품에 라벨을 떡하니 붙여 놓고, 사람들이 스스로 판단하게 하지 않나요? 저는 제가 먹는 게 어떤 건지 알아서 골라 먹고 싶은데요."라고 한다.

나는, "나도 라벨은 읽어보지요. 당분이 많다거나 내가 모르는 성분이 많이 있으면 나도 사지 않아요. 그렇다고 모든 정보가 다 유용한 건 아니에요."라고 답한다.

몇 달 전, 우리 마을의 푸드코업(food coop)에서 "옥수수, 간장, 또는 카놀라가 들어있는 관행 식품은 유전공학 식품일 수 있습니다."라는 빨간색 "소비자 경보"를 붙여놓기 시작했다. 내가 보기에 이런 사인은 도움이 되기보다는 오히려 골치가 아프다. 일부 주(州)에서 과학 교과서에, "이 교과서에는 식물이나 사람과 같은 생물의 기원을 설명하는 일부 과학자의 이론이 게재되어있으며, 이는 논쟁의 여지가 있습니다."라는 경고문을 써놓은 것과 어쩐지 비슷하다. 지구에 처음 생명이 생겼을 때는 어떤 사람도 없었다. 그러니 생명의 기원에 관한 문장은 사실이 아니라 이론으로 간주해야 한다." (Oklahoma 의회 2003년; Cline 2006년). 이런 문장을 써놓아 보았자 우리가 먹는 식품이나, 우주 창조에 관한 정보를 알 수 있는 것도 아니다. 유전공학 식품이나 진화와 관련이 있는 특별한 위험이 없는데, 어떻게 소비자들이 이런 문장을 통해 자신의 건강이나 신(神)에 대한 믿음과 관련이 있는 정보를 얻어 선택할 수 있겠는가?

미국 국가과학위원회는 유일하게 가공방법에 기반을 두고 식품 안전을 평가하려는 시도는 과학적으로 이치에 맞지 않는다고 밝히고 있다. 식물 품종 개발 방법에 관한 포괄적인 라벨을 부착하기보다는 식품에 라벨을 붙여 소비자들이 그 안에 들어있는 것이 무엇이라거나 그 식품이 어떤 것인지를 알게 하는 것이 더욱 의미가 있을 것이다. 그렇지만 이것도 반드시 도움이 되는 것만은 아니다. 어떤 사람에게는, "함량이 과다하면 동물이 죽을 수 있다고 알려진 카르밤산염 농약이 미량 함유되어있을 수 있음"이라거나 "레피돕테라(나비목〈Lepidoptera〉)를 죽이는 Bt 단백질 미량이 함유되어있을 수 있음"이라고 써 붙인 라벨이 유익할 수도 있다. 그렇지만 과학을 잘 알지 못하는 대부분의 소비자들에게도 이것이 도움이 될 수 있을까?

다른 예를 들어보자. 상품에 라벨을 붙여 발송할 경우, 일부 유기농민이 선호하는 "천연" 농약, 로테논(rotenone)으로 처리한 유기 농산물에는 다음과 같이 라벨을 붙여야 할 것이다, "로테논이 미량 함유되었을 수 있음 — 장기간 노출되면 간과 신장에 해가 될 수 있음"(직업안전위생관리국〈Occupational Safety and Health Administration〉 1998년) 유기농 초당(超糖)옥수수(super sweet corn)에 붙여야 할지도 모르는 라벨은 다음과 같을 것이다. 돌연변이 되었으므로 돌연변이 단백질이 함유되어있음. 유기농으로 재배한 파파야에는 다음과 같은 표지가 붙을 것이다. 파파야 둥근무늬바이러스(ringspot virus) RNA와 단백질이 다량 함유되었음(박스 4.2 참조). 이런 라벨은 기분이 좋을 리 없기 때문에, 아무리 유기농 과일이나 채소라 해도 이런 것을 먹는 게 기분이 좋을 사람은 많지 않을 것이다. 아직까지는 이 같은 식품 중 어떤 것이라도 위험하다는 증거가 없다. 아무튼 사람들은 여러 해 동안 단옥수수와 유기농 파파야를 안전하게 먹어왔다.

"제가 보기에는 라벨에 붙인 문장이 안전 중재나 소비자 선택에 도움이 안 되면, 제구실을 못하는 겁니다."라고 나는 애미의 질문에 결정적인 답을 한다. "이건 혼란스럽기만 하고, 쓸데없이 사람만 놀라게 하는 겁니다."

이제 갈 시간이 다 되어, 우리는 마지막 간식으로 체더치즈 먹을 채비를 한다. 우리가 먹고 있는 치즈가 1990년 이후 시판된 대부분의 치즈와 마찬가지로, 유전공학 성분으로 만든 것이라는 점을 언급한다. 그 전에는 송아지 위에서 응유 물질을 분리하였다(박스 5.1 참조).

이를 신기하게 본 맷이 다음과 같이 한 마디 한다. "그게 좋은 건, 유전공학 치즈를 먹어도 코셔(kosher 역주: 유대교 율법에 따라 만든) 식(食)이 된다는 것입니다". 맷은 고기와 유제품을 함께 먹는 것을 금지하는 유대교의 전통을 지키고 있다.

채식주의자인 애미가 눈살을 찌푸리며 우스갯소리로 "어머나 끔찍

해라 – 도살한 동물에서 꺼낸 효소라니요. 차라리 유전공학 치즈를 먹겠네요. 그럼, 팸, 먼저 한 입 드세요."라고 한다.

그 소리에, 우리는 접시를 집어 들고 주방에 갖다 놓은 다음 문을 나서며 작별 인사를 한다.

다음 날 나는 사무실 컴퓨터 앞에 앉아 엄청나게 들어온 이메일을 처리하느라 정신을 못 차린다. 일은 너무 많은데 시간이 없다는 생각이 든다. 시계를 흘깃 보니 또 수영 시간에 늦겠다 싶어 백을 챙겨들고 계단을 뛰어 내려가 밖에 세워둔 자전거에 올라타고 수영장으로 페달을 밟는다. 대낮에 자주 수영을 했더니 마음 상태가 극적으로 바뀐다.

5분 뒤 나는 수영장 둘레에 체인을 쳐놓은 담장에 자전거를 타고 가 여기에다 세워둔다. 수영 친구들이 떠들며 웃고 있다. 정월인데도 이들은 수영복 입는 것이 기분이 좋은가 보다. 급히 탈의실로 가서 수영복을 갈아입고, 비닐 캡을 쓴 다음 고글을 눈에 꼭 맞게 눌러쓴다. 수영장으로 나가서 물에 뛰어든다. 너무 차서 몸을 덥히기 위해 재빨리 수영을 한다. 곧 스트로크마다 척척거리는 소리가 들리니, 연구실 업무는 머릿속에서 사라지기 시작한다. 숨 쉬러 올라오니, 염소(鹽素)와 야자수 선스크린 로션 냄새가 살짝 난다. 데이비스에서는 매일같이 자외선을 많이 쬐고 살기 때문에 수영할 때는 피부를 보호해야 한다. 수영장 끝머리에 갈 때마다 공중제비를 해서 벽을 확인한 다음 머리를 양팔 사이에 끼워 넣고 발가락을 꼿꼿이 펴서 몸을 화살같이 만들어 출발한다. 나는 물을 가르는 느낌이 좋다.

수영을 하다 보니, 하버드 위해분석센터(Harvard Center of Risk Analysis)에서 위해교신(risk communication) 이사로 근무하는 데이비드 로페익(David Ropeik)이 말한 위험의 정의가 생각난다: "위험에 노출되어 부정적인 결과로 연결될 가능성". 태양과 물, 이 두 가지 모두에 지나치게 많이 노출되면 피부암으로 죽게 되거나 익사할 수 있다. 그래도 우리는 이점이 분명하기 때문에 수영을 한다. 그렇지만, 그 설명을 엉뚱하게 하면 어떻게 될까? 수소 원자 둘과 산소 하나로 이루어진 물을 예로 들어보자. 물이라고 하면 겁날 사람이 아무도 없겠지만, 누군가가 무색무취한 화합물인 "일산화이수소(dihydrogen monoxide 〈DHMO〉)(즉, 물)가 아마도 인명에 위험을 줄 수 있는 가장 유력한 화학물질이라는 소리를 들으면 어떨까? 사실은 이런데도, 사람들은 대부분 일산화이수소의 위험에 지나치게 우려를 많이 한다(Way 2006년, emphasis in original)." 이런 경고가 있고, 추가 정보도 없으면, 나 같은 사람은 이런 물질에 가까이 가지 않으려 할 것이다.

우리가 영양을 공급받는 식물은 물론이지만 태양과 물도 인간 생명에는 모두 필수다. 육종과 유전공학이 꼭 필요한 것이 아니라는 사람도 있을 수 있지만, 나는 지구상에서 개량 육종된 작물을 신뢰하지 않는 곳이 있다고는 생각할 수 없다. 어떤 이는 지금까지 부정적인 결과가 극히 적었으므로 표준 육종 방식을 고수해야한다고 주장할 것이다. 어떻든 이 같은 주장은 농약에 노출되어 매년 수천명이 사망하거나 중독되며 작물 손실로 기아에 내몰리는 사실을 무시하는 처사다. 우리가 알기로는 유전공학과 관련된 부정적인 결과는 지금껏 없었다. 위험에 노출될 가능성은, 유전공학 작물의 경우, 추가 규제 요건 때문에 지극히 낮다. 이는 로페익(Roepeik)이 유전공학 식품의 등급을 '저 위험(low-risk)'으로 메긴 일부 이유다(Ropeik and Gray 2002년).

한 시간 뒤, 나는 원기가 회복되어 다시 젊어졌다는 기분이 들고, 시간도 얼마든지 있다는 생각이 들어 물에서 나왔다.

자전거를 타고 사무실로 오면서, 어떤 사람들은 건강에 해가 된다고 알려졌는데도 이점이 위험보다 크기 때문에 그 식품을 먹는다는 사실이 생각났다. 나의 경우도 확실히 이와 같다. 며칠 전 슈톨렌(Christollen) 달걀빵을 만들 때, 기름지고 버터가 든 가루반죽을 맛보고 싶어 안달이 날 지경이었으니까. 비슷한 이야기지만, 나는 좋아하는 쿠키 중에서 도넛이라면 사족을 못쓴다(레시피 7.4).

레시피 7.4

팸과 트리시(Trish)의 오트밀 초콜릿 칩 쿠키

♣ 재료

잇꽃 기름 1/2c, 설탕을 넣지 않은 버터 1/2c,

황설탕 1c, 달걀 2개, 바닐라 1tsp,

새로 빻은 오트밀 2c(만능 조리기구 또는 믹서기를 사용하라.),

반죽용 통밀가루 1c(두 가지 밀가루의 경우 가급적 마르지 않은 것. 우리는 제니퍼즈윈드본(Jennifer's Windborne) 농장 밀가루를 사용한

다.), 보리 가루 1c, 소다수 1tsp, 베이킹파우더 1tsp,
소금 1/2tsp, 밀 엿기름 1/2c, 건포도 3/4c,
저민 호두 1 1/2c(가급적 싱싱한 것…. 우리는 유기농으로 재배한 Terra Firma 농산품을 사용한다.), 초콜릿 칩으로 단맛을 낸 곡물 1c

1. 오븐을 350°F(176.7°C)로 예열한다.
2. 잇꽃기름, 버터, 및 황설탕을 솜털 모양이 될 때까지 휘저어 섞는다. 달걀과 바닐라를 넣고 휘저어 섞는다.
3. 따로 준비한 사발에 빻은 오트밀, 반죽용 밀가루, 보리 가루, 소다수, 베이킹파우더, 소금, 및 밀 엿기름, 등을 함께 섞는다.
4. 오트밀 혼합물을 달걀 혼합물에 넣고 휘젓는다. 건포도, 호도, 및 초콜릿 칩을 섞어 넣는다.
5. 탈지(脫脂) 쿠키 시트에 큰 스푼으로 몇 차례 떨어뜨리고, 10분 간 굽는다.

*경고 – 쿠키 반죽 맛보기는 건강에 해로울 수 있음!

학교 갔다 오니 어머니가 초콜릿 칩 쿠키를 만드시고 계셨는데, 오빠, 동생들과 교반기나 사발을 서로 먼저 핥겠다고 다투던 생각이 떠올랐다. 요즈음 아이들하고 쿠키를 만들 때, 우리는 부드럽고 끈적거리는 버터에 손가락을 넣고, 달콤한 것이 입 안에서 녹기를 기다린다(그런 다음은 대개 사발에 다시 손가락을 넣는데, 건강 습관으로는 지각없는 짓이 아닐 수 없다). 아직까지 우리 중에 아무도 병에 걸렸던 사람은 없다.

남편 라울이 요리가 안 된 달걀 반죽을 먹으면 해롭다고 자주 말하는데, 그 말이 맞다. 살모넬라(*Salmonella enteritidis* 역주: 장염을 일으키는 세균)세균이 멋진 달걀 속에 들어있을 수 있기 때문에, 이것을 생으로 먹을 경우(우리처럼 집닭으로부터 직접 가져온 달걀이라도), 세균이 심각한 병을 유발할 수 있다. 미국 질병 대책 센터의 추산으로는 매년 소비자 50명 중 한 명꼴로 오염된 달걀에 무방비로 노출된다고 한다(CDC 2005년). 그렇지만 아직도 나는 익지 않은 반죽을 먹는 것이 우리 가족의 전통이고 즐겁기 때문에 그 위험을 감수한다.

익지 않은 쿠키 반죽이라도 그 유혹을 이겨냈던 적이 딱 한 번 있었던 게 생각난다. 내가 첫째 아이를 가졌을 때였다. 임신 했을 때는, 익히지 않은 우유치즈, 특정한 생선, 인스턴트 육류, 또는 알팔파 순(荀) 등을 안 먹은 건 물론이고, 위험하다고 알려진 식품은 모두 먹지 않았다. 뱃속의 아기에게 영양분을 준다고 가장 안전한 식품만 골라 먹었다. 우리 부부는 심지어 양수검사를 통해 아기의 염색체까지 검사하기도 했는데, 고맙게도 아기는 나무랄 데 없이 완벽했다. 건강한 사내아이였다. 우리 부부가 예방조치를 그렇게 많이 취했지만, 그 어느 것도 탯줄이 꼬여 산소를 차단함으로써 지나치게 일찍 이반(Ivan)을 빼앗아가는 것을 막지 못했다. 우리 부부는 세상이 무의미하게 보였고 여느 때 잘 지내던 사람들과 연락도 하지 않고 살았다.

다행히, 애미는 각별한 사람이라, 이반이 유산되던 날은 대기 중이었다. 나는 그녀에게 어떻게 사람들이 이런 고통을 견디고 살 수 있는지 물었다. 그녀는 내 눈을 똑바로 쳐다보며 공포와 비탄이 가득한 얼굴을 돌리지 않았다. 그녀는 모두들 방을 나가달라고 하더니, 내 병상으로 천천히 다가와 내 질문에 답했다. 그녀는 자기가 살다가 불시에 겪었던 죽음을 이야기하면서 명상을 통해 위로받았다는 말을 했다. 그때는 내가 이 시련을 이겨나갈 방법이 있다고는 생각할 수 없었다. 다만 이 세상에는 유별나게 마음씨 곱고 인정이 많은 사람이 있다는 것을 알았고, 그때는 그것으로 충분했다.

우리 부부는 제멋대로 찾아온 이 죽음을 이해하려고 발버둥 쳤다. 우리는 탯줄에 사고의 위험이 있을 수 있다는 걸 알지 못했다. 건강한 임신의 경우라도 겉보기에 1%나 될 정도로 그 위험이 높다는 것이다. 또한, 산모의 영양과 활동이 유일한 요인이 아니라는 것을 이해하지 못했다. 태아가 한쪽으로 구부리고 탯줄은 다른 쪽으로 꼬이는 것이 우연의 일치라고 하기에는 비극적인 것이다. 이는 우리 부부가 아이를 가지려고 했을 때부터 있었던 위험이다.

모든 사람의 본질적인 삶의 요소에는 즉 가족과 직업에는 이와 연관된 위험이 내재되어있다. 우리들은 이 위험을 알고 선택하기도 하고, 모르고 선택하기도 한다. 가장 큰 위험은 통상적으로 흡연 또는 과식과 같이 위험도가 높다고 이미 알려진 것으로부터 발생하지만, 때로는 미리 예견하지 못한 것에서 무작위로 발생한다. 임신과 출산의 경우, 현대 의학 기술의 발달로 유산의 위험이 크게 줄어들었지만, 이를 제거하지는 못했다. 식품의 경우, 육종을 통해 생산했든, 유전공학을 통해 생산했든, 우리가 먹을 때는 항상 어떤 위험이 따른다.

결국, 믿을 만한 출처에서 가장 정확한 정보를 수집하여 가급적 최상의 선택을 하는 수밖에 없다. 나는 현재 시판 중인 유전공학 작물을 먹는 것이 우리들 냉장고 속에 들어있는 다른 식품을 먹는 것보다 더 위험하지는 않다는 것을 잘 안다. 그리고 바로 이 기술에는 어린이의 목숨을 구할 수 있는 중대한 가능성이 있으며, 그 방법은 농약에 대한 노출을 줄이는 것일 수도 있고, 또는 끼니에 들어가는 영양을 향상시키는 것일 수도 있다.

애미라면, 새로 시판되는 유전공학 농산물은 나보고 먼저 먹어보라 할 것 같다는 생각이 든다. 우리의 우정을 위해서라면, 나는 그렇게 할 것이다. 그 이외 다른 이유라면 이런 위험을 감수하지 않겠다.

환경

The Environment

08

황무지 보전

Agri cultura. . . est scientia quae sint in quoque agro serenda ac facienda, quo terra maximos perpetuo reddat fructus. (농업이란 토양별로 어떤 작물을 재배해야 할지 가르쳐주고, 농지가 영속적으로 수확을 최대로 산출하게 하려면 또 어떤 방법을 취해야 하는지 가르쳐주는 과학이다.)

고든 콘웨이경의 1997년 저, '두 배의 녹색혁명'에서 인용한
기원전 1세기 로마 지주 마르쿠스 테렌티우스 바로
MARCUS TERENTIUS VARRO, a Roman landowner of the first century B.C., as quoted in Sir Gordon Conway, *The Doubly Green Revolution*, 1997

쓸쓸한 어느 11월 아침 10시다. 아이들과, 남편 라울, 그리고 나는 시에라네바다 산맥에 있는 에메랄드베이(Emerald Bay)로 거의 한 시간을 하이킹하여 이 능선 정상에 도착했다. 여기 오는 동안, 우리가 차고 가파른 화강암 벽으로 그늘진 좁은 협곡을 통과할 때는, 이른 아침 태양이 아직도 9,000피트 산봉우리 너머에 숨어있었다. 이글호(Eagle Lake)를 내려다보니, 이제서야 태양이 우리를 따듯하게 해준다. 아이들이 발아래 호수를 보고 열심히 앞으로 내닫는다. 그 뒤를 우리

부부가 따라가며, 나무 위에서 편히 쉬다가 점심을 먹는다. 품종이 아주 다양한 수목이 머리 위로 우뚝 솟아있는데 하얀색 잣나무, 사탕소나무, 연필향나무, 그리고 이따금은 붉은색 잣나무까지 울창하게 들어서있다. 이 수목들은 대부분 1850년대의 벌목에서 살아남아, 이제는 우리 부모님들 기억력의 끝자락보다 더 오래 살고 있다. 산박새와 스텔라 까마귀(Steller's jay)가 나무 사이로 휙 날라 간다. 너무나 조용하다. 우리 생각에 마치 이 세상에 깨어있는 사람은 우리뿐인 것 같고, 여기를 아는 사람도 우리뿐인 듯하다. 계획대로만 살던 삶이 녹으면서 이곳의 아름다움과 야생이 뼛속 깊이 스며든다.

세계 인구가 증가하면서(2050년에는 인구가 현재 67억에서 92억으로 증가할 전망이다), 이렇게 사람 손이 닿지 않은 땅이 점점 줄어든다(Population Division 2007년). 요즈음은 지구상에 센트럴밸리와 같이 한두 가지 순화종으로 꽉 찬 농업 중심 지역이 면적으로는 아주 방대하다. 그렇지만 식품 수요는 증가하는데, 남아있는 야생의 자연에 끼치는 영향을 최소화하면서 식량을 생산한다는 것이 가능할까?

호수 가운데 떠있는 섬을 가만히 바라보니, 그 위에 서있는 외딴 나무 한 그루에 물방울이 얼어 반짝인다. 호숫가에는 이제 막 능선 위에 쏟아지기 시작한 눈부신 아침 햇살이 퍼져야만 물과 구별할 수 있는 살얼음이 덮여있다.

"어, 저게 뭐야?" 여섯 살짜리 클리프가 흥분해서 갑자기 외치더니 눈을 크게 뜨고 앞에 펼쳐진 광경을 응시하고 있다. 우리 모두가 고개를 돌려 호수 위에 별처럼 빛나는 섬광, 아니 폭죽이 터지는 것 같은 빛을 보았는데, 마치 수백 개의 별빛이 참말 같지 않게 수면에서 반짝일 때까지 터지고 또 터지며, 예측도 할 수 없이 한 곳에서 다음 지점으로 자기들만의 리듬에 맞춰 옮겨간다.

우리는 조금씩 가까이 붙어 선다. 이 광경이 자아내는 느낌이 얼마나 기묘한가. 마치 야생의 요정들이 아득하게 먼 곳에서 우리를 찾아오는 듯 신비한 빛으로 춤추는 것 같다. 데이비스에서 100마일 길, 고물차에서 나는 냄새, 일상생활에 대한 약간의 걱정과 소음, 단일경작의 단조로움 등이 모든 것들이 경외와 사색에서 우러난 섬광으로 증발되고 만다.

"내가 요술을 부린 거야," 네 살배기 오드리가 곧이곧대로 말한다. "내가 그러라고 했어." 놀라지 않을 수 없는 것은 우리가 지금까지 이런 특별한 힘이 있다는 징후를 본 적이 없기 때문이다.

"아냐" 클리프가 머리를 가로저으며 떼를 쓴다. "마술 같은 건 없어. 정말이 아니지, 그렇지, 엄마?" 클리프가 나를 보며 자기편을 들어 누이동생이 근사하게 늘어놓은 추측이 잘못되었음 밝혀주기 바란다.

나는 이렇게 대답한다, "그래, 이런 건 한 번도 본 적이 없어서, 확실히 말할 수는 없지만, 엄마한테는 꼭 마술같이 보이는구나."

흡족해서 기분이 좋아진 아이들이 달려 나가 얼음 위에서 발을 구르며 뛰논다. 금발과 갈색 머리가 위아래로 오르내린다. 아이들은 호수 깊숙이 박혀있는 죽은 통나무 위에서 뛰놀다가 호수 쪽으로 살금살금 다가간다. 남편 라울이 안전거리를 두고 아이들 뒤를 따른다.

아이들을 햇빛에 놀게 두고, 나는 호숫가로 걸어가 양손을 컵 모양으로 오므려 물을 떠 입으로 가져간다. 깨끗하고 달콤한 맛이 비길 데 없다. 바로 이 맛이 솔 향이나 화강암의 거친 질감과 함께 나의 어린 시절을 대표하는 한 부분이다. 어쩌다 여기와서 이곳의 야생과 아름다움이 좋아 떠드는 아이들의 소리를 들으며, 나는 대부분 자연그대로 남아서 사람들이 망가뜨리지 않고 그 진가를 아는 방문객이 되어주기를 바라는 이곳이 사라지지 않도록 보존하는 것이 중요하다는 생각을 해본다. 야생에서는 어린이나 나이든 사람이나 모두 여러 가지로 득을 얻을 수 있다. 자연은 마음에 활기를 불어넣어주고 기후를 다스리며 순환작용을 통해 자양물을 줄 뿐만 아니라 또 과학자들에게는 신품종 작물과 신약 개발에 필요한 유전자의 원천을 제공한다. 어느 한 연구는 야생으로 남아있는 자연을 효율적으로 보전하기 위한 세계적 프로그램을 마련할 경우 그 전반적인 경제적 편익비용비율을 최소 100대 1로 추산하고 있다(Balmford 등 2002년).

이 이점을 강력한 동기로 삼아 훼손되지 않고 남아있는 자연 생태계를 보전해야 한다. 그러나 자연 서식지 유실과 파괴는 줄어들지 않고 대규모로 이어지고 있다. 종(種) 다양성에 가장 혹심한 영향을 끼치는 것은 전 세계적인 농업 활동이 그 원인이 되고 있다(Schaal 2006년). 실제로, 농업은 이미 조류(鳥類) 멸종의 최대 위협이 되어있으며 그 부정적 영향은 특히 개도국에서 증가일로에 있는 것 같다(Green 등 2005년). 나는 이 땅이 농업에 적당하지 못한 걸 보고 안심이 된다. 그렇지 않았다면 벌써 파괴되었을 것이다.

남편과 아이들이 집에 갈 준비가 되었다. 내키지는 않지만 나도 짐을 싸서 가족과 함께 가까운 능선에 올라 협곡을 내려가는데 우리 옆을 다른 하이커 몇 사람이 지나간다. 귀가 길에 차를 타고 에코서미트(Echo Summit)를 내려와 분지에 들어서자 항상 그렇듯 산맥과 분리되었다는 느낌이 생생하게 든다.

한 시간 반이 못되어 시에라네바다 산맥의 마지막 구릉지대 위를 지나니 내리막길이 시작되어 센트럴밸리로 들어간다. 정면으로 서쪽 50마일 지점이 코스트 산맥(Coast Range)이다. 수백만 년 전, 평행을 이루고 있는 이들 두 산맥의 침식작용으로 한 때 내해(內海)였던 분지 밑바닥에 침전물이 쌓여 자양분이 풍부한 짙은 갈색 양토(壤土)가 되었다. 오늘날 이 비옥한 땅은 세계에서도 가장 생산적인 농지가 되어, 미국 식품 생산의 25%를 공급하고 있다.

이 분지에 항상 작물이 재배되었던 것은 아니다. 150년 전까지만 해도, 회색곰, 북미붉은사슴(Tule elk) 가지뿔 영양, 코요테, 사슴 등이 새크라멘토와 샌워킨(San Joaquin) 그리고 그 인접지역의 대 하천과 접경한 강기슭 삼림을 배회했다. 실로, 스페인 사람들이 1769년에 처음 센트럴밸리를 묘사한 걸 보면 초기 지상낙원을 떠올리게 한다. "우리가 멈춘 곳은 더할 나위 없이 아름답고 기분 좋은 분지였는데, 나무가 들어찬 작은 숲과 최고의 목초지가 있는 기막힌 곳이었다(Brandes 1970년)."

1800년대 중반에는 이 분지에서 농업이 잘 되리라는 전망과 인근 구릉지대에서 발견되기 시작한 금 때문에 전 세계에서 사람들이 모여

들었다. 이 분지에는 방목이 시작되었고, 또 초목을 태워 땅을 개간하기 시작했다. 이후 곡물 농업의 폭발적인 팽창으로 센트럴밸리와 그 거주자들이 일변하게 되었다. 그 결과, 농지와 도시는 번성한 반면 대부분의 야생동물과 빽빽한 삼림 그리고 번치그래스(bunchgrass) 등이 사라졌으며 시에라 산맥에서 물을 끌어들이던 하천에는 하나만 제외하고는 모두 댐이 들어섰다. 땅거미가 지니 마치 야생이 돌아오라는 듯 가끔 코요테가 멀리서 짖는 소리를 들을 수 있었다.

이들의 소리를 나는 이렇게 생각한다. 얼마 전 봄에 자전거를 타고 캠퍼스로 가던 중, 한 때 엄청나게 널려 있던 채소밭의 눈부신 옛 모습을 볼 수 있었다. 자전거 길과 우리 집 옆 농장 사이에는 주단과 같이 만발한 꽃으로 둘러싸인 봄 물웅덩이가 있었다. 금광 지대, 자색 올빼미 클로버, 그리고 청색 루핀 등이었다. 이런 물웅덩이는 분지 전체를 통해 층을 이루고 있는 태고의 토양 때문에 물이 스며들지 못하는 곳에 있다. 배수도 잘 되지 않기 때문에 영농에는 한계가 있다. 우기가 올 때마다 이런 물웅덩이에 물이 차면, 무갑류(無甲類) 새우, 민물 곤충, 개구리 등이 서식한다. 새들이 봄 물웅덩이의 동식물을 잡아먹으러 찾아들곤 했다. 봄에 물웅덩이가 서서히 말라들어 가면, 꽃들이 눈부신 색상으로 고리를 이루어 나타나곤 했다.

어느 날 이 물웅덩이가 사라졌다. 경질 지층이 거대한 트랙터가 끄는 흉악한 치즐(chisel〈끌〉)에 의해 파괴되었던 것이다. 이후 농부가 같은 면적의 농지에 조금이라도 더 수확을 늘리려고 밀을 심었다. 세계 전역에서 이렇게 오랜 동안 때 묻지 않았던 땅에 농사가 확대되는 현상이 발생하고 있기 때문에, 매년 엄청난 분량의 야생 및 그와 관련된 야생 생물이 파괴되고 있다(Green 등 2005년).

새로 조성된 땅과 농지, 및 목장 터를 차를 타고 지나 분지를 통과할 때, 배고파하는 가족들에게 간식을 꺼내주었다. "또 두부야?" 모두가 불평이다. 그렇다, 또 두부다. 이 장거리 자동차 여행을 위해 주사위 꼴로 썰어 준비한 것이다.

내가 30년 전에 채식주의자가 된 다음부터는 주식에 큰 변화가 없다. 지금도 그렇지만, 늘어만 가는 인구의 먹을거리가 걱정이었을 때, 프랜시스 무어 랩(Frances Moore Lapp)의 저서, '소행성을 위한 식이요법(*Diet for a Small Planet*)'에 영향을 받아 육식을 끊었다. 그 때 했던 생각은 지구에 사는 모든 사람이 육식에서 채식으로 주식을 전환하면 광대한 토지를 경작하지 않아도 되지 않겠느냐는 것이었다(Lappé 1971년). 그 이유는 지구상의 농지가 대부분 늘어만 가는 동물과 소비자의 수요를 감당하기 위해 곡물 생산에 전용되어있기 때문이다. 안타깝게도 내 자신, 그리고 나와 비슷한 생각을 가진 많은 분들의 올바른 태도와는 달리 실제 추세는 이와 반대로 진행되어왔다. 육류 소비는 심지어 개도국에서도 늘어만 가고 있다(Delgado 등 1999년; Myers와 Kent 2003년). 지구상의 목축 및 사료 생산은 이제 전 지구 토지 면적의 30%가 되었으며, 이 과정이 진행되는 동안 생물학적으로 민감한 지대가 많이 파괴되었다(Steinfeld 등 2006년).

인구 성장 감소는 줄어드는 황무지 문제를 해결할 수 있는 또 다른 방법이라 할 것이다. 결국, 지구상에 사람이 적어진다는 것은 식량

그림 8.1 '지구를 살리자' 티셔츠.

재배에 소요되는 땅이 줄어든다는 것을 의미하게 될 것이다. 그러나 이 문제를 누가 어떻게 정할 수 있단 말인가? 어떤 나라는 산아제한을 반대하고 다른 나라는 출산을 권장하면서 심지어는 장려금까지 지급하고 있다(Chivers 2006년). 물론, 농업생산, 인체 영양, 및 서식지 보호 사이의 관계를 숙고해야할 사회, 경제, 및 정치적인 이슈는 많다.

이렇게 아무리 이슈가 복잡하다 하더라도 농업으로 인한 부정적인 생태학적 영향을 줄이기 위해 우리가 당장 취할 수 있는 조치는 그래도 있다. 첫 번째가 친(親)야생 동물 사업을 최대화하는 것이다. 부분적으로 이 방식은 농지의 자연 서식지 일부를 보전해서 야생동물의 은신처로 제공하는 것이다(Green 등 2005년; Rosenzweig 2003a년). 전력을 투구해야 채소를 재배할 수 있는 산악 고지대와는 달리, 대부분 생산성이 높은 농지는 통상적으로 날씨가 온화하고, 햇볕이 잘 드는 지역으로 용수도 풍부하고, 토양도 깊어 동물, 양서류, 및 기타 생물이 아주 다양하게 서식할 수 있는 환경을 갖추고 있다. 예를 들어, 코스타리카에서는 삼림에 서식하는 조류, 포유류, 나비류, 및 나방 등의 토착종 중 절반이 생산성이 아주 높은 농지 가까이에 서식하고 있다. 이런 까닭에 농지의 자연 서식지 중 일부만이라도 보전하면 가까이 서식하는 야생동물에게 이로운 일이 된다(Green 등 2005년; Rosenzweig 2003b년).

생물다양성 보전 방식에는 한 가지 주의할 점이 있다. 농지의 생산성이 좋지 않으면 농부는 땅을 더 많이 사용할 수밖에 없고, 따라서 야생동물 서식지로 사용할 수 있는 땅은 줄어들게 된다. 그러면 농부들은 어떻게 생물다양성을 보전할 수 있는 친(親)동물 농장을 경작하고, 동시에 점점 늘어만 가는 인구와 그 수용을 감당할 수 있는 식량을 공급할 수 있는가? 미국생태학회(Ecological Society of America)는 토지 면적에 따른 수확량 증가가 필수적이라 한다(Snow 등 2005년). 이 같은 방식은 특정 수확량 산출에 소요되는 지역이 줄어들 수 있으므로 자연 서식지에 가해지는 압력도 감소될 수 있을 것이다.

지난 한 세기 농안은, 경제적이고 친환경적인 면에서 가장 효과적으로 수확량을 높일 수 있는 육종 방식이 식물육종에 의한 것이었다. 워싱턴대학교 생태학자 겸 미국 과학한림원 회원인 바바라 스칼(Barbara Schaal)은 식물육종가들이 다른 어떤 인간군(群)보다 생물다양성 보전을 위해 이룬 업적이 많다고 주장한다. 많은 과학자들이 이에 동의한다. 케임브리지대학교 생물학자인 리스 그린(Rhys Green)과 그의 동료들은 최근 수십 년 동안 다수확 작물 품종을 개발하지 않았더라면, 미국, 중국, 및 인도의 경우, 2배에서 4배나 더 많은 농지를 재배해야 동일한 양의 식량을 생산할 수 있었을 것이라고 지적한다. 이들은 추가적인 수확량 증가 없이 현재의 1인당 식량 소비를 유지하려면 2050년쯤에는 세계 농경지가 거의 배(培)가 되어야 할 것이라고 예측한다. 그에 비해 평균 수확량을 현재 북미 정도로 증가하면 적지 않은 토지를 절약할 수 있을 것이다(Green 등 2005년; Waggoner 1995년).

두 말할 나위 없이 식물육종에 의한 유전적 변형은 과거에도 이미 많은 땅을 절약해주었지만 앞으로 올 장래에도 계속 같은 역할을 할 것이다. 그러나 땅의 생태에는 생산 방식 역시 중요하다. 예를 들어, 북미에서 성공을 거둔 대부분의 고 수확 사례는 농약이나 비료와 같은 합성 투입물에 의해 좌우되는 것으로 비용이 많이 들고 환경 파괴 가능성이 있으며 생물다양성을 떨어뜨린다. 추정에 의하면 미국에서 사용되고 있는 농약으로 해충과 익충을 모두 포함하여 곤충 수십억 마리와 7천만 마리의 조류가 매년 죽는다고 한다. 이 같은 환경 손실로 매년 소요되는 비용이 약 10억 달러에 달한다(Pimentel과 Raven 2000년). 잡초를 죽이기 위해 사용하는 제초제도 역시 부정적인 영향을 끼친다. 미국에서, 어쩌면 전 세계적으로도 가장 흔히 사용되는 제초제, 아트라진(Atrazine)은 아프리카 발톱개구리(African clawed frog)의 탈웅성과 자웅동체성을 유발한다. 지난 50년 간 전 세계적으로 자행된 이 같은 과용이 개구리의 극적인 감소 원인이라고 추측된다(Hayes 등 2002년). 세계 양서류평가연구회(Global Amphibian Assessment)는 전 세계 개구리, 두꺼비, 및 도롱뇽 6,000여 종(種) 중 거의 1/3이 멸종 위기에 처해 있다는 것을 발견했다. 이 정도는 다른 어떤 종류의 동물보다 훨씬 더 큰 수치다(GAA 2004년). 이런 본보기는 다음 세기에 지구가 직면할 도전을 예시하는 것이다. 즉, 투입물을 최소로 줄여 생물다양성에 대한 영향을 최소화할 수 있는 고 수확 품종 개발이 필요하다는 것을 의미한다.

"고(高)-투입" 방식에 대한 대안은 유기농장의 숫자를 확대하는 것이다. 유기농을 하는 사람은 합성 농약을 사용하지 않으므로, 이들의 농지는 관행 농지보다 고도의 생물다양성을 지원한다. 뿐만 아니라, 유기농도, 일부 작물의 경우, 관행농업만큼 수확이 가능하다는 증거가 누적되고 있다(Reganold 등 2001년; Mader 등 2002년). 안타깝게도, 특정 면적에 대한 토지 면적당 수확량이 증가함에 따라 농지의 생물다양성 수치가 떨어지고 있기 때문에, 심지어 유기농이라 할지라도 거기에 서식하는 종(種)은 통상적으로는 원래의 태고 생태계가 보유했던 것보다는 훨씬 적다(Green 등 2005년; Pain and Pienkowski 1997년; Krebs 등 1999년; Donald 등 2001년). 이것이 의미하는 것은, 우리가 모든 농업을 유기농으로 전환할 경우라도(미국에서는 현재 겨우 2% 뿐 임), 땅을 보전하고 야생동물을 보호하려면 여전히 수확량을 높여야 한다는 것이다.

다행히, 미국에서 유기농을 하는 사람은 통상적으로 여러 가지 방법을 통해 면적당 가치를 높이려고 노력하고 있는데, 그 중 가장 좋은 방법이 수확량을 높이는 것이다(Guthman 2004년). 경제적으로도 가장 성공적인 상업 유기농 운영이 크게 강화되고 있는 경향이라, 수확량이 점차 높아지고 있다. 현재 남편 라울이 영농을 맡고 있는 U.C. 데이비스캠퍼스의 학생실습농장은 물론이고, 여러 해 전, 그의 도움으로 설립된 풀벨리농장(Full Belly Farm)의 경우도 확실히 이와 같다.

도로에만 정신이 팔려있는 남편 옆구리를 살짝 찔러 질문을 던진다. "매년 학생실습농장의 당신 부지에는 몇 가지 작물을 재배해요?"

"피복작물을 포함해서 세 가지지"라고 그가 답한다. "나는 전통적으로 봄에는 양상치를 심고, 그 다음에는 토마토나 가지를 심고, 또 그 다음에는 피복작물을 심어."

이런 식의 윤작과 토지 강화방식은 농지의 야생동물에게 좋은 일이며 또 농지로 사용할 수 있는 토지를 절약하는데도 좋으므로 야생동물에게는 커다란 이익이 된다. 관행농민과 유기농민은 둘 다 수확을 높이기 위해 유전적으로 다양하고 또 개량된 식물품종을 사용하며 관행방식 유전자 변형이 이 모든 품종 개량의 바탕을 이루고 있다. 유전공학은 심지어 해충에 내성이 있는 작물 육종의 새로운 도구로 발전해서 관행 농지의 농약 사용을 줄여줄 뿐만 아니라 수확량까지 높여주고 있다. 이런 이유로 일부 생태학자들은 유전공학 사용을 수확량 증대를 통해 토지 파괴를 줄여주는 방법으로 보고 있다(Qaim과 Zilberman 2003년; Snow 등 2005년).

중국의 경우, 그 결과는 다음과 같이 극적이다. 해충에 내성이 있는 유전공학 면화를 재배한 소규모 농장의 경우 농약 사용이 80% 감소되었다(Huang 등 2005년; 박스 5.3 참조). 이와 비슷한 것으로 미국 농무부 경제연구소 보고에 의하면 1996년에 유전공학 작물이 도입된 이후 미국에서 옥수수, 콩, 및 면화의 농약 사용이 250만 파운드가 줄었다고 한다(Fernandez-Cornejo와 Caswell 2006년). 이 같은 결과는 유전공학이 환경에 부정적인 영향을 급격하게 줄여주는 농업 방식이어서, 야생동물이 필요로 하는 땅을 더 많이 절약해준다는 견해를 뒷받침하고 있다(그림 8.1).

흥미로운 것은 제초제와 병행해서 사용하도록 고안된 유전공학 식물이 독성이 강한 제초제 사용을 막는데 도움이 되었고 결국, 이것이 농지에 생물다양성을 구현할 정도로 발전했다는 것이다(Strandberg와 Pederson 2002년). 그 이유는 제초제에 내성이 있는 유전공학 식물을 대사과정(代謝過程)에만 표적을 두고 지하수에는 잔류하지 못하는 글리포세이트 제초제와 같은 더 새로운 광범위 제초제와 함께 사용하기 때문이다(박스 5.2 참고). 이와 반대로, 아트라진(atrazine)은 지하수와 중서부 지역 주(州)의 강우(降雨)에 대부분 잔류되어 있다는 것이 탐지되었다(Durkin 2003년; Giesy 등 2000년). 욜로(Yolo) 카운티의 UC 협동교육원자문(Cooperative Extension Adviser) 겸 유기농업연구작업그룹(Organic Farming Research Workgroup) 회원인 레이철 롱(Rachel Long)은 나에게 현재 센트럴밸리에 있는 대부분의 관행 알팔파 농민이 잡초 방제에 디우론(diuron)을 사용한다고 알려주었다. 아트라진과 마찬가지로 디우론도 지하수에 잔류하므로 수생 무척추 동물에게는 큰 독이 된다(Extension Technology Network 1996년). "저는 몬산토가 가장 최근에 개발한 것 중 제초제에 내성이 있는 새로운 유전공학 알팔파 품종이 분지의 용수(用水) 개선에 도움이 되길 바랍니다."라고 최근에 그녀가 나에게 말한 적이 있다.

용수(用水) 보전을 위해서도 농업 생산성이 높아야 한다. 세계 여러 지역의 수계(水系)는 심각한 부담을 안고 있다. 대부분의 강들이 이제는 바다까지 흘러가지 못한다. 지구상의 습지대 중 50%가 사라졌고 대부분의 주요 대수층(帶水層)은 확증 없이 파헤쳐져 멕시코, 인도, 중국, 및 북미 지역 등의 지하수면은 매년 1미터씩 내려가고 있다(Somerville과 Briscoe 2001년). 세계 식량의 약 40%가 관개지(灌漑地)에서 생산되고 있으며 10%는 대수층(帶水層)에서 끌어올린 용수(用水)로 재배된다. 그래서 식량 증산은 대체적으로 동일한 농지를 사용해야 하며 사용하는 수량(水量)이 적어야 한다. 용수(用水)를 효과적으로 관리하려면 가뭄과 해충을 견딜 수 있는 식물 유전공학 기술의 발전과 같은 신세대 기술 혁신 이외에도 일련의 제도와 경영에 대한 변화가 따라야 한다(Somerville과 Briscoe 2001년). 해충과 병원균으로 인한 손실을 감소시키는 것은 토지와 용수(用水)를 더 많이 생성하는 것과 같으며 그 이유는 이 같은 손실이 아프리카와 아시아의 경우 식물 생산성의 40% 그리고 개도국의 경우 20%에 해당하는 것으로 추정되기 때문이다. 스탠포드대학교의 카네기워싱턴연구소(Carnegie Institute of Washington) 소장 겸 미국 과학한림원 회원으로 있는 크리스 소머빌(Chris Somerville)의 말에 의하면 "해충 내성이 강화되고, 내건성(耐乾性) 및 용수효율(用水效率)이 높은 유전공학 작물 신품종의 이점은 빈곤층의 소득 및 식량, 용수 수요량 감소 및 농지 확대 제한 등의 면에서 상당한 실질적 효과가 있으며 또한 이 모든 특성으로 인해 환경 편익까지 생성할 수 있게 될 것"이라는 것이다.

집에 거의 다 오자 아이들이 차 안에 가만히 있질 못한다.

"엄마, 언제 거기 갈 거예요?" 클리프가 투덜댄다.

아이를 달래려고 내가 이렇게 묻는다 "제임스와 거대한 복숭아(James and the Giant Peach) 이야기 틀어줄까?"

"응!!"

나는 카세트를 밀어 넣는다. 우리 가족이 모두 로알드 달(Roald Dahl)이 쓴 기이하고 상상력이 풍부한 산문 작품을 듣고 있을 때, 나는 꿈틀거리는 녹색 마술 물체에 닿고 나면 자꾸 자꾸 커지고 통통하게 살찌면서 더 달고 즙이 많아지는 복숭아를 생각하기 시작한다. 이 복숭아 한 개가 움푹하게 파진 좁고 답답한 숙소에 사는 벌레 여러 마리, 날아다니는 곤충 여러 마리, 거미 한 마리, 그리고 이름이 제임스라는 어린 소년 등 다양한 생물을 몇 주 동안이나 잘 먹여 살렸다. 나는 1961년에 이 책을 쓴 로알드달이 식물학, 유전학, 및 외관상 무한한 작물 개조 결과의 가능성 등과 같은 추이에 대해 어떤 생각을 할지 궁금하다. 내 짐작으로 그는 이것을 또 다른 맛깔스러운 소설을 쓸 수 있는 좋은 소재의 출처로 볼 것 같다.

우리 가족은 데이비스에 도착해서 학생실습농장에 차를 세웠다. 오드리와 클리프가 차에서 맨발로 튀어나와, 좋다고 멋대로 뛰어다닌다. 남편 라울이 온실 모종(양상치, 케일, 콜라드 역주: 배추과 엽채류 푸성귀, 근대, 파슬리)에 물을 줄 때, 아이들과 나는 목조 문을 걸어 나와 채소이랑이 여러 줄로 늘어선 곳으로 나온다. 여기에는 아직 따지 않은 나머지 호박이 여기저기 누워 뒹굴고 있고 여기에 비치는 밝은 빛이 인근의 까마귀를 끌어들이는 자석과 같은 역할을 하고 있다. 녹색 피복작물(살갈퀴, 잠두, 및 매그너스 완두)이 보초병처럼 고추 서있다. 낮은 가지 묘상(苗床)이 늦게 달린 자색 과일을 무겁게 드리우고 있다. 나는 이 지역에 최초로 거주한 농민이 심어 놓은 인근의 100년 된 노목(老木)에서 올리브 열매 몇 개를 따고 아이들은 깔끔한 이랑 사이를 뛰어다니며 시든 덩굴에 달린 토마토를 찾아다닌다. 부리가 노란 토착종 까치와 까마귀 둘이 서로 좋은 전주(電柱)에 앉겠다고 밀쳐댄다. 어깨가 빨간 매가 획 덮치니 두 녀석이 다 흩어져 도망간다. U.C. 데이비스 캠퍼스의 조류학자인 제프 마우러(Jeff Maurer)는 남편 라울의 농장에 있는 조류가 인근의 관행 농장에 있는 것보다 훨씬 더 다양하다고 생각해서 그 이론을 시험하기 위해 연구를 계속하고 있다.

이곳 센트럴밸리에는 농장 숫자가 늘어나기 시작하고 있으며 이 농장과 같이 야생동물과도 친화를 유지하고 있다. 이와 동시에 최신의 유전학적 도구를 사용하여 농업에 따른 생태학상의 부작용을 최소화하고 있다. 지금 내가 서있는 곳에서는 U.C. 데이비스 캠퍼스 과학자들이 연구하는 유전자 이식 벼, 토마토, 그리고 다른 작물들을 재배하고 있는 온실을 볼 수 있다. 분지의 농업이 과거 주민들의 수요에 부응하여 바뀌고 또 그에 적응했듯이, 지금은 감소 일로에 있는 황무지를 지키고, 또 유전자의 다양성을 보전하려는 필요성에 부응해서 다시 바뀌고 있다.

신이 나서 날카롭게 지르는 소리가 들린다. 클리프가 빨간 토마토 작은 것 세 개를 찾은 것이다. 12월에 토마토라고? 그렇고말고, 이 분지에는 아직도 마술이 남아있다. 이 마술은 과학자와 농민이 만든 것이라 황야의 마술과는 다르지만 새로운 유전자, 깨끗한 물, 그리고 그 밖에도 이것저것이 그 원천에 따라 각각 다른 마술이 된다. 식량생산의 운명이 땅의 관리에 달렸듯이 야생자연의 운명도 점점 더 우리의 농업 방식에 따라 달라지고 있다.

09

잡초, 유전자 확산 및 환경

차갑고 청명한 초봄 어느 날 해가 뜨고 몇 분이 지나지 않아 나는 살그머니 채소밭으로 빠져나가 가족들이 깨기 전에 잡초를 뽑는다. 수탉이 매일같이 충실하게 반복하는 울음소리와 참새가 들떠 짹짹 우는 소리만이 적막을 깨뜨리고 있다. 나는 오두막집에 들어가 장갑을 낀 다음 괭이를 들고 작은 부삽과 기타 도구들이 갖춰진 원예 벨트(gardening belt)를 동여맨다. 그리곤 다년생 묘상(苗床)을 지나 두렁에 무성하게 자란 장미를 이고 있는 정자로 걸어가 1/2에이커짜리 양지바른 채소밭에 도착한다. 나는 이 장소를 특히 자랑스럽게 생각한다. 15년 전 내가 이곳에 왔을 때는 노란수레엉겅퀴(yellow star thistle)라는 잡초가 만연해서 유기되었던 말 방목장이었다. 초록색 바탕에 쥐색이 낀 도마뱀 모양의 솜털 잎이 달린 이 비토착종 식물은 독성이 강하기 때문에 말이 먹을 경우 사람의 파킨슨병과 비슷한 신경 장애를 일으킨다(DiTomaso 2006년). 이 잡초는 지난 150년 동안 캘리포니아에서 1천 2백만 에이커에 이르는 지역에 퍼졌다.

내가 보기에는 아마도 눈부신 사프란색 꽃에 끌린 벌이나 또는 벌로 만든 달콤한 제품에 맛 들린 벌꿀 애호가를 빼고는 노란수레엉겅퀴를 좋아하는 사람은 많지 않을 것이다. 대부분은 이 잡초를 골칫거리로 생각하지만, 이를 제거하기란 결코 쉽지 않다. 내 경우도 여러 해에 걸쳐 초목을 태우고, 풀베기, 김매기를 한 다음 다년생 목초를 이식해서야 옛날의 목초지를 복구할 수 있었다. 요즈음 이곳에는 인간의 활동과 잡초의 침입으로 거의 말살되기 이전에 이 분지를 덮었던 자줏빛 나래새(needlegrass), 블루와일드라이(blue wildrye), 그리고 캘리포니아양귀비 등과 같은 토착종이 꽉 들어찼다.

나는 괭이로 아직까지 남아있는 노란수레엉겅퀴 종자 몇 개를 뽑아낸 다음 반쯤 복구된 초지를 대부분 깔끔하게 처리한다. 인접한 과수원을 둘러본다. 벌써 참새귀리(brome)와 야생 귀리가 대부분인 외래종 목초가 겁나게 덮여 공터를 차지하려고 석류, 복숭아, 그레이프프루트, 플럼, 배, 복숭아, 그리고 귤 등과 같은 수목과 싸우고 있다. 실망한 나머지, 나는 다음 날 다시 보기로 하고 과수원을 떠나 빨간 세이지(sage)와 캘리포니아후크시아(California fuchsia 역주: 일종의 수령초)를 지나 화강암이 깔린 보도를 따라 걷는다. 몇 달 후에는 빨간 꽃들이 벌새를 잔뜩 끌어들이고, 채소밭은 요란한 날개 짓 소리로 뒤덮일 것이다. 나는 걸음을 멈추고 허리를 굽혀, 보도 가에 핀 튤립 두 개를 옥죄고 있는 핑크색 엽맥(葉脈) 나팔꽃(야생 메꽃이라고도 함)을 푼다. 버뮤다그래스(Bermuda grass)가 잔디밭으로 뻗어가고, 존슨그래스(Johnson grass)가 내가 재배하는 라벤더와 로즈메리 밭으로 침입하는 것이 보인다. 나는 호미로 침입자를 파내고, 보도를 따라 내려가 채소밭까지 간 다음 꽃밭을 가로지른다. 놀라서 사방을 둘러본다. 작고 믿을 수 없을 정도로 우아한 핑크색 꽃을 피우는 당아욱(mallow)의 일종인 치즈위드(cheeseweed)가 벌써 내가 재배하는 딸기와 아스파라가스 밭을 침입하고 있고, 참소리쟁이가 스위트피(sweet pea)를 덮치고 있다. 빨리 조치를 취하지 않으면 작물을 재배하는 게 아니라 잡초를 재배하는 것처럼 보이겠다.

여러 해를 잡초와 씨름하고 보니 이들이 채소밭, 농장, 및 토착 생태계에 끼치는 피해를 익히 알게 되었다. 아무리 작디작고 해가 없어 보이는 잡초 유식물(幼植物)이라도 방심하지 않아야 하고, 그대로 두면 안 된다는 것과, 이 잡초가 눈에 보이면 즉시 잡아 뽑아야 한다는 것을 배웠다. 나는 이제 그 많은 잡초들은 퍼져나가 재배 작물이 있는 곳으로 파고드는데, 어째서 대부분의 작물과 토착종은 그렇지 못한지 궁금해졌다. 작물과 잡초는 모두 화분(花粉)이 있어서 멀리 퍼져나갈 수 있다. 그렇지? 그런데 어째서 침입성은 그렇게 다른가? 이 질문에 답하려면 잡초의 발원지, 그들이 잘 죽지 않고 번식하는 이유, 그리고 순화(馴化) 작물이 잡초와 어떻게 다른지 등을 알아야 한다. 이 이슈는 유전공학 작물로 인해 발생할지도 모를 영향의 가능성을 토론할 때 아주 중요한 것이다. 어떤 사람들은 유전공학 화분이 자연환경에 퍼지면 방제불능의 침입성 신종 잡초를 만들어, 때 묻지 않은 환경을 뒤덮게 되거나, 토착종의 유전적 구성을 돌이킬 수 없을 정도로 바꿔놓고 말 것이라고 우려한다.

내 채소밭에 있는 잡초도 특징이 이와 비슷하다. 우선, 이들은 똑똑하기 그지없다. 노란수레엉겅퀴를 예로 들자면, 자신의 수명주기를 재빨리 끝낼 수 있는 능력이 있다. 이 잡초는 첫 번째 강우 때 발아해서 뿌리를 6피트 이상 땅에 박아 수분을 모두 빨아먹기 때문에 발아가 느린 토착종이 흡수할 것이 남아있지 않게 된다. 둘째, 이곳의 잡초는 대개가 외래종이며, 스스로 살아남아 번식할 수 있도록 적응하기 위해 진화해왔다. 예를 들어, 노란수레엉겅퀴는 수백 년 전 유럽에서 도입되어 칠레로 퍼져갔다. 1850년대에는 알팔파 종자에 숨어들어 칠레에서 캘리포니아로 왔고, 여기에서 부주의로 건초 작물로 이식되었다. 셋째, 종자나 공격적인 영양체역주: 줄기, 뿌리 등를 통하여 이 잡초가 흔히 크게 늘어난다. 한여름이면 대형 노란수레엉겅퀴 단 한그루가 종자 100,000개를 생산할 수 있는 기다란 황갈색 수상화서(穗狀花序) 꽃차례가 달린 구조물을 여러 개 형성한다. 땅에 박힌 야생메꽃(field bindweed) 줄기는 계절마다 1,000개의 새로운 식물체를 땅위로 올려보낼 수 있다. 이런 방식으로 잡초들이 사람이 순화한 형제 뻘 작물보다 한 수 앞서가기 때문에 채소밭에 끊임없이 일거리를 만들어내는 것이다.

뿌리가 깊이 박힌 다른 공격형 잡초, 치즈위드를 공격하기 전에, 나는 작년에 재배한 단옥수수 작물을 생각하면서 늙은 허리(잡초 제거에 집착했던 수많은 세월을 겪고 남은 허리가 적어도 조금은 있다면)를 굽혔다 폈다하면서 편하게 해본다. 특별 육종으로 외줄기 꼭대기에 화서(花序)가 화려하게 자리 잡고 있는 식물과 거의 같은 것이 나보다 더 크게 자라 특대형 암이삭을 보여주고 있다. 이 같은 특성이 — 즉 열매가 크고 분지(分枝)도 줄어들고 거대증이 있으며 종자분산(種子分散)도 적어졌고 유전적 다양성이 부족한 특성 등 — 모두 재배종이라는 표시다(Ross-Ibarra 등 2007년). 내 옥수수는 잘 자랐다. 재배환경에 맞추어 육종된 것에 만족해서 영양소가 풍부하게 되었고 채소밭을 가꾸는 사람이 마치 노예같이 부지런히 일해 경쟁에 나선 잡초들을 모두 박멸해주었기 때문이다. 분명한 것은 이 옥수수들이 나 없이는 야생에서 이만큼 될 수 없다는 것이다.

올리브 이랑 너머 서쪽에는 캘리포니아에서도 가장 황량한 땅 일부가 몸을 의지하고 있는 해안지역 안쪽 청회색 구릉지대에 볕이 드는 것이 보인다. 이곳에는 아직도 이따금 아메리카라이온과 곰이 나타나 방문객이 질겁한다. 우리 농장과 이 구릉지대 사이에는 광활한 농경지가 펼쳐져 있다. 농장과 야생이 가까워 작물도 잡초가 그랬던 것처럼 가까운 구릉지대로 탈출할 것처럼 보인다. 아직까지는 괜찮다. 학생들과 이 지역 토착 수종 확인 차 나선 여행에서 우리는 잡초성 귀리(weedy oat), 야생 귀리(brome), 및 수레엉겅퀴 등이 넘쳐나고 있는 것을 보았다. 그렇지만, 온갖 잡초가 무성한 이 구릉지대에도 분명히 없는 것은 센트럴밸리 농장의 작물이었다. 옥수수, 콩, 알팔파, 면화, 토마토, 잇꽃, 벼 등은 눈을 비비고 보아도 없었다. 이 같은 순화 작물도 외래종이긴 하지만, 즉 토마토와 옥수수는 중미와 남미에서 온 것이고, 면화는 이제 파키스탄이 된 지역에서 왔으며, 잇꽃과 알팔파는 근동과 중동에서, 그리고 벼는 중국에서 온 것이지만, 이들에게 남아 있던 잡초 기질은 여러 해에 걸친 육종을 통해 제거되었다(Hobhouse 2005년). 바로 이 점이 이곳에서 150년 동안 재배해온 유전자 개량 옥수수와 면화가 이 구릉지대에 자리 잡지 못한 이유 중의 하나다. 센트럴밸리 최초의 형질전환 작물인 유전공학 면화와 옥수수는 그 어느 것도 여기서는 살아남지 못할 것 같다. 결국, 유전공학 작물은 작물일 뿐이며, 작물에는 기분 나쁜 잡초가 끼게 마련이다. 농부가 좋아하는 이 같은 속성 때문에 이들이 야생에서 살아남기가 어려운 것이다(Berthaud와 Gepts 2004년).

나는 땅에 꿇어 앉아 나머지 메꽃과 치즈위드를 뽑아낸 다음, 늦봄에 이양할 묘상을 준비한다. 어제 뿌렸던 퇴비가 이제는 차져 축축하고, 옅은 파랑, 갈색, 및 흰색 달걀 껍질 한두 개가 묻어있는 짙고 어두운 새틴역주: 광택이 곱고 부드러운 견직물처럼 보인다. 나는 원예 벨트에서 부삽을 꺼내 땅을 판 다음, 통통하게 살이 오른 붉은색 느림보 지렁이를 해치지 않도록 조심하면서, 유색 토양 속에 퇴비를 섞어 넣는다. 잡초를 뽑고 흙을 솎으며, 나는 유전공학 작물 화분이 인근 구릉지대로 날아들어 토착 생태계를 오염시킬 수 있는 신종 잡초를 만들 것이라는 우려를 생각해본다. 유전공학 작물에서 잡초과 유연종으로 이식 유전자가 옮겨가면 어떻게 될까? 이식 유전자 화분 전이가 어떻게 해서든 작물을 잡초로 변형시키거나 보통 잡초를 "슈퍼" 잡초로 바꿀 수 있는가? 대부분의 전문가들은 그럴 가망이 없다고 한다. 그 이유는 유전자 확산 및 잡초로의 자연 돌연변이 조합으로 발생하는 많은 유전자 변형을 거쳐야 하기 때문이다.

생각이 굴뚝같은 파트너 둘이 없이는 유전자 확산, 즉 섹스가 있을 수 없는 것이다. 게다가 대부분의 식물은 꽤나 가리는 게 많아 자기 가계(家系) 밖에서 파트너를 찾기보다는 근연종(近緣種) 중에서 찾는 것을 더 선호하기 때문이다. 작물(유전공학 작물이든 또는 아니든) 화분은 자기가 원하는 곳이면 돌풍이나 화분롱(花扮籠〈pollen basket〉) 역주: 꿀벌의 뒷다리에 위치한 화분을 담는 부위에 실려서, 또는 날벌레의 화물로 또는 식물육종가의 손에 묻어 어디든 갈 수 있지만 수정이 가능한 짝을 찾아 내려앉지 않으면 수정할 수 없기 때문에 종자가 생기지도 않는다. 또한 유전자를 전해줄 자손이 없으면 유전자 확산도 있을 수 없는 것이다. 센트럴밸리에서는 인근의 토착 개체군과 유전공학 작물 유전자 공유가 불가능한데, 그 이유는 이곳에서 재배하는 유전공학 작물의 경우, 유성수정(有性受精)이 가능한 유연종이 이 구릉지대에는 없기 때문이다. 이것이 의미하는 것은 이 분지에서 재배되는 유전공학 품종은 덫에 걸려 옴짝달싹할 수 없게 되어있다는 말이다. 이것은 마치 캘리포니아가 평평한 바닥에 커다란 타원형으로, 가운데에는 유전공학 작물을 담고 그 양쪽은 가파르고 미끄럽게 되어있는 접시와 같은 형국이다.

물론 작물의 유전공학이 점점 더 많아지고 있으므로, 그림이 항상 이렇게 단순하게만 남아있지는 못할 것이다. 그 이유는 다른 작물을 경작할 경우 특정 상황에서 문제를 일으킬 수 있는 소지가 있기 때문이다. 예를 들어, 대부분의 생태학자들은 화분이 "적합성" 이점(예, 발아 가능한 종자 생산을 증진하는 것)을 부여하는 형질(유전공학이든 아니든 간에)을 수반하고 또 인근에 야생하는 유연종이 있을 경우, 그 형질은 유연종에 선날되어 개체군에 남아있게 된다. 유전자에 적합성 이점이 수반되지 않으면 시간이 지나면서 결국 개체군에서 유실될 것이다. 만일 화분으로부터 전달된 유전자가 적합성의 이점을 준다면 이 유전자는 잠재적으로 공격적이 된다. 예를 들어, 밀에서 가뭄에 내성이 있는 유전자를 염소풀(jointed goatgrass)이라는 잡초와 교배할 경우, 미국 서부 지역에서는 문제가 커질 수 있다.

작물을 야생 유연종과 교잡한 증거는 있지만, 설사 그런 경우라도 그 결과물인 교잡종이 침입성을 띄게 된 경우는 거의 없다. 예를 들어, 캐나다 퀘백 주(州)에서 재배된 유전공학 유채(*Brassica napus*; 캐놀라)는 야생무(wild radish)로 알려진 잡초성 유연종과 교잡이 가능하다(Warwick 등 2003년). UC 리버사이드의 집단 유전학자인 놈 엘스트란드(Norm Ellstrand)에 의하면, "카놀라가 아직까지는, 상업 작물의 유전자를 재조합한 것이 자연 집단에서 발견되었다고 알려진 것으로는 유일한 사례다(Ellstrand 2006년)." 두 가지 유채속(屬) 교잡종에서도 이식 유전자를 찾을 수 있었겠지만, 이 교잡종은 그 후 몇 대(代)를 지나면서 서서히 사라졌기 때문에, 이들이 존재했어도 야생 개체군을 바꿔놓지는 못했을 것이다. 다른 연구를 보면, 이 유채(屬) 교잡종이 실제로는 야생 무(wild radish)와 같은 경쟁력을 발휘하지 못하고 결국 "무기력"한 잡초가 되었다고 한다(Adam 2003년; Halfhill 등 2005년).

지난 해 나는 대부분의 시간을 일반 대중의 유전공학 이해 증진에 바치고 있는 오리건주립대학교 임학(林學) 교수 스티브 스트라우스(Steve Strauss)에게 그의 연구에 관해 물은 적이 있다. 그의 말로는 순화종과 야생 유연종 사이의 유전자 이동의 문제를 보는 모든 학생들의 견해가 교잡종이 야생 유연종 품종에 도움이 되지 못했다는 것이라고 했다. 그의 설명을 들어보면, 스트레스에 내성을 갖도록 일년생 작물을 집중적으로 육종해보았지만, "그 결과로 야생에서의 침입성이 크게 발전된 개체군이 산출되었다는 사례는 없는 것 같다"고 한다(Strauss 2003년).

아무래도 유순한 작물을 막되먹은 잡초로 변환시키는 것이 매우 어려운 모양이다. 최근, 나는 화분이 엄청나게 가벼워서 적어도 다른 12

종의 풀과 타가수분할 수 있는 다년생 잡초가 오리건 주(州)의 한 골프장에서 수십 년간 재배되었다는 사실을 알았다. 농지를 떠나서 살아남을 수 없는 작물과는 달리, 크리핑 벤트그래스(creeping bentgrass)라는 이 잡초는 야생에서도 잘 산다. 그래도, 골퍼와 페어웨이 관리인들은 이 잡초가 낮게 자라 관리하기 수월하기 때문에 좋아한다역주: 골프장의 퍼팅그린용 잔디로 애용됨. 요즈음 몬산토와 스카츠라는 두 회사가, 이 잡초를 유전공학을 통해, 널리 사용되고 있는 제초제로 글리ㄹ포세이트(glyphosate)라는 것에 내성을 갖는 제품을 내놓았다(흔히 라운드업〈Roundup〉이란 상품명으로 판매됨). 골프장에서 자라는 다른 잡초는 라운드업으로 죽일 수 있지만, 유전공학 크리핑벤트그래스는 제초제를 써도 죽지 않고 산다(Watrud 등 2004년).

그리 놀랄 일은 아니지만, 유전공학 화분도 유전공학 화분이 아닌 경우와 다르지 않다. 연구원들은 야생 개체군의 자손 중에서 크리핑벤트그래스에 이식된 유전자가 본래 재배지로부터 14킬로미터 떨어진 곳에도 있다는 것을 발견했다. 유전공학 이식 유전자는 제초제가 없을 경우 개체군 속에 퍼지지 않는다고 생각하기 때문에 채소밭이나 야생에 문제가 되지 않는다. 다시 말해, 유전공학 잡초도 잡초일 뿐이며, 일반 잡초보다 생존율이 더 나을 게 없다는 것이다. 그러나 여전히 이 사례는 무엇을 재배해야 하는지 아니면 유전자 재조합을 해야 하는지에 대한 흥미있는 문제를 제기한다. 일주일에 여러 시간을 잡초를 뽑아 퇴비 더미에 던져 넣어야 하는 나 같은 원예가의 입장에서 보면, 잡초를 뽑을 일이 없는 것을 심는다는 것은 전혀 의미가 없는 일이다. 반면에 페어웨이가 매끄럽기를 바라는 골퍼라면 채소밭의 자석이라 할 나의 잡초가 페어웨이가 아닌 곳에 있기를 바랄 것이다.

뜰 묘상에서 일하며, 나는 다른 상황도 생각해본다. 유전자가 야생종에서 순화종 작물로 전이될 수 있는가? 내 채소밭에서는 아직까지 그 증거를 찾지 못했다. 내가 심었던 토종 풀이 가끔 세대를 이어가는 경우가 있긴 하지만, 공격성은 없기 때문에 내 채소 작물 이랑에 파고든 적이 없다. 그리고 이들은 내 채소밭에 있는 다른 식물과 유전자를 공유하지 않기 때문에 우연이라도 관심을 끌만한 교잡종을 생성한 적이 없다. 그러나 다른 곳에서는 이보다 유순하지 못한 토종식물로 인해 골치를 썩히는 농민들도 있다.

나는 지난 봄 채소밭 가꾸기에 가장 좋은 몇 날을 들여 워싱턴의 미국 과학한림원에 들렀다. 이곳에서 바바라 스칼(Barbara Schaal) 박사가 벼 잡초에 관해 자기가 연구한 이야기를 들려주었다. 태국인 동료 치앙 마이(Chiang Mai)와의 협력을 통해 스칼박사 연구 팀은 야생종 벼를 일반 순화종 벼와 교배되어, 빈도는 낮지만, 다양한 교잡종을 만들 수 있다는 것을 알아냈다(Schaal 2007년). 이 교잡종은 야생에서는 잘 자라지 못하는데 그 까닭은 야생종 벼가 적응력이 더 좋아서 재빨리 교잡종을 압도하기 때문이다. 그렇지만 태국 농민의 경우, 이 교잡종 잡초역주: 이 경우 교잡종은 새로운 잡초로 간주됨를 제거하는데 어려움을 겪고 있다. 잡초는 씨가 흩어져 다음 계절에는 더 많이 퍼지기 때문에 제거하기가 어렵다. 미작(米作) 수확량은 잡초 증가와 비례하여 감소한다.

다른 예에서도 그렇지만 이 예(Ellstrand 2003년)에서도 야생종과 순화종 사이에 유전자 확산이 발생할 수 있지만, 아직까지는 순화종에만 문제가 있었고, 환경에는 문제가 없었다.

현재 캘리포니아에서 재배되고 있는 유전공학 식물은 야생종과 이종(異種) 교배의 기회가 없었던 반면, 일부 캘리포니아 작물은 세계 도처로 수출되어, 다른 종들과 교배가 될 환경에 처했을 수 있다. 예를 들어, 멕시코는 매년 미국에서 옥수수 수백만 톤을 수입한다.

계속 묘상을 지나 잡초를 뽑는 동안, 나는 친구를 데리고 멕시코 오악사카주(州)로 여행했던 것이 생각난다. 우리는 나무고사리, 소철, 후추, 토란, 파인애플과 식물 및 난초 등이 무성한 우림을 지나갔다. 또한, 농민들이 생계형 농업을 하던 조그만 마을도 지나갔다. 이들은 현지 적응력이 좋고 요리 특성도 좋아서 선택한 토종은 물론이고 현대 옥수수 품종 여러 가지를 재배하고 있었다. 토종은 흔히 세대를 이어가며 전해진다. 이 같이 유전자가 개량된 토종은 소중한 내병성(耐病性) 유전자와 기타 농경학 또는 음식미각적 특성을 지니고 있기 때문에 그 가치가 높다.

나는 오악사카 농민이 재배하는 이 소중한 품종이 유전공학 옥수수 화분 전이로 멸종위기에 처할 수 있다는 것이 의심스러웠다. 북부 오악사카의 옥수수 토종에 관한 연구에서, 캘리포니아 대학교 버클리 캠퍼스의 환경과학, 정책 및 관리학과 교수, 이그나시오 샤펠라(Ignacio Chapela)는 이 같은 토종에 유전공학 이식 유전자가 있다는 증거를 밝히는 논문을 네이처지(誌)에 발표했다(Quist and Chapela 2001년). 이 논문이 발표되자 그 기사가 전 세계에 폭발적으로 파급되었는데, 그 이유는 멕시코에 형질전환 옥수수가 승인된 적이 없고, 또 이식 유전자가 있다는 사실이 토종의 유전적 다양성을 떨어뜨릴지도 모른다는 우려를 자아냈기 때문이다.

비록 최초 발표에 대한 결과에 많은 논란이 있었고(편집자, *Nature* 2002년), 이후에 동료들의 평가 연구(Ortiz-García 등 2005년)를 통해 더 많은 논박이 이어졌지만, 이 논문은 유전자 확산에 대한 생물학, 경제학, 및 문화적인 함의(含意)에 관한 중요한 논쟁 가능성을 불러일으켰다. 이 같은 문제는 멕시코에서 옥수수를 재배하는 사람들이 유전공학으로 생산성을 높이기를 원하며, 또 가난한 소비자들이 이것을 주식(主食)으로 받아들이고 있기 때문에 그 중요성이 자꾸 커지고 있다. 멕시코 국립옥수수생산자연맹(National Confederation of Corn Producers) 회장인 칼로스 살라자(Carlos Salazar)는 중소 재배자 90% 이상이 유전공학 종자를 입수할 수만 있다면 이를 사용할 것이라고 한다(Garret 2007년). 최근에 멕시코 옥수수 재배자들이 유전적으로 변형한 종자를 몬산토로부터 구입하여 재배하기로 하는 계약에 서명했다.

앞으로 유전공학 옥수수를 대량으로 재배하면 현지 토종에 문제가 발생할까? UC 데이비스 캠퍼스의 유전학자인 폴 겝츠(Paul Gepts)는 사람이 재배할 수 있도록 순화된 것 중 유전공학이 아닌 현대 잡종이 생물다양성이 높은 지역에 널리 재배되고 있으므로, "현대" 유전자가 이미 신품종 생산을 원하는 현지 농민들이 자주 도입한 현지 토종에 존재하고 있다고 지적한다(Ortiz-García 등 2005년). 단일 이식 유전자가 단독으로, 현재 진행되고 있는 것보다 더 크게, 토착 개체군의 유전자 다양성을 떨어뜨릴 가능성은 희박하다.

다행히 정책면에서 볼 때, 멕시코의 토착 토종은 실제로 유전공학 옥수수 논쟁을 통해 덕을 본 것이 많다. 유전공학 옥수수 논쟁이 원산지 토종의 가치에 대한 인식을 높여주어, 멕시코 재배자들이 이 토종을 보호하기 위해 옥수수 유전자원은행(maize germplasm bank)과 같은 사업을 벌일 계획을 세우고 있다. 이들은 화분 전이가 현지 식물 개체군 유전자에 영향을 끼칠 수 있는 곳의 유전자다양성 중심지를 보호하기 위해, 유전자재조합된 것이든 아니든, 현대 작물 재배를 면밀하게 검토해야 한다는 점을 인식하고 있다.

내 채소밭과 우리 농장이 있는 길 건너편에는 대형 관행농업 개발이 이루어지고 있다. 그곳에서는 밀, 알팔파, 해바라기, 및 옥수수 등을 재배하며, 때로는 수박 종자 작물을 재배하기도 한다. 작년에는 동물사료로 여기에 노란 옥수수를 심었는데, 나는 그것이 유전공학 옥수수인지는 모르지만, 그랬을 수도 있었을 것이다. 어떻든 남편 라울과 나는 이 같은 식물에서 유전자가 비산되어도 걱정은 하지 않는다. 첫째, 나는 지난 15년 동안 이곳에서 살았고, 하얀색 단옥수수를 거의 매년 재배했지만, 내가 재배한 단옥수수 암이삭에 노란 경질립(硬質粒〈hard kernel〉)이 있는 것은 보지 못했다. 노란 경질립을 단 하나라도 보았더라면, 길 건너에서 날아왔거나 아니면 다른 곳에서 날아온 화분이 우리 부부의 작물에 수분(受粉)이 있었다는 것을 확실하게 나타내는 표시가 되었을 것이다. 비록 자생력이 있는 옥수수 화분 입자가 자신이 있던 원천 서식지로부터 1/2마일(800m) 떨어진 곳에서 발견되는 일은 있지만(Ellstrand 2006년), 그 화분 중 98%는 옥수수 밭에서 반경 25~50미터 이내에 그대로 남는다(Sears와 Stanley-Horn 2000년; Pleasants 등 2001년). 그래서 이웃이 자기 젖소에게 먹이려고 노란색 경질립을 재배하지만, 우리 부부는 매년 계속해서 연한 백색 옥수수를 즐겨 재배한다.

비록 일부 화분이 이렇게 멀리까지 가긴 했지만, 이식 유전자 하나나 둘 정도로는 우리 채소밭, 농장 또는 건강에 아무런 해도 끼치지 못한다는 것은 확실하다. 사실상 이런 방식으로 개최된 과학 패널들(National Research Council 2004년; GM Science Review 2003년)은 모두 미국에서 승인된 유전공학 품종에서 흘러나온 화분이 건강이나 환경에 위험을 가중시킬 가능성은 없다는 것에 의견을 같이한다. 우리 부부도 미국 농무부의 유기식품 생산기준(NOP)을 숙지하고 있으므로, 유전공학 화분이 부지불식간에 우리 작물에 섞여 들더라도 승인이 취소될 수 없다는 것을 알고 있다. 지금까지 어떤 재배자도 유기 농산물에 이식 유전자가 있다고 승인이 취소된 적은 없었다.

우리 견해야 이렇다 해도, 재배자들이 모두 유전공학 식물에서 화분이 비산되는 것에 마음이 편한 것은 아니라는 것이다. 그 이유는 대체적으로 일부 유기농 식품 소비자들이 "유전공학적 성분없음"이란 표지가 된 식품만을 찾기 때문이다. 비록 미국 농민의 압도적 다수(92%)가 자신의 작물에 함유된 유전공학과 관련하여 직접적으로 비용을 들였거나 손해 본 것이 없다고 보고하기는 하지만, 2%는 이식 유전자의 위험에 관한 인식 때문에 판매를 잃게 되었다고 한다(Walz 2003년). 심지어는 구매자가 유기 농산물의 이식 유전자 존재여부에 관한 시험을 요구하기 시작한 증거도 있다.

이에 부응하여, 일부 농민들은 이식 유전자 탐지를 위한 중합효소 연쇄반응(Polymerase Chain Reaction 〈PCR〉)이라 불리는 고도로 민감한 유전자 시험을 실시했다. PCR을 사용하면 아무리 옥수수를 트럭으로 잔뜩 실어와도 유전자 이식 DNA가 눈곱만큼 이라도 있으면 이를 탐지할 수 있다(표 4.1 참조). 이상하게도 일부 소비자들은 이식 유전자가 조금만 있어도 반대하는가 하면, 가공 중에 뜻하지 않게 아무 상관없이 혼합되었을지 모르는 다른 종류의 생물학적 물질이 들어간 것(예를 들어, PCR로 곧바로 탐지가 가능한 곤충이나 설치류 배설물)은 선선히 받아들인다. 심지어 이들은 특정 농약이 들어가면 건강에 큰 위험이 따르는데도 유기농 작물에 농약이 약간 묻어 있어도 이를 받아들인다. 이 같은 위험이 있지만 실제로는 밭에 농약이 일정량 날아들어도 농산물을 유기농으로 판매할 수 있다. 그 이유는 미국 유기농업계가 관행농업에서 어느 정도 농약이 흘러드는 것이 불가피하다는 것을 알고, 일정량의 잔류농약을 함유해도 유기농산물로 인가하여 판매할 수 있도록 NOP 생산기준에서 이를 허용하고 있기 때문이다. 농약과는 달리, 현재 미국 법규에는 유기농산물의 이식 유전자 함유량 허용 한계치가 명기되어 있지 않다. 따라서 유기농 재배자가 밭과 밭 사이에 유전자 확산을 경감할 수 있는 예방조치를 취하면 농산물을 인증 유기농으로 판매할 수 있다. 유럽 연합은 이와 다른 방식을 취하고 있다. 2007년, EU 농업이사회(EU Agricultural Council 역주: 농업부 장관들로 구성된 심의회)은 우발적이거나 불가피하게 0.9%까지 유전공학 물질이 타가수분 된 식품에는 "EU 오르가닉(EU organic)"이라는 라벨을 붙일 수 있도록 하는 법규를 채택했다. 이 법규로 인해 유기농을 하는 사람들이 자신의 농산물에 미량의 이식 유전자가 탐지되더라도 이를 계속 판매할 수 있다는 보장을 받게 되었다. 재배자에게 돌아가는 이익이 이 같이 명백함에도, 일부 미국 기업과 정부 기관은 생물학적 물질의 규제 한계가 과학에 바탕을 두어야 한다는 이유로 미국에서 이와 유사한 법규 승인을 반대하고 있다. 미량의 이식 유전자가 있다는 것을 안다해도 건강이나 안전에 어떤 해가 되는지 알려진 바가 없으므로, 한계치란 것은 다소 인위적인 것일 수밖에 없다.

묘상 잡초 뽑기가 끝나자, 나는 양손에 내 꿈을 위해 자신을 바친 보드라운 흙을 가득 쥐어본다. 서리 맞을 위험이 지나가면 해바라기를 잔뜩 심으리라. 나는 진한 갈색이나 노란색 또는 연초록으로 물든 꽃 심을 노란 크림색이나 옅은 황금색 또는 암홍색으로 둘러싼 벨벳 꽃잎을 상상해본다. 연한 빨강과 금빛 두 가지 색으로 개화한 꽃들이 좌우 균형이 안 잡힌 여름 이랑을 메우리라. 나는 절묘하게 아름다운 꽃을 따서 우리 집 여름 식탁에 올려놓고, 여기에 나륵풀 향신료를 친 파스타와 집에서 만든 바게트에 애머랜스 참깨 씨를 뿌리고, 어쩌면 플럼타트(plum tart 역주: 속에 플럼을 넣고 위에 반죽을 씌우지 않고 만든 파이)를 내어놓을 것이다. 어떤 꽃은 새들이 잘 익은 씨를 먹을 수 있게 채소밭에 그대로 둘 것이다.

더워지기 시작해서, 원예 벨트에 도구를 다시 챙겨 넣고 일어나니,

꽃도 무섭다는 생각이 들어 내 스스로 놀란다. 그렇다고 해바라기가 논쟁을 벗어난 것은 아니다.

20년 전 이곳에서 유기농민이 절화(切花)용으로 팔기 위해 특작 해바라기를 재배한 적이 있었다. 비록 유기농 해바라기 화분은 3미터 이상 날아가지 않지만, 어떤 것은 1,000미터 거리까지 날아가기 때문에 해바라기 씨를 유기농으로 인증받아 재배하는 사람에게는 이것이 문제가 될 수 있다(Aria와 Rieseberg 1994년). 유기농 화분이 흩어져 채종(採種)을 목적으로 재배하는 해바라기에 떨어져 교배가 이루어지면, 이때 생긴 씨는 순종이 아니므로 작물의 가치가 떨어지게 된다. 이런 이유 때문에 분지에서 해바라기 씨를 재배하는 사람들에게는 유기농 해바라기에서 날아드는 유전자가 걱정꺼리였다.

유기농으로 인증된 종자를 재배하는 사람과 유기농 화훼를 재배하는 사람들이 서로가 다 받아들일 수 있는 해결책을 마련했다. 종자 재배업자가 유기농 재배업자에게 화분이 생기지 않는 화훼용을 제공했던 것이다. 이렇게 함으로써 유기농을 하는 사람들은 계속해서 화훼용을 팔 수 있었으며, 유전자 확산의 위험은 사라지게 되었다. 이 절충안이 이웃과 의견을 모으는 것이야말로 서로에게 이득이 된다는 것을 보여주는 좋은 예이다. 캘리포니아에서는 농민들이 다양한 농업 환경에서 존재가 알려진 350가지 작물과 가축을 상품으로 재배/사육하고 있으므로, 가끔은 이웃과 좋은 의견을 서로 나누고 양식 있게 처리하는 것이 화분 전이를 다루는 관건이 된다(박스 9.1 참조). 이 같은 원칙은 유전공학, 유기농, 또는 관행농업을 막론하고 모든 작물에 적용된다.

유감스러운 것은 모든 이야기가 해바라기처럼 만족하게 끝을 맺지는 못한다는 것이다.

박스 9.1 공존

유전공학과 유전공학이 아닌 작물 사이의 한 가지 공존 모델로는 콜로라도 볼더(Boulder) 카운티가 수립했던 공유지 계획을 들 수 있다(Byrne and Fromherz, 2003년). 이 카운티는 4,000에이커의 농경지를 농민들에게 임대했는데, 여기에는 해충에 내성이 있거나 제초제에 내성이 있는 유전공학 옥수수를 재배하기로 한 사람도 있었다. 농민, 과학자, 및 관련 시민들로 구성된 자문위원회가 유전공학이 아닌 인근의 옥수수 밭에 타가수분을 최소화하는 일련의 규약을 설정했다. 이 규약에는 카운티에 대해 재배자가 자신의 재배 계획, 이웃 농민과 기꺼이 공존안을 마련하겠다는 의견교환 문서, 및 밭 사이에 타가수분을 최소화하기 위해 150피트의 완충지대를 설정하는 것 등에 관한 신고 의무가 수록되어있다.

자문위원회 및 협회 회원이며 콜로라도주립대학교 교수, 팻 번(Pat Byrne)에 의하면, 이 같은 완충지대의 크기 결정은 150피트면 타가수분이 1% 미만으로 충분히 제어된다는 것을 증명한 볼더 카운티의 다년간에 걸친 타가수분 연구에 따른 것이라 한다. 번의 설명은 이랬다. "우리는 파란 낟알의 특성을 이용하여 "파란" 옥수수 밭 가운데에서 "노란" 옥수수 밭 근처까지 타가수분을 추적했습니다. 낟알 색소에 관해 저만 알고 있는 지식을 공존과 같은 사회적 이슈에 적용한 것이 좋았지요." 그는 말을 이었다, "이 규약의 원칙은 불필요한 타가수분을 방지하기 위해 책임을 공유하는 것이었습니다. 카운티와 유전공학 작물 재배자들이 의무적으로 충분한 완충지대를 설정하여 타가수분을 1% 미만으로 유지하고, 또 유전공학이 아닌 작물을 재배하는 사람들이 1% 미만의 수준을 요구할 경우, 해당 재배자가 추가 조치에 대한 책임을 지도록 하는 것이었습니다."

샐리 폭스(Sally Fox)는 남자 농민이 압도적인 면화 사업에 어울리지 않는 사람이지만 유전공학 면화 재배는 점점 더 크게 벌이고 있다. 이 점은 그녀의 외관(헐렁헐렁한 면화 드레스, 밝게 빛나는 푸른 눈, 친근한 미소, 솔직한 열정, 그리고 흰머리가 많아져가는 머리)에도 나타나 있지만, 그녀가 재배하는 작물 — 유기농으로 인증받은 유색 면화 — 에도 잘 나타나있다.

샐리는 오염이라면 모르는 것이 없다. 곤충학자로 교육을 받았고, 배경은 면화 육종인 그녀는 1986년 캘리포니아 샌워킨밸리에서 첫 면화 사업을 시작했다. 불과 몇 년이 지나지 않아, 그녀는 자신의 첫 작물을 일본인 방직공장에 팔았다. 얼마 지나지 않아 그녀의 사업은 날개를 달기 시작했다. 리바이스(Levi's), 빈(L. L. Bean), 랜즈엔드(Land's End), 및 에스프리(Esprit) 등이 모두 그녀가 재배한 "천연" 면화 고객이 되었다. 샐리는 당장 천만 달러짜리 사업을 운영하게 되었다. 그렇지만 얼마 안 되어 문제도 생겼다.

샐리와 이웃하고 있는 면화 재배업자들이 그녀가 유기농으로 재배하는 유색 면화가 동일한 분지에서 동일한 청바지 재료로 가공되고 있는 자기들의 흰색 면화 작물을 오염시키지 않을까 우려하는 것이었다. 이들이 샐리의 사업에 엄격한 규칙을 적용해서, 그녀는 할 수 없이 1993년에 아리조나 주(州)로 이전해야 했다. 6년 후에는 아리조나 주의 면화 재배업자들도 이와 동일한 조치를 취했기 때문에 그녀는 다시 옮겨가야 했고, 이번에는 데이비스 근처에 있는 캐배이밸리(Capay Valley)로 왔다. 이제 그녀는 다섯 살짜리 딸을 키우는데 전적으로 시간을 보내며, 사업에서는 거의 손을 뗀 상태다.

"오염 우려는 과장된 거예요." 몇 주 전 이웃 농장에서 브런치를 먹을 때 그녀가 한 말이다. "실제로 타가수분이 발생할 수 있다는 건 배워서 알지만, 시간 절약이나 수익 증대가 가능하다면 누군가가 앞장서서 종자분리 규정을 폐지할 것이고, 그렇게 되면 유색 면화가 약간 섞였다고 전체 업계가 망하게 되는 일은 없겠지요. 붉은색 바탕의 갈색 면화를 생산하는 식물이 흰색 면화 밭에서 문제를 일으키기 전에 이를 뽑아내는 건 어려운 일이 아니에요. 그렇지만 당시에는 유기농이 사업 규모로 보아 크지 않았기 때문에 내 사업 따위는 고려하지 않고도 법을 비교적 쉽게 통과시킬 수 있었어요."

캘리포니아에는 유전공학이나 다른 작물의 화분 전이를 규제하는 법이 없어서, 재배자들이 서로 협의 하에 "샐리" 사례가 발생하지 않도록 해야 하기 때문에, 사람 좋고, 혁신적이며 건설적인 생각을 가진 재배자가 어쩔 수 없이 카운티를 떠나게 된다.

의사소통 향상을 목적으로 하는 기구 중 하나인 캘리포니아 대학교 협동 교육원(University of California Cooperative Extension)의 원예학 고문, 메리 비앙키(Mary Bianchi)는 최근 나에게 말하기를, 요점은 유전공학이 "좋다", "나쁘다"식의 논의를 떠나, 캘리포니아 유기농업계와 관행농업 재배자들에게 도움이 될 수 있도록 하는 것이라고 했다. 농산물의 순도를 100% 달성한다는 것이 아주 어려운 일이기는 하지만, 경작지를 공간적으로 분리하고, 파종기에 시차를 두거나, 또는 숙도기(熟度期)가 다른 품종을 재배하는 등의 방법을 통해 농민들이 타가수분을 최소화하거나 제거했다. 수확, 선적, 및 가공 때 품종을 분리하면 유기농과 관행 농산물이 부주의로 뒤섞이는 일을 막는데 도움이 된다.

밀납처럼 말랑한 햇살이 퍼지던 어느 날 아침, 나는 오두막집으로 가 도구를 제자리에 갖다 놓고, 양손에 묻은 흙을 앞치마로 닦았다. 나는 적막 속에 빈손이 되어 서있다. 햇볕이 내 뼈를 녹여주고, 나는 알팔파를 재배하는 길 건너 이웃의 밭을 넘겨다보고, 말을 꺼내야 할지 말지 망설이고 있다. 나는 알팔파 화분이 흩어지는 것은 걱정되지 않지만, 우리 부부의 채소밭과 가정, 및 학교까지 들려오는 소음과 농약 비산만은 없었으면 한다. 나는 다음 달, 아마도 오늘 아침같이 고요하고 청명한 새벽에 원격 조종 무인비행기가 예년 봄과 다름없이 정적을 깨뜨리고 알팔파를 파종하리라는 것을 알고 있다. 이 무인비행기는 밭에 알팔파 바구미 확산을 막는다는 의미로 투사라고 명명한 피레스로이드계 농약(pyrethroid pesticide)을 살포할 것이다. 유전공학 또는 유기농 방식 중에서 이 같은 해충을 방제할 수 있는 것이 나오면 나는 기꺼이 사용하겠다. 그러나 나한테는 거의 참을 수 없을 정도로 소음이 나고, 정나미 떨어질 정도로 단 냄새가 나는 농약보다는 차라리 약간의 온순한 유전공학 또는 유기농 화분이 이리저리 날리는 것이 낫다. 앞쪽 현관 계단을 올라가며 이웃이 좀 참신한 생각을 해보도록 납득시킬 수 있을지 생각해본다.

소유권

Ownership

10

종자는 누가 소유하고 있는가?

나는 오후 1시 30분에 작업을 끝내고, 채소 몇 가지를 딴 다음, 차를 타고 집으로 와 점심을 먹는다. 자갈돌 차도로 들어서자 자동차 타이어에서 탁탁 소리가 나고, 배에서는 꼬르륵 소리가 난다. 아침 먹고 난 다음, 먹은 게 아무 것도 없어서 배가 몹시 고프다. 나는 찻잔으로 쓰는 머그에 케일과 토마토 가방, 그리고 스웨터를 챙겨들고 우편함으로 가니 양팔이 가득해 진다.

나는 매일 우편함으로 가, 수표와 초청장이 들어있지나 않나 하는 기대를 하지만, 대신 고지서, 카탈로그, 및 페니세이버(PennySaver 역주: 무가지의 일종) 우편물만 받는다. 오늘 우편물은 대부분 허섭스레기뿐이다. 신용카드 발급 신청서, 이 지역 우대권이나 경품 교환권을 모아 놓은 쿠폰북, 카탈로그뿐인데, 어, 잠깐 — 이건 대박이네! 여기 수표나 초대장보다 더 좋은 게 있다. 2006년 '조니의 선별된 종자사(Johnny's Selected Seeds)' 카탈로그가 아닌가.

나는 우편물을 팔 아래에 끼고 집에 들어가, 가져온 걸 몽땅 부엌의 아일랜드에 털썩 내려놓는다. 조금 뒤 나는 거실에서 의자에 편히 앉아 조니의 종자 카탈로그를 읽고 있다. 음식 생각은 다 사라졌고, 내가 어떻게 여기까지 왔는지도 모르겠다. 내 머리 속은 온통 종자, 식물체, 및 그 특성으로 가득 찼다.

조니의 선별된 종자사는 내가 각종 유기농 사업에 필요한 대부분의 채소 종자를 사는 곳이다. 나는 조니의 선별된 종자사를 좋아한다. 이곳의 오너들은 크기가 천차만별인 유기 채소농장에 물건을 대고 있다. 이들은 다른 회사의 종자도 많이 팔지만, 일부는 자사에서 품종을 개발하기도 한다. 이 회사는 조생종(早生種), 균일화가 이루어진 품종, 및 내병성(耐病性) 품종 등 좀 더 혁신적인 품종에 주안점을 두고 있는 듯하다. 식물 육종에 다년 간 경험이 있다 보니 신품종을 개발할 정도가 된 것이다. 나는 신품종을 개발한 종묘회사(種苗會社)들이 자기들의 투자를 회수하고 이익도 남기려는 최고 인기 품종의 가격을 살펴본다. 이것은 회사가 이익을 올려야 영업을 계속할 수 있으므로 당연한 듯한데, 자기가 개발한 품종을 어떻게 다른 회사나 농민 또는 종자보전업체들이 복제하지 못하게 하는지는 모르겠다. 또, 내가 이 종자를 살만한 돈이 있는지도 모르겠다.

조니의 선별된 종자사의 오너인 롭 존스톤(Rob Johnston)과 재니카 에커트(Janika Eckert)가 길쭉한 붉은색 피망을 한 바구니 가득 담아 들고 카탈로그 표지에 나와 있다. 이 책의 스타는 채소기 때문에 오너 사진이 종자 카탈로그 표지에 나오는 것은 드문 일이다. 이것은 아마도 이들 두 사람이 자기들의 제품을 자랑스럽게 여긴다는 것과 그 구입 방법을 알리려는 노력의 일환이겠지만, 또한 이 종자를 살짝 훔쳐가려는 얌체족으로부터 자기들 최신 품종을 보호하기 위해 그렇게 나온 듯도 하다.

카탈로그를 꼼꼼히 살펴보던 중, 나는 신품종이 대부분 교잡종이고 그것도 값비싼 것이라는 점에 주목하지 않을 수 없었다. 교잡종이란 동일 종(種)의 식물에서 얻은 자손이기는 하지만 품종은 다른 것이다. 그래서 그 결과물인 자손 품종에는 양친(兩親)의 유전자가 반반씩 유전된다. 들어보면 간단한 것 같아도 교잡(交雜) 과정에는 시간과 노력이 많이 든다. 첫째, 육종가는 여러 해에 걸쳐 두 종류의 "근친교배(近親交配)"에 의한 양친계통(兩親系統)을 산출하는 것으로 교잡 과정을 시작한다. 이렇게 하기 위해 육종가는 식물이 각각 여러 세대에 걸쳐 "자가수분(自家受粉)"을 통해 유전적 균일화가 이루어지고 또 다음 세대에서 대립유전자 형질에 새로운 특성이 생겨 분리되지 않도록 기다린다. 이후, 육종가는 이 같은 근친교배계통으로부터 양친 중 한 계통의 화분(花粉)(웅성 생식세포)을 계통이 다른 쪽 암술(자성 생식세포 보유)에 옮기는 방식으로 식물을 타가수분 시킨다(박스 4.1 참조). 분명하지는 않지만 무슨 이유에선가 일부 식물의 경우, 근친교배 양친의 타가수분에 의해 전형적으로 수확이 많은 "잡종강세(雜種强勢)" 형질의 자손이 생긴다. 유감스럽게도 이 교잡종 스스로 생산한 종자를 다시 심으면 여기에서 자란 식물체는 양친과 같지 않다. 즉, "동일 형질의 자손"으로 이어지지 않는다는 것이다. 그 대신, 이 자손 품종에는 잡종 양친의 유전자가 예측 불허로 혼합되어 새로운 개체에 각각 유전된다. 종묘회사(種苗會社) 입장에서 보면 자기들이 잡종 종자를 매년 다시 생산해야 하기 때문에 이것은 아주 다행한 일이 아닐 수 없다. 이들 종자는 값이 더 비싸지만 잡종강세, 유전자 균일화, 내병성(耐病性), 수확, 및 때로는 맛까지도 그 비싼 값을 한다고 생각되기 때문에 유기농을 하는 사람들이 이를 구매한다. 그리고 대부분의 농민들은 매년 교잡종 종자 생산을 위해 스스로 근친교배계통을 생산하는 것을 좋아하지 않는다. 육종가 노릇도 하고 농사도 해야 할 만큼 시간이 없기 때문이다. 어쨌든, 조니의 선별된 종자사에서는 다음과 같은 아주 멋진 잡종을 다량 판매하고 있다. 즉, 팩만브로콜리(Packman broccoli), 넬슨당근(Nelson carrot), 암브로시아멜론(Ambrosia melon), 빅비프토마토(Big Beef tomatoe) 등을 판매하고 있다. 이상은 내가 좋아하는 것일 뿐, 이외에도 얼마든지 있다.

기록상 최초의 잡종은 슐(G. H. Shull)에 의해 1909년 뉴욕 주(州) 콜드스프링하버(Cold Spring Harbor)에서 재배 옥수수로 만들어졌다. 나는 슐씨가 자신이 종묘산업을 위해 한 일을 알기나 했는지 모르겠다. 그의 저서를 보면 교잡종 종자가 생산에 시간이 더 걸리기 때문에 값도 더 비쌀 것이라는 것은 그도 알았지만 수확량 증가로 이 종자에 추가되는 비용을 상쇄할 수 있다는 것까지는 몰랐던 것 같다(Shull, G. H. 1909년). 교잡이 인기를 끌기까지는 시간이 많이 걸렸다. 처음에는 이것이 비현실적이고 또 너무 복잡하다고 여겼으며 또 농민들은 매년 새 종자를 구매해야 한다는 것을 못마땅하게 생각했다. 1930년에는 옥수수 작물 중 단 1%만이 교잡종이었다. 그러나 가뭄이 나고 몇 년 뒤 잡종이 관행 품종보다 좋다는 것이 나타나자 이를 사용하는 농민들이 급속히 늘어났다. 1940년에는 미국 옥수수의 30%가 교잡종이었다. 1970년에 와서는 미국 옥수수의 96%가 교잡종이었다(Federoff와 Brown, 2004년). 요즈음은 농민들이 토마토, 브로콜리, 멜론, 피망, 및 단옥수수 등과 같은 인기 채소 작물에 교잡종 종자를 구입하여 사용할 수 있다. 교잡종이 등장하자 이제는 사용이 가장 많은 품종의 공급을 종묘회사들이 주무르게 되었고 따라서 다른 종자에 비해 수확량도 그 만큼 많아지긴 했지만 종자 값은 훨씬 더 비싸졌다(박스 4.1 참조). 1920년의 옥수수 수확량은 대략 에이커당 20부셸이었다. 요즈음 잡종 옥수수를 재배하면 에이커당 약160부셸을 수확한다. 옥수수 경쟁에서 에이커당 최고 300부셸까지 수확된 적이 있다(NCGA 2004년).

요즈음 잡종을 생산하는 대부분의 종묘회사들은 대기업들이다. 이들 대기업은 유기농 식품 업계의 추세와 비슷하게 종묘회사를 사들이고 있다. 2005년 1월, 몬산토사는 이전에 피토종묘사(Peto Seed사)와 애즈그로종묘사(Asgrow Seed)를 사들였던 세미니스사(Seminis)를 사들였다. 이제 몬산토사는 미국 채소 종자시장의 대부분을 두고 경쟁을 벌이고 있다. 유전공학 옥수수, 면화, 및 콩을 개발했던 회사가 이제는 유기농을 하는 사람들이 즐겨 재배하는 대부분의 교잡종 채소 품종을 좌우하는 회사가 되었다.

그렇다고 카탈로그에 나와 있는 품종이 모두 교잡종이라는 것은 아니다. 양친 중 한쪽 식물을 유전적으로 안정된 동일한 개체군의 다른 식물로 수분(受粉)시키면, 이것을 방임수분(放任受粉)라 한다. 이 같은 양친 품종의 자손에는 양친과 매우 흡사한 특성이 있기 때문에 대(代)를 이어가며 종자를 보존할 수 있다. 교잡종을 발명하기 전에는 농민들이 방임수분 품종을 재배하여, 그 중에서 가장 좋은 것을 골라낸 다음, 그 종자를 보존하여 다음 계절에 재배했다. 농민은 이와 같은 선택을 통하여 자신의 목적에 맞도록 식물이 진화되도록 하였다. 예를 들어, 이계교배(異系交配) 비율이 낮은 자가수분이 자연적으로 이루어지는 토마토의 경우, 농민은 여러 가지 품종을 심어보고 그 중에서 가장 크고 흠이 없으며 맛도 제일 좋은 것을 골라 종자로 보존한다. 농민이 계속해서 이와 같은 특성을 골라 나갈수록 토마토 유전자 혼합내용에는 매년 약간씩 획일화가 이루어지고 여러 세대가 지나면 그 토마토는 약간 더 커지고 흠도 적어지며 맛도 더 좋아진다. 하지만 이 같은 개량에는 한계가 있다. 만약 특정 품종에만 5온스짜리 크기의 열매를 생산할 수 있는 유전자가 들어 있는 토마토의 경우, 해당 집단 내의 어딘가에 유전적 변이체가 들어있지 않는 한 그보다 훨씬 더 커지지는 않는 것이다.

특정 방임수분 품종 개량을 시도하는 식물 육종가라면 유용한 특성이 있을 수 있는 동종의 다른 품종과 타가수분 시키려 할 것이다. 타가수분이 이루어진 다음 개체가 종자를 생산하면 육종가는 이 종자를 식재하고 이후 소기의 특성이 생긴 개체를 골라낸다. 이후 육종가는 다음 세대에서 동일 형질을 안정적으로 이어가는 자손을 선택하려 할 것이다. 이 과정에는 여러 해가 소요된다. 학생실습농장에서 우리 부부는 현재 미국 농무부의 기금으로 운영되는 유기농종자파트너십(Organic Seed Partnership)에 참여하고 있다. 이 그룹의 목적은 유기농 생산에 적합한 채소 품종을 개발하는 것이다. 우리가 농장에서 시험하는 일부 품종은 대학교 식물 육종가, 특히 코넬대학교 식물육종학 교수인 몰리 야안(Molly Jahn)이 교배를 통해 생산한 것들이다. 내가 OSP 조직편성을 돕고 있는 코넬대학교 식물육종 및 유전학과의 채소 육종가 맷 팔리스(Matt Falise)에게 방임수분 신품종 개발에 소요되는 시간이 얼마나 되느냐고 물어보니 약 8년 정도가 걸릴 것이라고 추정했다. 몰리의 추정으로는 3년에서 30년 사이가 될 것이라 한다.

누구든 방임수분 식물체에서 종자를 보존할 수 있으므로, 대부분의 회사, 기관, 및 가정집 원예가들이 바로 그런 일을 하고 있다. 종자 교환단체(Seed Savers Exchange)와 같은 그룹은 누군가의 조모 때부터 대(代)를 물려왔거나, 종묘회사가 개량종으로 간주되는 다른 품종을 개발해서 생산이 중단되었을지 모르는 방임수분 품종의 보전을 전문적으로 취급해왔다. 이 같이 육종 연도가 오래된 품종을 대부분 '가보(家寶〈heirloom〉)'라 한다.

나는 카탈로그 읽기를 계속하다가 가보 토마토 페이지에 눈이 멎었다. 이 근처에서 가장 많이 재배하는 가보가 토마토다. 조니의 선별된 종자사 카탈로그에 내놓은 품목은 브랜디와인(Brandywine), 스트라입트 저먼(Striped German), 체로키 퍼플(Cherokee Purple), 및 프루든 퍼플(Pruden's Purple) 등 몇 가지 밖에 안 된다. 이 같은 가보는 일반적으로 교잡종 레드 슬라이서(red slicer)보다 맛이 좋거나, 생김새가 이국적이지만, 쉽게 무르고, 수확량이 적으며, 걸핏하면 균열이 생기는네나 여러 가지 질병에 잘 걸린다. 그래도 이 지역에서 유기농을 하는 사람들은 가보를 재배하는데 그 이유는 교잡종 레드 슬라이서 20파운드를 15달러에서 25달러 사이에 판매하는데 비해 이들은 10파운드 한 상자를 20달러에서 30달러 사이에 팔 수 있기 때문이다.

브랜디와인 토마토(맛이 제일 좋다는 토마토)와 같이 가장 인기 좋은 가보는 내가 입수한 카탈로그에 나오지 않는 곳이 없을 정도다. 테리토리얼 종묘사(Territorial Seed Company)의 카탈로그에는 아마도 여러 해 동안 상품화되지 못한 이유를 설명할 듯한 특성, 즉 "수확량이 많은 토마토는 아님"이라는 별로 친밀감이 들지 않는 특성은 축소해서 표시하고 있다. 비록 적지 않은 양의 브랜디와인 종자가 다시 팔리고 있기는 하지만, 아마도 이 종자를 재배하는 사람이나 종묘회사에게는 별로 이익은 되지 않을 것 같다. '조니의 선별된 종자사는 종자 약 2,187개 들이 1/4온스에 15달러 90센트를 받고 판다. 이것을 내가 좋아하는 고수확이며 균열이 가지 않는 잡종 빅비프(Big Beef)와 비교해보자. 조니의 선별된 종자사는 이 종자를 동일한 양에 169달러 49센트를 받고 팔고 있는 셈이다. 교잡종을 생산하려면 더 많은 수고를 해야 하지만, 그래도 10배 이상은 좀 너무하지 않을까?

전체적인 시각에서 가보 채소 품종을 살펴보려면, 빌모린-앤드류(M. M. Vilmorin-Andrieux)가 1885년에 쓴 채소밭(*The Vegetable Garden*) 중판을 보라. 이 책에는 삽화, 해설, 및 1885년도 프랑스 채마(菜痲) 재배 방식 등이 실려 있다. 여기에는 오늘날의 채소를 125년 전의 채소와 비교할 수 있는 각종 기준이 수록되어있다. 빌모린은, 브로콜리의 경우, "파종한 해에 헤드를 생산하지 않고, 보통은 그 다음 해 이른 봄에 생산한다."고 적고 있다. 현대 브로콜리는 일부 품종이 헤드를 60일 이내에 생산하는 것을 보면 그 이후 크게 진보한 셈이다. 게다가 빌모린의 책에 나오는 브로콜리는 초록색이 아니라 흰색이 아닌가! 그 당시 당근은 때로는 오렌지색이지만, 빨갛거나, 노란색, 또는 흰색일 때가 더 많았다. 우리 부부가 학생실습농장에서 사용하는 얼리낸츠(Early Nantes) 당근, 이집션(Egyptian) 근대(beet), 및 저지 웨익필드(Jersey Wakefield) 양배추 등과 같은 일부 가보 품종은 이 책에 열거되어있다. 그러나 내가 들어보지도 못한 대부분의 품종과 일부 채소는 그 자체가 마치 다른 행성에서 온 것 같이 보인다. 나는 이렇게 서로 다른 색상과 모양을 부호화한 유전자가 모두 어디로 사라졌는지 모르겠다. 코넬대학교 유전학자 스티브 탱슬리(Steve Tanksley)와 수잔 맥카우치(Susan McCouch)의 추정으로는 현대 토마토와 벼 품종에는, 지난 여러 해 동안 순화 및 육종을 통해서 제외됨으로써 이제는 야생 근연종에서 얻을 수 있는 모든 가능한 형질의 아주 적은 비율(1~5%)만 함유되어있다고 한다(Tanksley와 McCouch 1997년). 내 생각에는 이런 현상이 사실상 다른 모든 개량 채소에도 발생했으리라는 느낌이 든다.

빌모린의 책을 읽으면서 든 느낌은, 인간이란 도리 없이 식물을 육종하고, 이를 개량하며 또 무언가 새롭고 또 더 좋은 것을 찾아내도록 되어있는 존재라는 것이다. 얄궂게도 이 말은 관행육종 기술이 몇 가지 중요한 형질을 골라낸 다음 이를 나타내는 것이 아니라 폐기하는 것이기 때문에 다양성을 감소시킨다는 것을 의미해왔다. 눈으로, 맛으로, 혹은 냄새로 쉽게 감지할 수 없는 형질의 잠재적 유용 유전자는 이미 잃어버렸다. 이렇게 소실된 유전자는 전 세계 관행농민이 보전해온 현재 작물 품종의 야생원형종(野生原形種)과 토종으로 돌아가는 방법을 통해서만 회복이 가능하다. 이것은 현대 유전학적 기술의 도움 없이는 지극히 어려운 일이다.

이렇게 아름답고 맛있는 가보 품종은 특정 회사가 독점적으로 보호하고 소유하는가? 그렇지 않다. 변화의 종자(Seeds of Change)사와 같은 유기농 종묘회사는 특정 품종의 개체를 여럿 재배하여 가장 좋은 특성을 나타내는 개체를 골라냄으로써 가보 품종의 질을 개량하는 프로그램을 가지고 있다. 우리는 학생실습농장에서 변화의 종자사의 요청으로 몇 가지 품종에 대한 시험을 실시했는데, 나는 잡종 못지않게 훌륭하고 맛도 더 좋은 아주 멋진 방임수분 품종을 여럿 재배하고 또 맛까지 볼 수 있는 기회가 있었다. 임페리얼 가지(Imperial eggplant), 크림슨단수박(Crimson Sweet watermelon), 캘리포니아오렌지원더(Orange CA Wonder) 고추, 쿠로타 당근, 얼리그린브로콜리 및 비로플레이(Viroflay) 시금치 등은 모두 재배하기도 좋고 먹기에도 아주 만족스러운 것들이다. 그렇지만 재배자, 회사, 또는 가정집 원예가들이 종자를 재생산하여 계속사용(및 판매)할 수 없도록 하는 장치가 없다. 새로 개발된 방임수분 품종(가보는 아님)의 경우, 상황은 이와 다르다.

조니의 선별된 종자사 카탈로그를 넘겨가니, 방임수분이 이루어진 품종과 함께 사용된 또 다른 아이콘에 눈이 간다. 즉, PVP 아이콘이다. 채소 기호 키(Key to Vegetable Symbols)를 찾아보니 이것이 "식물품종보호법(PVP) - 종자 무단 판매 금지"라고 되어있는 것이 보인다. PVP 조례는 종자로 번식하는 새로운 방임수분 품종 개발자에 대한 법적, 지적 재산권(법적 권리부여)을 부여하기 위해 1970년 12월에 제정되었다(Plant Variety Protection Office 2007년). 이 조례는 농장에 보존된 종자를 품종 소유자의 승낙 없이 판매하는 것을 금하기 위해 1994년에 강화되었으며, 그 보호 기간이 20년으로 연장되었다. PVP 조례에 의하면 농민이 PVP 품종의 종자를 자신의 농장에 사용하기 위해 보존할 수는 있지만 판매할 수는 없도록 되어있다. PVP의 취지는 육종가가 개발에 든 비용을 벌충할 수 있도록 함으로써 교잡종이 아닌 새로운 품종 개발을 권장하기 위한 것이다. PVP 웹사이트(Grin 2006년)를 보니, 방임수분 보호종이 모두 열거되어있어서, 거기에 실린 식물 품종의 수가 어찌나 많고 다양한지 놀라지 않을 수 없었다. PVP 조례의 방임수분 신품종 보호 유효성에 관한 논란이 일부 있기는 하지만, 종묘회사가 이를 없는 것보다는 낫다고 생각한다는 점에는 의심의 여지가 없다. 그러나 품종 하나를 등록하는 비용은 만만치 않다. 2005년에는 그 비용이 5,150달러로, 이 돈이면 '뒤뜰 원예가' 정도는 품종 보호업무에 신경 쓰다가 망하기에 충분한 금액이다. 조니의 선별된 종자사의 오너 롭 존스튼(Rob Johnston)은 이메일에서 PVP의 가치를 다음과 같이 설명했다.

> PVP가 아직도 농민이나 원예가가 자신이 종자를 사용할 경우는 이를 보전할 수 있도록 허용하지만, 그 품종을 교잡종의 모체로 사용하는 것은 허용하지 않을 뿐만 아니라, 무단 생산과 판매까지도 불허하고 있는데, 우리는 우리가 개발한 몇 가지 품종을 PVP에 등록해둔 상태에서, 판매하기는 남들이 육종/등록한 PVP 품종을 이보다 더 많이 팔고 있는 것이다. PVP 라벨은 일종의 출입금지 사인과 같은 역할을 하므로, 잠재적인 저작권 침해자는 통상적으로 이 품종의 라벨을 무효화하게 된다. 그러나 위반사항이 발생할 경우에는, PVP 등록권자가 이를 소추(訴追)해야 한다. 우리가 남을 소추한 적은 한 번도 없었다.

교잡종은 원조 육종가가 모체를 유지 관리한다는 사실에서 내재적인 보호를 받고 있는 셈이며, 따라서 종자 공급의 전매권을 향유하고 있는 것이다. 그러나 일부 회사는 교잡종의 모체를 PVP에 따라 보호처리 할 것이며, 이로써 모체 중 하나 또는 둘이 도용되거나 사용되는 것을 막을 수 있게 된다. 분명히 말해, 나는 지적 재산 보호에는 예를 들어 PVP와 같은 법적인 방법보다는 "존중"하는 방법을 선호한다. 만약 어떤 종묘회사가 우리 품종 중 하나를 도용할 경우, 나는 이 회사에 연락하여 중지하게 할 수 있을 것이라고 생각하고 싶다(R. Johnston, 개인교신 2006년).

이제 카탈로그를 약 3/4 정도 읽어내려 갔는데, 통통하게 살이 오른 교잡종과 아름다운 방임수분(放任受粉) 채소 품종 사진에 그만 혀를 내둘렀지만, 골라놓은 품목의 값을 합산해보니, 당장 세 자리 숫자가 되어, 어쩌면 학생실습농장에는 우리가 개발한 종자만 재배하고 보존해야 하지 않나 하는 생각이 들기 시작했다.

지난 10년 간 우리는 나륵풀, 토마토, 파슬리, 근대, 스투츠수프림(Stutz supreme) 멜론, 아루굴라, 고수, 양파, 수박, 마늘, 및 감자 등에서 종자를 보존해왔다. 교육적인 의미에서 종자를 보존한다는 것은 좋은 일이다. 자신이 좋아하는 채소가 완전히 자라서, 꽃이 피며, 또 씨까지 만드는 것을 보는 것은 최고의 체험학습이다. 그러나 농업이라는 의미에서는 종자 보존이 가끔은 골칫거리다.

작년에 농장에서 학생들과 나는 아루굴라 종자를 보존하기로 했다.

(채취가 가장 쉬운 작물 중의 하나인) 아루굴라에서 종자를 채취하기 위해 우리는 이를 푸성귀 때문에 수확했을 때보다 오랜 기간인 두서너 달 이상 땅에 그대로 두어야 했다. 아루굴라가 차지하고 있는 묘상 공간에 다른 작물을 재배할 수 있을 때 땅에 몇 달을 더 둔다는 것은 그만큼 관개를 더 해야 하고, 또 방제도 해야 한다는 것을 의미한다. 이후 아루굴라가 꽃을 피우고 열매를 맺자, 소출이 많았다. 우리는 콤바인이나 채종수확기(採種收穫機)가 없었기 때문에 손으로 종자를 거두었다. 아루굴라의 경우, 이렇게 한다는 것은 말린 종자 꼬투리를 벗겨 가방에 넣어야한다는 것을 의미한다. 꼬투리가 손에서 부서지면 꽤 많은 종자가 유실되어 땅에 떨어진다. 마침내 두서너 시간을 고생한 끝에 왕겨가 잔뜩 섞인 종자 한두 파운드를 건졌다. 다행히 학생실습농장에는 보잘것없지만 채종 풍구가 있어서 어느 정도는 종자와 왕겨를 분리할 수 있었다. 또 다시 두서너 시간 종자정선(種子精選)을 한 다음에야 처음보다는 무게가 줄었지만 훨씬 더 깨끗한 종자를 얻을 수 있었다. 종자 한 파운드를 수확해서 정선하려면 학생 두서너 명이 네다섯 시간을 수고해야 한다. 조니의 선별된 종자사에서는 유기농 아루굴라 종자 1파운드를 26달러 15센트에 팔지만, 여기에 세금과 탁송료를 더하면 우리가 일한 것은 시간당 약 4달러가 된다. (여기에는 작물 재배에 드는 비용도 들어가지 않았다. 기대를 걸고 우리는 이 비용을 우리가 수확하고 판매한 아루굴라에 계산해 넣었다. 그러나 농부가 채종을 목적으로 작물을 재배할 때는 모든 일을 효율적으로 처리해서 이익을 내도록 해야 한다.)

나는 최근 캘리포니아 윈터즈(Winters)에서 유기농장으로 크게 성공한 테라퍼마 팜즈(Terra Firma Farms)사(社)의 파트너, 폴 홈즈(Paul Holmes)에게 금년에 종자를 보존해둔 것이 있는지 물었다. 테라퍼마는 대형 CSA(가입 서비스인 지역 공동체 지원농업) 농민시장, 및 도소매 직판장 등을 통한 판매로 연간 1백만 달러의 총수익을 올리고 있다. 폴의 말로는 오렌지와 발렌시아(Valencia)라고 하는 가보 토마토를 약간 보존하고 싶어서 종자를 구하느라 고생을 많이 했지만 그 근처에도 못 가 봤다고 했다. 그와 농장에 있던 다른 사람들이 모두 너무 바빠 종자를 보존할 수 없었는데, 이것이 캘리포니아 이쪽 지역 유기농민들의 전형적인 모습이다.

뉴잉글랜드, 뉴욕, 북서부와 중서부 같은 미국 내 다른 지역(그렇지, 캘리포니아만 빼고 어디서든)에서는 종자 보존이 훨씬 더 흔하게 이루어지고 있다. 최근의 유기종자파트너십(Organic Seed Partnership) 관계자 회의에서(이곳에 와보니 캘리포니아 재배자로는 내가 유일한 참석자였음), 나는 경작 현지 품종 시험 및 전국적인 종자 보존에 대한 농민 참여도를 보고 놀랐다. 그 설명의 일부는, 캘리포니아 재배자들이 용지비(用地費)가 비싸서 종자를 보존하려고 밭에서 보낼 시간 여유가 없다는 말로 대신할 수 있겠다. 그도 아니면, 농업 천국에서 일년내내 어떻게 해서든지 여러 가지 작물을 재배하느라 너무 바빠 종자를 보존할 시간이 없거나, 또는 무엇이 중요한지 되돌아볼 시간도 없다고 해야겠다. 또 다른 이유를 대보자면, 뉴욕/뉴잉글랜드 지역의 OSP에는 이 농장에서 저 농장으로 돌아다니며 현지 재배자 단위로 종자정선을 해주는 이동식 종자정선 트레일러가 있다는 것을 들어야겠다. 만약 이 기술을 이곳 캘리포니아에서도 이용할 수 있다면, 더 많은 재배자들이 종자를 보존할 것 같다.

재배자가 종자를 보존할 능력이 있으면 종묘회사가 방임수분 품종을 팔아 돈을 많이 벌 수 없게 된다. 방임수분 가격이 너무 오르면 재배자들에게 종자를 보존할 동기가 생긴다. 가격이 적절할 때는 차라리 종묘회사가 종자를 공급하도록 하는 것이 낫다. 뿐만 아니라, 종묘회사가 일반적으로 종자 순도와 품질 관리 작업은 더 잘한다. 잡종 가격이 너무 오르면 재배자는 대신 방임수분으로 전환해서 종자를 보존하면 된다. 내병성(耐病性), 크기, 또는 균일화 등과 같은 형질이 필요할 경우, 전환 여부를 결정하기란 쉬운 일이 아니다. 수확량까지 줄어들 수도 있다.

'가보 종자' 토마토 기사를 읽고 보니 배가 고픈 게 생각난다. 브랜디와인(Brandywine) 토마토를 얇게 썰어 넣은 샌드위치를 먹고 싶지만, 겨울이라 대신 살사 소스와 통조림 가보, 그리고 유기농 콩(Jacob's cattle bean)을 넣은 케사디야(quesadilla) 몇 개를 먹기로 한다. 자리를 잡고 앉아 먹는데, 손에는 또 카탈로그를 들고 있으니 여기에 살사 소스가 떨어진다.

조니의 선별된 종자사가 유기농 재배자에게 물건을 댄다고 해서 유기농 종자만 판매한다는 것은 아니다. 미국 농무부 NOP 표준에는 유기농으로 재배된 종자를 상품으로 입수할 수 있을 경우 유기농 재배자들은 반드시 이를 사용해야 한다는 규정이 명기되어있다. 상품화되어 있지 않을 경우, 재배자들은 살진균제와 같은 금지물질 처리가 안 된 관행 재배 종자를 사용하면 된다. 조니의 선별된 종자사는 약간의 유기농 종자를 판매하는데, 사실은 2001년부터 더 늘고 있지만, 이곳에서 판매하는 많은 품종이 잡종이니까, 그 중 대부분이 유기농으로 재배한 것이 아니다. 최근 2~3년 전까지만 해도 유기농 잡종이 없었기 때문에 재배자들이 잡종을 선택할 경우, 비유기농 종자를 사곤 했다. 최근에는 조니의 선별된 종자사가 레드에이스(Red Ace) 근대와 세 가지 교잡종 단옥수수 품종과 같은 유기농 교잡종으로 구색을 더 갖추고있기 때문에, 내 생각에, 앞으로 5년 안에는 유기농 교잡종 종자를 훨씬 더 많이 사용하게 될 것 같다. 조니의 선별된 종자사가 인가된 유기농 방임수분 품종의 구색을 계속 늘려가고 있으므로, 양상치, 토마토, 오이, 및 푸성귀 등을 선택할 수 있는 여지가 많아졌다.

나는 주문용지를 계속 채워나갔다. 내 마음은 온통 종자 카탈로그에 표시된 정보와 흥미진진한 내용에 쏠려있었다. 생각해보니 나는 다음과 같은 교잡종 품질을 중요시한다는 것을 알았다. 즉, 수확량이 높고 내병성(耐病性)이 있으며 외형적으로 균일하고 또 경우에 따라(넬슨당근과 같이), 맛도 있는 것 등이다. 비록 교잡종 보호가 잘 되어 있고, 개발자에 의해 가격 책정도 고가로 이루어지고 있지만 나는 다시 한 번 말해, 돈을 써야 한다면 내가 중요시하는 특성에다 쓸 생각이다. 가격이 너무 비싸지면 나는 방임수분 품종으로 바꾸겠다. 종자 가격이 정 마음에 들지 않으면 종자를 남겨두는 쪽으로 도로 전환하면 된다.

아, 아직 조니의 선별된 종자사에 대해 언급하지 않은 게 한 가지 더 있다. 조니의 선별된 종자사 중에는 유전공학 품목이 전혀 없다. 사실은 카탈로그 첫머리에 다음과 같은 내용을 내비치는 문장이 있다. 즉, 자기들은 안전종자계획(Safe Seed Initiative)의 회원임을 자랑으로 알고, "유전공학 종자 또는 식물체를 알고 구매하거나 판매하지 않는다."는 것을 서약하는 문장이다. 거기에다 이런 설명도 붙였다.

> 즉, 자연적인 번식 방법 이외에, 속(屬), 과(科), 또는 계(界) 사이에 유전물질을 기계적인 방법에 의해 이식하는 것은 경제, 정치, 및 문화적 위협은 물론, 커다란 생물학적 위험까지 제기한다는 것이다. 우리는 유전공학 품종이 공개적으로 판매되기 전에 충분한 시험을 거치지 못했다고 생각한다. 유전공학 종자의 위험 가능성을 더욱 깊이 있게 평가하려면 더 많은 연구와 시험을 거쳐야 한다(조니의 선별된 종자사 2006년).

이것을 읽으면서 나는 두 가지 생각이 떠올랐다. 첫째, 안전종자계획이 농약 사용이 언제나 대두되는 문제임에도, 농약을 사용하는 품종에 대해 우려하는 것이 아니라, 유전공학 품종에 대해 우려한다는 것이 이상하다는 생각이 들었다. 2004년 캘리포니아에서만, 농약으로 인한 상해로 확인된 것이 828건이나 되었다(DPR 2006년). 내가 할 수 있는 말은, 유전공학 품종으로 발생한 상해가 캘리포니아, 미국, 또는 전 세계적으로 단 한 건도 보고된 것이 없다는 것이다. 제초제에 내성이 있는 작물이나 Bt가 도입된 작물의 유전공학 품종은 유기농 농민과 관련된 다른 이슈(박스 5.3 참조)가 있어서 내가 우선적으로 유전자를 재조합하려던 작물이 아니었기 때문에, 1996년 최소 식재 후 지금까지 어느 누구도 이로 인해 상해를 입은 사람이 없다(NAS 2004년). 또한 농약은 아직도 하천과 지하 대수층(帶水層)을 오염시키고 있지만,

유전공학 작물은 야생으로 탈출하거나 슈퍼 잡초를 생성한 적도 없다. 안전종자계획 이 생물학적 위험을 그렇게 우려하고 있다면, 어째서 농약에 대한 걱정은 더 하지 않고, 또 이에 걸맞게 유기농 재배 종자만 판매하도록 주창하지는 않는가? 현재까지 유전공학 채소종이 상품화된 것은 두 가지 뿐이다. 애즈그로우채소종묘사(현재는 몬산토 소유)에는 주키니황화모자이크바이러스(zucchini yellow mosaic virus), 수박모자이크바이러스(watermelon mottle virus), 및 오이모자이크바이러스(cucumber mosaic virus) 등에 내성이 있는 몇 가지 노란색 여름호박(yellow summer squash)과 주키니 품종(같은 종임)이 있다. 신젠타는 Bt 유전자를 이식하여 큰담배밤나방 유충과 유럽 조명충나방을 방제할 수 있는 유전공학 단옥수수를 시판하고 있다(그림 5.1 참조). 지금까지 상품화된 유전공학 채소종이 두 가지뿐이므로, 조니의 선별된 종자사와 기타 종묘회사들이 유전공학 품종을 기피한다고 해서 손해 볼 것은 별로 없는 셈이다. 반면에 조니의 선별된 종자사가 농약을 사용하여 재배한 품종(즉 대부분의 잡종과 상당량의 방임수분 품종)을 모두 포기한다면, 구입이 불가능할 수 있는 품종이 많아질 것이다.

둘째, 나는 안전종자계획(Safe Seed Initiative)이 모든 유전공학 품종을 한 덩어리로 묶어 사례별로 하나씩 분석하지는 않았다는 것을 알았다. 내가 보기에 이것은 목욕물을 쏟아버릴 때 아기까지 함께 버리는 것과 같다. EPA 또는 FDA가 승인한 유전공학 식물체에는 그 정도가 극저 수준에서 저수준에 이르는 '의도하지 않은 결과'의 위험이 있지만, 또한 '지속가능한 농업'을 지향하는 우리 기준에도 잘 맞을 일련의 이익까지 포함되어있다(박스 P.3).

내가 보기에는 안전종자계획 측의 유전공학 정책이 친환경 농법을 촉진할 수 있는 품종 개발을 지연시키고 있는 것 같다. 토마토를 다른 토마토 유전자로 유전공학적으로 조작하면 어떻게 될까? 이것이 바로 자연에서 방임수분되는 식물간의 유전자 이식이나 또는 관행방식으로 식물 육종가가 이식하는 것과 동일한 것이다. 관행 식물 육종 대신 유전공학을 사용하는 이점은 단 하나의 유전자만, 즉 소기의 형질 특성을 발현하는 유전자를 더 짧은 시간에 이식하는 것이라 할 수 있다. 예를 들어 선충에 내성을 갖는 브랜디와인 토마토를 만들려 할 경우, 레드선토마토(이것도 조니의 선별된 종자사에서 판매함)에서 선충에 내성이 있는 유전자를 브랜디와인에 집어넣으면 된다. 유전자 하나만 추가할 경우, 가보 브랜디와인의 온갖 풍미는 그대로 보존될 것이다. 이 같은 토마토는 겉으로는 경제, 정치, 문화, 친환경, 또는 건강상 어떤 부정적 위협도 제기하지 않을 것이다. 그리고 수확량을 높이고, 내병성(耐病性)이 있으며, 균열이 생기지 않고 좀 더 단단하게 할 수 있는 다른 토마토 유전자를 브랜디와인 토마토에 이식할 경우, 엄청난 토마토를 생산할 수 있을 것이다. 앞으로 이런 때가 오면 '조니의 선별 종자사가 이 같은 종자를 판매할까? 또 유기농 재배자들은 이를 재배하고, 소비자들도 이를 먹을까? 이 모두는 유전자를 누가 소유하고 있느냐에 따라 달라질 것이다.

11

유전자는 누가 소유하고 있는가?

어느 날 저녁 시애틀컨벤션센터 카버너스볼룸(Cavernous Ballroom)의 미국 식물생명공학회 연차 정기총회 식전에서 비영리 연구기관인 분자생물학 응용국제농업센터(Center for the Application of Molecular Biology to International Agriculture; 캠비아 CAMBIA) 의장인 리차드 제퍼슨(Richard Jefferson)이 연단 옆에 서있다. 50대 초반으로 캐주얼하게 차려입은 이 남자는 미국 식물학회 회장 로저 행가터(Roger Hangarter)가 과학과 인류에 대한 그의 뛰어난 공헌에 감사하며 과학공익사업상(Science Public Service Award) 중에서 미국 식물학회 리더십상(賞)을 수여한다는 말에 귀를 기울이고 있다.

"유전공학이라는 도구를 마련하는데 이바지한 제퍼슨의 공로는 미국과 개도국에서 자유롭게 사용할 수 있는 이 기술의 구현에 커다란 영향을 주었습니다. 그의 공로는 과학적인 것이지만, 공익사업과 관련된 함의(含意)는 지대한 것입니다."라고 로저가 설명한다. "리차드는 거미줄과 같이 복잡하게 얽혀있는 특허 망을 비집어가며 더 많은 사람들이 식물 형질전환 기술을 널리 사용할 수 있도록 하는데 성공했습니다."

로저의 말이 끝나자 리차드가 연단으로 걸어 나와 한마디 하기 시작한다. 그는 슬라이드를 쓰지 않고 바로 청중을 향해 말한다. "연사가 자꾸 포인터로 슬라이드를 가리키면 사람들이 흥미를 잃지요. 그보다는 차라리 소품을 잃는 게 낫습니다." 이 말은 리차드가 초저녁에 나에게 한 말이다. 이 자리에 모인 사람들은 대부분 리차드만큼 달변이거나 식물생명공학자들이 수백 명이나 되는 국제회의 청중 앞에서 마음 편히 즉석연설을 할 정도는 못 된다. 그러나 리차드는 뭐든지 제멋대로 하고, 자기 혼자서 알아서 하는데도 대개는 척척 잘 하기 때문에 식물생명공학계에서는 한 가닥 하는 걸로 알아주는 사람이다. 이제 우리 모두가 그 사람만 쳐다 본다.

내가 리차드를 처음 만난 건 발리에서 1992년 어느 날 늦저녁 록펠러 재단이 주최한 벼 생명공학 회의에서였다. 15년이라는 세월 동안 록펠러 재단은 1억 달러를 써가며 개도국 농민의 미작(米作)을 도울 목적으로 최첨단 유전학 연구를 육성해왔다. 열대지방에서 특별히 이렇게 모이게 한 목적은 전 세계 벼 연구가들을 한 자리에 모아놓고 과학적 성과를 토론하려는 것이었다. 덥고 습기 찬 저녁이었고, 리차드는 자기가 묵고 있는 조그만 오두막집 계단에 앉아 기타를 치고 있었다. 그는 작곡도 하고 기타와 만돌린까지 칠줄 아는 전문 음악인이다. 내가 가까이 다가가자 그가 벌떡 일어나 자기소개를 했고 그 다음부터는 쉬지 않고 내내 말을 이어나갔다. 나는 당장 다음 두 가지를 알 수 있었다. 리차드는 사귀어보면 기분이 좋아지는 사람이라는 것이다. 안지 몇 분이 안 되어도 당장 자기가 연애했던 이야기며, 자기 연구의 성공이나 실패 이야기, 그리고 특정한 실험에 관한 생각 등을 말해준다. 또한 가지 주제를 놓고 자기감정을 조절하여 동시에 의기소침해지기도 하고 격해지기도 할 수 있는 사람이라는 것이다. 그날 밤은 저개발국 연구원들이 생명공학이라는 도구를 무료로 얼마든지 사용할 수 있게 한다는 록펠러 재단의 목표에 대해 그가 흥분해서 이렇게 말했다. "못사는 나라의 과학자라고 해서 왜 자기가 필요한 것을 선진국의 생명공학 발전에만 의지해야 합니까?" 그가 열변을 토했다.

그 해에 리차드는 선진국 과학자만 지식을 움켜쥐고 혜택을 받아야 하는 것은 아니라고 작심해서, 중국, 베트남, 및 아프리카 등지에서 과학자들에게 현대 유전학 기술을 소개하는 프로그램을 진두지휘하며 바쁘게 돌아갔다. 그렇지만 그는 "현재 상황에 안주해서 연구 계획을 수립하는 타성" 때문에 자신이 받아쓰는 연구비가 곧 고갈될 것을 크게 걱정하고 있었다. 그 다음에는 통례에 따라, 예를 들어, 교수가 받는 수입으로 꾸려가야 할 것이다.

여러 해가 지났는데도 여전히 리차드는 기금 마련에 성공해서 자신이 선택한 외로운 길을 가고 있으며, 생명공학이라는 도구를 많은 사람들이 사용할 수 있도록 힘을 보태고 있다. 오늘 회의에서 그는 특허 소유권과 관련된 현재 체제가 기술혁신을 가로막고, 식물과학이라는 이름에 먹칠을 하고 있다는 자신의 견해를 밝혔다. 그는 이 말을 여러 해를 두고 꾸준히 여행을 다니며 하고 있다. "저는 세상 어는 곳에서든 바에 들어가 공짜로 맥주를 마시곤 했습니다. 자리를 잡고 앉아, 주위를 둘러보고는 아무나 붙잡고 말을 시작하지요. 그러면 얼마 안 되서, '직업이 뭐지요?'라고 물어옵니다. 그러면 이렇게 대답하지요, '저는 식물 유전공학자입니다'. '멋있네요!' 그러고는 사람들이 이렇게 말합니다. '그 말씀은 식량문제 해결을 위해 신품종을 만든다는 거군요. 맥주는 제가 사겠습니다.' 그리고서 나를 보고는 눈길을 돌려 다른 사람한테도 맥주를 삽니다. 아니, 왜 그럴까요? 그 이유는 요즈음 사람들이 식물유전공학이라고 하면 화학약품 대기업과 특허 규제를 연상하기 때문입니다."

그의 말에는 일리가 있다. 최근의 자료를 보면, 농업 생명공학에서 특허를 받은 발명 중 약 1/4이 공공부문(예, 국립 대학교) 연구원이 이룬 업적이며, 이 같은 발명 중 대부분이 민간 기업에 전용실시 되었다고 한다(Atkinson 등 2003년). 심지어 더 큰 문제가 되는 것은, 민간부문이 기업 인수합병에 의한 대규모 집중화를 통해, 농약 판매부문에서도 메이저인 5대 기업(몬산토, 듀퐁-파이어니아, 신젠타, 바이엘, BASF)의 지배하에 세계적 과점(寡占) 현상을 낳고 있다는 것이다. 이 같은 합병은 부분적으로는 유전공학 작물 생산에 필요한 지적 재산권(특허 기술 및 유전자) 포트폴리오를 축적하기 위한 것이고, 또 부분적으로는 자신들의 농약 시장을 위협하는 신기술을 자기들의 지배하에 두려는 것이다(Toenniessen 2006년). 몬산토는 이제 글리포세이트(라운드업)보다는 종자 판매에서 돈을 더 벌고 있으며, 판매수익도 급속히 커가고 있다. 이것이 의미하는 것은 이제 민간 기업이 유전공학 기술사용에 대한 지배를 더욱 확대했다는 것이다. 기술의 특정 측면이 전체적인 방법에 대한 관건, 즉 예를 들어, 식물에 유전자를 이식하는 수단이라면, 단일 기술의 구성요소에 대한 접근을 차단하는 것이 전체적인 방법에 대한 접근을 차단하는 것과 본질적으로 같은 것이 되는 셈이다. 유전공학 기술의 특정 측면에 대해 대학이 "전용실시권"을 받은 것을 민간 기업이 차지함으로써 공공 연구 부문이 유전공학을 사용하여 새로운 작물을 개발할 수 있는 능력이 크게 제한되었다. 더구나, 공공부문 연구 및 개발에 대한 재정적 지원이 줄어들어, 대부분의 유전공학 개발이 민간부문으로 넘어갔다(AAAS FY05 미국 대통령 추계 예산 분석자료 〔2004년 5월〕). 그 결과 새로운 작물, 특히 생계형 작물(예, 카사바) 및 특용작물(예, 딸기, 사과, 양상치) 개발이 제한되었다. 이들 작물은 공공부문의 농업 연구가 담당해온 것으로 역사적으로도 중요한 것이다. 더욱이, 규제 비용이 늘어가자, 공공부문은 형질전환 작물의 상품화를 점점 더 감당할 수 없게 되었다(박스 11.1).

비록 "공익"이라는 개념이 대학교 과학자들의 기본 사명이지만, 가장 소중한 기술이 제초제와 농약 제품 및 종자 생산까지 관장하고 있는 몇몇 대기업에게 전용실시권이 주어지고 갈수록 그 정도가 심해질 경우, 이 사명은 저해될 수밖에 없다는 것을 많은 사람들이 우려하고 있다. 이와 비슷하게 많은 유기농 종사자들과 소규모 재배자들은 유전공학 도구와 관련된 특허가 몇몇 회사에 떼로 몰리면 이 회사들이 농업을 더욱 크게 장악할 것이라고 걱정한다.

박스 11.1 규제 비용

유전공학 파파야(박스 4.2 참조) 개발 당시만 해도 규제 비용이 아주 낮아서 데니스 곤살베스(Dennis Gonsalves) 같은 대학 교수가 얼마 안 되는 연구비로 그 비용을 지불할 수 있었다. 요즈음은 규제 비용이 아주 높아져, 비영리 단체가 작물을 시장에 내놓을 수 있는 기회를 효과적으로 배제하고 있다.

(계속)

박스 11.1 계속

유전공학에 대한 정부의 현재 규제제도는 주로 원연종(遠緣種)(예, 세균성 Bt) 도입 유전자와 관련된 잠재적인 생물안전성 때문에 생긴 것이다. 그러나 이제 이 제도는 그 출처와 효과가 관행육종의 원천 및 효과와 유사한 유전자에 적용되고 있다(예, 벼 *Xa21* 유전자). 이 같은 마구잡이식 규제로 게놈 연구에 따른 공익이 대중에게 돌아갈 길을 막을 정도로 거금(예, 5만 달러에서 5천만 달러까지)을 부과하고 있다. 예를 들어, 대학 연구소가 유전공학을 통해 선충에 내성이 있는 브랜디와인 토마토를 만들어도, 이 신품종을 시판하는데 소요되는 관련 규제 비용을 기꺼이 지불할 기관은 없을 것이다. 대학교와 소규모 재배자가 이 같은 비용을 부담할 수는 물론 없을 것이다. 그리고 자금이 넉넉한 대형 종묘회사나 생명공학 회사는 시장이 적어서 내켜하지도 않을 것이다. 이와 같은 사유로 몇몇 과학자들과 정책 입안자들이 유전공학 식물의 등급에 차이를 두는 규제를 지지하고 있다. 예를 들어, 독성이 크거나 알레르기를 일으키는 제약(製藥)과 단백질에 대해서는 제한을 크게 설정하고, 반면에 자연 돌연변이나 유도 돌연변이와 유사한 방식으로 신진대사를 개량하는 유전자에 대해서는 제한을 적게 설정한다는 것이다. 오리건주립대학교 임학(林學) 교수 스티브 스트라우스(Steve Strauss)는 다음과 같이 설명한다. "규제 비용과 장애물을 크게 줄이면 소규모 기업과 공공부문 투자자들이 유전공학 작물 개발에 나서게 할 수 있을 것입니다. 많은 대기업의 힘과 윤리에 대한 의심이 만연되어 있는 것과 유전공학 작물을 두고 벌어지고 있는 논쟁에서 이 같은 사회적 회의론이 야기하는 중요한 역할을 감안한다면, 생명공학의 "민주화"는 농업에서 유전공학에 대한 일반 대중의 승인을 이끌어낸 생물학적 쾌거만큼이나 중요하다고 할 수 있을 것이다(Strauss 2003년)."

공공영역에 종사하는 과학자들이 맞닥뜨리는 어려움의 좋은 예가 비영리 록펠러 재단이 개도국 어린이의 비타민 A 결핍증을 경감하기 위해 지원한 자금으로 개발한 "황금쌀(Golden Rice)" 사례다. 비록 이 사업이 공공영역에서 한결같이 인도주의적인 목적으로 수행되었지만, 70가지 이상의 특허 또는 계약상 의무로 황금쌀 개발이 잠재적으로 제한되었다(Potrykus 2001년). 다행히 록펠러 재단의 조직적 지원으로, 지식재산권을 소유한 민간 기업 들이 필요한 기술을 인도주의적인 목적으로 사용할 수 있다는 것에 합의하게 되었다. 오늘날 황금쌀은 국가 및 국제적인 단위의 공공 연구기관과 현지 벼 육종가 등을 통해 개도국의 생계형 농민에게 무상으로 공여되고 있다. 기술 이전의 다음 단계를 지원하고 이 기술이 이를 가장 필요로 하는 가난한 사람들에게 확실하게 전달되도록 하기 위해 "황금쌀 인도주의 위원회"가 설립되었다. 육종가들은 이제 비타민 A 특성을 현지에서 채택한 벼 계통에 도입하고 있으며, 또한 수많은 연구원들이 그 잠재적인 건강, 사회경제 및 환경 관련 영향 평가를 진행하고 있다. 오늘날 황금쌀을 어린이와 어머니가 먹을 수 없도록 방해하고 있는 것은 소유권에 따른 제약 때문이 아니라 부분적으로는 유전공학에 대한 우려에 부응해 설정해 놓은 규제 장애 때문이다.

황금쌀 사례는 지적 재산권 이슈를 다루기 위해 상상력이 풍부한 방법이 필요하다는 것을 실례를 들어 설명하고 있다. 즉, 몇 년씩 걸려 협상하거나, 비싼 돈을 들여 변호사를 고용하거나, 또는 작물을 시장에 내놓기 위해 지나치게 복잡한 정부/민간 합작 등이 없이도 가능한 방법이 필요한 것이다. 이것은 현재 캠비아와 기타 기구들이 떠맡고 있는 크나큰 과업이다.

리차드의 그룹은 최근 유전공학에 사용되는 주요 특허 기술을 피해서 연구를 계속할 수 있는 방법을 개발하는데 성공했다. 즉, 아그로박테리윰 매개에 의한 형질전환을 말한다. 그와 그의 동료들은 동일한 효과를 내기 위해 놀라울 정도로 단순한 방법을 사용하여 다른 종의 무해한 세균을 변형 할 수 있는 방법을 알아냈다(Broothaerts 2005년). 그 결과로 얻은 유전자 전이 기술은 "오픈소스(open source)" 근거에서 공공부문 연구원들에게 공여되었다(Dennis 2004년).

리차드가 말을 이으며, 이렇게 말한다. "이 계획(BIOS 〈바이오스〉라 함)의 근거가 바로 리눅스 운영체계 주변에서 꽃을 피운 지역사회 개발과 유사한 것으로, 세계 최초의 '오픈소스' 생명공학 툴키트의 핵심인 것입니다. 생명공학 사례의 핵심은 새로운 방식으로 유전자를 식물체에 도입하는 신기술로 구성되어있습니다. 리눅스 '오픈소스' 기술(수혜대상을 포함시키기 위한 것이지, 배제하기 위한 것이 아닌)과 같이 BIOS 라이선스 소유자는 로열티를 받지 않습니다. 대신, 이 독점 라이선스 소유자는 다른 모든 독점 라이선스 소유자와 개선 내용을 공유하기로 동의해야 합니다."

리차드는 매매자로도 크게 성공한 사람이다. 그는 현재 여러 가지 영리/비영리 기구와 계약을 체결해놓고 있다. 최근에 캠비아와 IRRI (International Rice Research Institute 〈국제미작연구소〉)는 빈곤 경감 및 기아 감소를 주제로 한 농업 연구 활성화 전략을 사용하려는 기대를 구현하기 위해 BIOS 계획 촉진을 위한 주요 공동사업을 발표했다. "신기술은 특허 및 기타 법적 권리가 복잡하게 얽혀있는 그물망에 점점 더 얽혀들어 가고 있으며, 일반적으로 부유한 국가와 여유 있는 과학자의 편익을 도모하도록 맞춤화되어갑니다,"라고 IRRI 사무총장인 로버트 자이글러(Robert Zeigler)가 말한다. "전 세계의 절반이 쌀을 주식으로 삼고 있습니다. 그러나 이 말은 전 세계에서 앞으로 기술혁신을 추구하려는 사람의 절반은, 제대로 된 툴키트와 이를 사용할 수 있는 권리가 주어진다면, 쌀 생산이라는 도전에 진력해야 한다는 것을 의미합니다(캠비아와 IRRI 2005년)."

바이오스 라이선스라는 용어는 공공 연구기관의 입장에서 볼 때 지나치게 제한적이고 비용도 많이 드는 측면이 있지만(캠비아는 면허 사용에 대해 수수료를 부과하고, 그 결과로 개발된 벼 품종의 소유권을 공유하도록 허용한다는 "포괄적 합의〈reachthrough〉" 권리를 요구한다.)(PIPRA 2006년), 이런 종류의 창의적인 사고가 있어야 공익을 위해 유전공학 적용을 향상시킬 수 있는 것이다.

말이 끝날 때쯤 되자 리차드가 청중에게 다음과 같이 질문을 던진다. "돈 때문에 식물과학을 하신 분이 몇 분이나 되십니까?"웃음소리가 떠들썩하게 들리고, 몇 군데에서는 너털웃음으로 시끄러울 정도다. 그가 말을 이어간다. "그런 분은 안 계시다는 답이군요. 편익 구현은 세계를 위한 것이고, 논문발표도 많이 하시려 했군요. 그런데 문제는, 때로 여러분의 발명이 특허를 받아 영리를 목적으로 하는 기업에게 배타적인 라이선스가 부여되면, 여러분도 이를 되돌려 받아 수정하거나 이를 필요로 하는 사람이 사용할 수 있도록 해줄 수가 없다는 겁니다. 얼마나 돈을 많이 모았느냐는 말로 식물과학의 성공을 계량할 수는 없지요. 그 계량은 사회를 위한 부(富)의 창조, 예를 들면, 인류의 건강 향상이라는 말로는 가능합니다. 유전공학에는 개도국의 빈농을 도울 수 있는 엄청난 가능성이 있습니다. 농업 기술의 필요성이 이보다 더 컸던 적이 없습니다."

약 10년 전, 나는 특허 및 라이선스 관련 이슈에 대해 직접 체험을 통해 교육을 받았다. 그때가 1995년이었고, 나의 연구실 팀이 벼 유전자 *Xa21*을 분리한 지 얼마 되지 않았을 때였다(Song 등 1995년). 그 당시, 과학자들이 금전적 가치가 높은 유전학적 발견으로 특허를 받아, 이를 상품화하기 위해 민간 기업과 협력하는 일이 점점 많아지고 있었다.

나는 이보다 5년이나 앞서 이 유전자에 관심을 갖게 되었는데, 그 이유가 필리핀에서 국제미작연구소를 방문했다가 벼 육종에 이바지한 공로로 유명해진 벼 유전학자로, 정중하고 친절한 거뎁 쿠시(Gurdev Khush)를 만났기 때문이었다. 그는 1996년도 세계식량상(World Food Prize) 수상자이며, 2006년도 일본식량상(Japan Food Prize)도 수상했다. 거기 갔을 때 그가 나에게, *Xa21*은 아프리카와 아시아에서 벼 흰잎마름병균(*Xanthomonas oryzae* pv. *oryzae*)이 벼에 일으키는 가장 심각한 세균 질병 중 하나에 내성을 갖게한다고 했다. 흉년이 들면, 이 질병 하나만으로도 수확량이 50%가 감소될 수 있는데, 이는 어떤 농민이라도 감당하기 어려운 커다란 손실이 아닐 수 없다. 1977년, 인도 커택(Cuttack)의 중앙미작연구소(Central Rice Research Institute)에 근무하는 그의 동료 데바다스 S.(Devadath)가 도처에서 재배되던 벼의 자매 종(種)으로 잡초가 많은 *Oryza longistaminata*라는 아프리카산(産) 다년생 야생종 벼의 내성을 평가하기 위해 말리(Mali)로 갔었다(Richards 1996년). 데바다스는 시험을 거친 모든 세균성 마름병 병원균 표본에 내성이 강력한 야생종 개체가 있다는 것을 확인했다. 1978년 그는 육종 연구를 위해 이 야생종 벼를 IRRI로 가져갔다(Khush 등 1991년). 거뎁과(Gurdev)와 그 동료들은 IRRI에서 관행 묘목 육종 기술을 사용하여 재배종에 이 내성을 도입하였다(Khush 등 1991년). 이들은 그 내성이 벼 염색체 중 하나의 단일 부위로 향하게 되어있다는 것을 알고, 이를 *Xa21*이라고 명명했다. IRRI에서 입수한 물질을 사용하여 1990년 코넬대학교 스티브 탱슬리 교수 연구실에서 나는 벼 염색체 11에 있는 *Xa21*의 위치를 정확히 집어냈다(Ronald 등 1992년). 1992년부터 1995년까지 UC 데이비스캠퍼스의 내 연구실 멤버들이 분자생물학과 형질전환 연구를 심도 있게 실시하던 중, 마침내 유전자 하나가 *Xa21* 내성과 관련이 있다는 것을 증명했다. 이 연구는 전적으로 비영리 기관의 기금을 지원받아 이루어진 것이었다. 즉, UC 데이비스 캠퍼스, 미국 농무부, NIH, 및 록펠러 재단 등의 지원을 받은 것이다.

일단 분리에 성공하자, 국제적으로, 또 상업적으로도 현대적인 작물 품종 개발에 이 유전자를 사용하려는 사람들의 관심이 크게 집중되었다(1995년 12월 15일자 '뉴욕타임즈지'의 블랙스리〈Blakeslee〉; 1995년 12월 15일자 '월스트리트저널지'의 런들〈Rundle〉). 이것은 유전자가 일단 확인된 다음에는 이를 신품종에 이식하기가(현대 유전자 표지를 사용하는 관행 육종이든, 또는 유전공학에 의한 것이든; 박스 1.2 및 그림 4.4 참조) 훨씬 쉬워지기 때문이다. 많은 과학자들은 *Xa21*이 미작(米作) 생산을 향상하는 것뿐만 아니라, 상업적 의미가 큰 밀, 옥수수, 및 보리 등과 같은 다른 작물의 질병을 방제하기 위한 새로운 수단을 개발하는데도 역시 유용할 것이라고 생각했다. 궁극적으로는 이런 유전공학 품종의 효율적인 활용으로 환경에 농약이 투입되는 것을 감소시킬 수 있을 것이다. 따라서 나는 이 기술을 더욱 깊이 개발하여 작물 개량 프로그램에 어떻게 사용할 것인가 하는 문제와, 저개발국이 전과 마찬가지로 이를 무상으로 사용할 수 있는가 하는 문제에 직면하게 되었다.

특허의 취지는 사회에 창의적이고 유용한 공헌을 한 사람을 보상하기 위한 것이며, 최근 뉴욕타임즈지의 사설에 의하면, "미국인들은 발명가가 자신의 고된 일과 기술혁신에 대한 열매를 즐길 수 있도록 해주기 위해 온정적인 방식으로 특허를 부여하는 것으로 생각한다."라고 기술했다. 그러나 유전공학의 등장으로 매년 한 해가 지나갈 때마다 새로운 의문이 제기되고 있다. 유전자에 특허를 줄 수 있을까? 생명체의 경우는 어떤가?(2006년 3월 22일). 살아있는 생물체에 최초로 특허를 허용키로 한 획기적인 제정(制定)에서 미국 연방 대법원은 1980년 원유를 분해할 수 있는 세균 유전공학 계통이 특허법상 특허 보호의 적정 주제임을 판결했다(*Diamond v. Chakrabarty* 1980년). 같은 해, 기술 이전 및 미국 농산물 개발 촉진을 위한 베이돌법(法)(Bayh-Dole Act)이 대학교 및 기타 공공기금 출연 연구기관에게 정부 출연 연구비로 이룩한 발명의 특허를 획득하고 이를 상용화할 수 있는 권리를 부여했다(Bayh-Dole 1980년).

유전자 복제가 더욱 다반사로 일어나자 특허가 계속 생명공학 발전에 중요한 역할을 하고 있다. 유전자 특허 교부 원칙이 도덕적으로나 윤리적으로 옳은 일인지는 격렬한 논쟁을 거쳐야 하는 문제가 되었다(Gladwell 1995년). 생물학적 물질을 공익이나 자연의 선물로 생각하여 개인이나 회사가 소유할 수 없는 그 무엇으로 간주하는 사람들이 있다(Gladwell 1995년). 다른 사람들은 생식세포와 유전자를 공공영역에서 제거할 경우 특허가 발명과 육종의 발전을 제한한다고 우려한다. 아직도 많은 사람들이 특허를 사회적으로 유용한 농산물의 발견 및 개발 과정에 대한 자극제로 간주하고, "직접적인 치료 가치가 막대한 기술을 착상하게 된 유전학자가 이를 가급적 빨리 시장에 내놓지 않는 것은 대단한 윤리적 일탈이라고 믿는다(Gladwell 1995년)."

"황금쌀 발명가 중의 한 사람인 잉고 포트리쿠스는 이것을 다음과 같이 간주하고 있다. 언젠가 나는 특허와 싸우는 모임에 합류하려는 생각을 많이 했습니다. 그렇지만 좀 더 생각해보니, 황금쌀 개발도 특허가 있기 때문에 가능했다는 것을 알았어요. 제가 사용했던 대부분의 기술이 창안자가 특허를 통해 자신의 권리를 보호할 수 있었기 때문에 가능했습니다. 특허가 없었다면 대부분의 기술이 비전(秘傳)되었거나, 아니면 동기를 찾지 못해 전혀 개발되지 않았을 것입니다. 가난한 사람을 돕기 위해 이용이 가능한 지식을 유감없이 활용하려면, 특허에 반대하여 싸운다는 것은 말이 안 되지요. 지식재산권을 현명하게 사용할 수 있도록 투쟁하는 것이 훨씬 더 타당한 일입니다(Potrykus 2001년)."

UC 데이비스캠퍼스는, 정식 특허 출원을 하지 않을 경우, 상업적 이해가 없으므로 다른 작물에 사용할 유전자 개발의 전반적인 투자가 줄어들게 된다는 확신에서, 1995년, *Xa21*의 서열을 포함하는 특허를 출원했다. 우리가 특허 출원을 밀고 나가기로 결정했지만, 그 다음 단계, 즉 발명에 대한 라이선스 취득은 신중하게 처리해야 한다는 생각이 곧바로 떠올랐다. 민간부문 기관과 배타적 라이선스 계약을 체결하면 우리가 이 기술을 다른 공공부문 기관, 즉 개도국의 가난한 농민을 위해 신품종 개발에 진력하고 있는 국가 및 국제적인 단위의 공공 연구센터와 공유할 수 있는 역량이 소멸될 것이다. 쌀이 개도국에서는 가장 중요한 주식이므로, 쌀 생산량 향상은 전 세계 식품 생산에 커다란 영향을 끼치게 된다. 추정이지만, 잠재적인 세계 미작(米作) 수확량의 50%가 세균, 진균류, 및 바이러스 등이 야기하는 질병으로 유실되고 있다. *Xa21*의 발명이 한 회사의 배타적 독점권에 묶인다면 공익이 위협받게 될 것이다.

그래서 우리는 라이선스에 관한 독창적인 방법을 생각해냈다. UC 데이비스캠퍼스는 두 회사, 즉 몬산토사(社) 및 파이오니아사(社)와 *Xa21* 유전자 라이선스 옵션 계약을 협의했다. 협의 일부에 따라 이 두

회사는 저개발국 벼 품종 개발에서는 제외되었다. 이렇게 함으로써, 정부 기금 출연 프로그램의 지원을 받고 비영리를 목적으로 하는 연구원들이, 연구 결과로 얻은 종자를 무료로 배포한다는 조건으로, 유전자에 계속해서 자유롭게 접근할 수 있게 되었다. UC 데이비스캠퍼스와 IRRI는 이 조정을 계약에 정식으로 형식화하여 IRRI가 복제된 *Xa21* 유전자를 사용하여 신품종 벼를 개발한 다음, 복제 유전자 및 새로 개량한 품종을 자유로이 개도국에 배포할 수 있는 전권을 부여했다. 이후, 국가별 육종 프로그램을 통해 유전자를 현지에서 채택한 품종에 도입한 다음, 이 같은 신품종을 자국 농민들에게 자유로이 배포할 수 있게 되었다. 이 유전자는 후대(後代)로 계승되므로, 다음 계절에는 농민들이 자기 자신의 종자를 재배할 수 있는 것이다. 이 신품종은 세균성 마름병에 내성을 부여하기 위해 단일 벼에서 유전자를 뽑아내어 이를 추가했다는 것을 제외하면 현지에서 채택한 품종과 유전적으로 동일하게 될 것이다. 현지 적응에 중요한 다른 특성(내건성〈耐乾性〉, 잡종강세, 내한성〈耐寒性〉, 또는 왜소증)은 변함없이 그대로 남아있을 것으로 기대된다. *Xa21* 특허는 관행 육종 방식에 의한 *Xa21*의 사용을 배제하지 않는다.

일단 배타성 이슈를 해결하고 나자, 나는 이보다 더 어려울 수 있는 다른 이슈에 달려들고 싶어졌다. 내가 말할 수 있는 것은, 개도국이 작물 개발에도 결정적이고, 항암약물 및 항생제와 같은 신약 개발에도 결정적인 식물 품종을 공여한 것에 대해 이를 보상할 수 있는 방법은 거의 없어 보인다는 것이다. 생물다양성에서 얻은 가치가 보전에 들인 세계적 투자를 훨씬 상회한다(Brush 1996년).

식물 유전자 다양성이 자각에 의해 보전된 사례에서는 그 보상이 대단하다. 육종 프로그램의 평가와 사용을 위해 유전자원을 광범위하게 채집하여 보전하는 국제적인 유전자은행 체제가 확립되었다. 예를 들어, IRRI 벼유전자원센터(IRRI Rice Germplasm Center)는 120,000종으로 추정되는 벼 품종 중 83,000종을 보존하고 있다(IRRI 1990년). 이곳의 연구로 세계 공동체에 돌아가는 이익은 "엄청나며, 개도국의 저소득 식품 소비자들이 압도적인 수혜 대상이 되었습니다. 국제적인 단위의 공공 연구센터를 통해 산업화를 이룬 국가로 유출되는 유전자원의 총합 가치가 이들 국가에 주는 연간 이익이 35억 달러를 상회하였으며, 개도국에 대한 이익은 밀과 벼의 경우에만 연간 약 670억 달러에 달합니다(Jacoby and Weiss 1997년)." 벼의 생물다양성 보전 및 사용으로 전 세계가 식품 생산의 혜택을 입었지만, 특정 작물의 유전 물질이 제공된 해당 국가는 직접적인 혜택을 입지 못한 경우도 있을 수 있다.

산업화를 이룬 국가 중 특허 자원과 기술을 보유하고 상업 제품을 개발한 국가는 원천 유전자원 제공자에 대한 보상은 하지 않은 가운데 생물다양성으로 인해 이익을 챙겼다. 적정한 보상을 산정하기 어려운 이유 중의 하나는 특정 유전자가 시장에 내다 팔만한 농산물로 이어질 수 있을지 여부를 예측하기가 어렵다는 데 있다. 사실, 특정 유전자 공여는 통상적으로 "최종적인 농산품 총합 가치의 극히 일부분"에 지나지 않는다(Jacoby와 Weiss 1997년). 뿐만 아니라 특정 농산품 상업화에 필요한 연구와 개발 과정에는 엄청난 규제 비용, 기술 지식, 자본 투자, 재원, 마케팅 활동, 유통 능력, 및 시간 등이 소요되므로, 흔히 개도국과 미국 서부지역 대학교의 예산을 초과하게 된다.

유전자원 원천 국가에 대한 대학교의 보상이라는 선례가 없고, 지식재산권 관리에 대한 사전 합의가 없기 때문에, 말리(Mali)에 그 유전자원을 인정해서 잠재적으로 이를 보상할 수 있는 가장 적합한 방법이 무엇인지는 분명하지 않다. 그러나 내가 보기에 분명한 것은 어떤 형태라도 이를 인정해야 한다는 것이었다.

UC의 기술이전 사무소를 통해 말리에 그 유전자원에 대한 보상을 할 수 있는 장치를 개발하려고 노력했지만, 내가 의논했던 직원들은 어떻게 하는 것이 이 일을 성사시킬 수 있는 가장 좋은 방법인지 알지 못했다. 나는 비교적 신참 교수라, 이렇게 커다란 공립대학교가 어떻게 돌아가는 지 잘 알지 못했으므로, 어찌할 바를 몰랐다. 나는 이 문제를 해결할 때까지는 라이선스 계획을 추진하고 싶지 않았다. 몇 주 후 필리핀에 가서, 나는 역시 록펠러 재단이 주최한 회의에 참석하여 이 문제에 관해 연설했다. 보상 장치에 관한 생각이 내 마음을 떠난 적이 없다. 귀국 행 비행기를 탑승하기 위해 줄을 서고 있던 중 나는 내 앞에 회의에 왔던 다른 참석자가 있는 것을 보았다. 공손하고, 지성이 높으며, 사려 깊은 스탠퍼드대학교의 법학 교수 존 바튼(John Barton)이었다. 그도 같은 비행기로 샌프란시스코로 가는 길이었으므로, 우리는 이야기를 나누기 시작했다. 알고 보니 그는 국제식물유전자원법 및 기술이전의 전문가일 뿐만 아니라, 내가 겪고 있는 곤경에 큰 관심까지 보였다. 우리는 귀국 행 비행기에서 내내 이야기를 주고받았으며, 비행기에서 내릴 때쯤에는, 존이 기꺼이 나를 도울 생각이 있을 뿐만 아니라 우리가 함께 노력해서 이 궁지를 타개할 수 있다고 확신한다는 것이 분명하게 보였다. 우리는 개도국 유전자원에 관한 첨단 연구 또는 보전에 이바지할 수 있는 기금을 확보하여 적절한 보상 형태를 마련한다는 결정을 내렸다. 통상적으로는 특정 유전자원의 소유자로서 딱히 누가 보상받아야 하는지 판정하기가 불가능하므로, 원천 국가에게는 이것이 직접적인 재정적 이전보다 더 큰 이익이 될 수 있었다.

존이 도와준 덕분에 1996년 6월, 개도국이 UC 데이비스 캠퍼스의 발견을 성공으로 이끌도록 공헌한 것을 인정하기 위해 캘리포니아대학교 데이비스 캠퍼스는 유전자원보상기금(Genetic Resources Recognition Fund 〈GRRF〉)을 수립했다(Kate and Collis 1997년). GRRF는 개도국으로부터 입수한 유전자원 세포의 유전물질을 상업화하여 조성된 로열티 수입으로 기금을 마련하도록 되어있었다. 그 목적은 개도국 출신 펠로십 연구원이 본국으로 귀국하여 수행하는 농장 실습교육 프로젝트, 또는 유전학적 다양성이 풍부한 토지 보전 지원에 GRRF 기금을 사용하는 것이었다. 이 기금의 취지는 유전자원을 입수한 곳과 동일한 지역의 개인 및 농업 지역 공동체에 이익이 되도록 하는 것이었다. 유전자원 원천 국가 출신 학생(이 경우, 말리 출신)이 최우선 대상이었다. 우리는 이 프로그램 수립으로 대학들이 개도국의 유전자원 공여를 인정하고 이를 보상하는 선례를 남길 수 있기를 기대했다. 또한 우리는 GRRF가 과학자들이 개도국 출신 과학자들과 생산적인 협력과 선린 관계를 유지하고, 유전자원 공유와 보전 활동을 이어나가기 위해 경제적 유인을 창출하도록 하는 한편, 그들의 발명으로 특허를 받을 수 있는 수단을 제공할 것으로 생각했다.

비록 GRRF가 발명을 통해 조성될 장래의 잠재적 수입을 평가하려는 시도는 하지 않지만, 도입이 용이하고 널리 수용할 수 있는 건설적인 해결책은 제공한다. 특정한 단일 발명에 대한 상업적 성공을 예측하는 것이 사실상 불가능하기 때문에, GRRF가 다수의 발명으로 기금을 마련하는 것이 이상적일 것이다. 사실, 지금까지는 *Xa21* 유전자로 상업 제품을 만든 적이 없다. 따라서 판매가 없었고, 로열티도 없었으며, 나누어줄 기금도 없었다. 실망스럽긴 하지만 이 같은 결과를 기대한 것은 아니었다. 그러나 희망하기로는, UC 데이비스 캠퍼스가 추가로 발견을 이루어 나가고, 업계에 라이선스가 돌아가면, 누군가는 상업적 성공을 예견하게 될 것이고, 또 시간이 지나면서 기금은 불어나게 될 것이라 생각한다. 모든 UC 캠퍼스와 UC 라이선스를 사용하는 기업 간에 맺어질 장래의 모든 계약에는 해당 라이선스를 취득하려는 물질이 개도국으로부터 직간접적으로 취득한 것일 경우 이 기금에 출자하도록 명기하는 것이 이상적일 것이다. 모든 로열티를 한 가지 기금에 기탁하면 라이선스 하나로는 이익을 올리지 못할 위험이 있어도 기금의 전체적인 유효성은 줄어들지 않는다. 이와 같이 유전자원을 출자한 국가가 자신의 특정 공여분의 상업적 성공과는 무관하게 이 기금으로부터 각각 이익을 볼 수 있게 된다.

오늘날, *Xa21* 유전자는 미국 전체에 퍼져있는 많은 연구원들과 21개 국가에 배포되어있으며, 전 세계 육종 프로그램에 널리 사용되고 있다. 우리가 *Xa21*을 저개발국이 사용할 수 있도록 신경을 많이 썼기 때문에, 중국이 *Xa21*을 가진 잡종 개발을 진척시킬 수 있었다. 유전공학을 통해 잡종 양친에게 *Xa21*을 추가해도 잡종의 가치는 파괴되지 않았다(단 하나의 유전자만 추가했기 때문이다). 이와 대조적으로, 관행

육종 방법을 사용할 경우, 한 번에 많은 유전자가 도입되므로 여러 해가 걸려야 유전적 특징을 구분해서 새로운 잡종을 쓸모 있게 만들 수 있다. 베이징의 중국농업과학원(Chinese Academy of Sciences) 교수, 지아 시롱(Jia Shirong)의 말에 의하면, 8년에 걸친 연구실 시험 및 현장 검사를 마친 다음, 그의 팀이 면적이 이탈리아만한 안후이성(安徽省) 정부에게 *Xa21* 벼의 상업 생산을 신청했다 한다. "현장 실적이 지극히 좋았습니다."라고 지아가 로이터 통신사와의 전화 인터뷰에서 말했다. "농민들이 수확량 손실과 화학물질 사용을 줄일 수 있습니다. 우리 연구 자료에는 형질전환 벼가 관행 벼만큼 안전하다는 것이 증명되어있습니다(Nakanishi 2005년)." 중국 내각의 BIOSafety 위원회가, 2004년 말, *Xa21* 벼의 상업화를 권장했지만, 중국이 직면하게 될 무역 문제의 가능성 때문에, 유전공학 벼에 대한 유럽 소비자들의 반대를 고려하여 아직까지는 출하하지 않고 있다(Nakanishi 2005년).

비독점 라이선스에 유전자원인식기금 출자를 곁들이기로 한 우리 전략은 *Xa21*에 대한 적절한 해결책이었으며, 공공 및 민간 영역 모두에 이익이 되었다. 그러나 이것이 모든 유전자에 다 통하는 것은 아니다. 예를 들어, UC 데이비스캠퍼스는 얼마간을 심사숙고한 끝에 *Sub1* 유전자(제1장 참조)의 특허를 출원하지 않기로 했는데, 그 이유는 이 유전자에 대한 직접적인 필요성이 주로 개도국의 벼와 관련되어있기 때문이다. 뿐만 아니라, 다른 작물에서 상업 농산물을 생산할 수 있는 가능성을 위해 비용이 많이 드는 연구를 수년씩이나 추가해야 하기 때문에, GRRF를 통해 UC 데이비스캠퍼스, 또는 오릿사(Orissa)주(州) 사람들에게 돌아갈 이익이 있을 것 같지가 않았기 때문이다. 그래서 우리는 Sub1 유전자를 공공 영역에 맡길 경우 일반 대중이 가장 폭 넓게 이익을 볼 수 있을 것이라는 결론을 내렸다.

목소리가 걸걸하고 유머 감각이 대단한 데다 절제된 성격의 소유자이며, 겉보기에 여행이라면 얼마든지 다닐 수 있을 것 같은 개리 퇴니어슨(Gary Toenniessen)이 1985년 록펠러 벼 생명공학프로그램(Rockefeller Rice Biotechnology Program) 창시 이후 2000년 완성 시까지 이를 주도해왔다. 미생물학자로 교육을 받은 그는 농사와 관련된 환경 문제를 다루는데 도움이 될 수 있는 프로그램의 개발과 도입을 담당했다. 여기에는 농약 잔류 문제의 대안 및 농업 자원의 관리 개선에 관한 연구가 포함되었다.

개리와 록펠러 재단이 창립하고 지원하는 벼 연구원 공동체는 이 프로그램 초기에 천명한 임무 수행에 경이적인 성공을 거두어, 다음과 같은 빼어난 업적을 남겼다. 즉, 벼 게놈의 완벽한 서열, 전 세계에서 간단하게 사용할 수 있는 벼의 형질전환 기술 개발, 및 다산(多産), 강인, 내성 및 영양소 등을 갖춘 계통 창작 등이다.

전부는 아니라 할지라도 대부분의 연구원들은 유전공학의 획기적인 발전과 유용한 기술이 벼 및 기타 작물의 경우 저개발국과 소규모 농민에게 이익이 되는 것을 확인하고 싶어 한다. 몇 년 전 개리와 록펠러 재단에 종사하는 그의 동료들이 맥나이트 재단 —이들 두 재단은 모두 개도국의 식물 생명공학 연구를 지원한다.— 및 미국의 중견 농업 대학교 및 식물 연구기관 중 몇 곳과 손을 잡았으며, 여기에는 캘리포니아 대학교, 코넬대학교, 미시간주립대학교, 위스콘신대학교, 노스캐롤라이나주립대학교, 플로리다대학교, 오하이오주립대학교, 럿거스대학교, 도날드 댄포스(Donald Danforth) 식물과학 연구센터, 및 보이스 톰슨 연구소 등이 포함되었다. 이들의 목적은 농업공공지식재산자원(Public Intellectual Property Resource for Agriculture 〈PIPRA〉)을 설립하여 대학과 국제 농업 연구체제 사이의 연결 활성화를 회복하고, 또 민간부문과 새로운 협력관계를 구축하여 그들의 전문 지식과 자원을 활용하는 것이다(Atkinson 등 2003년).

PIPRA는 대학이, 인도주의적인 목적과 경작지가 작은 농민에게 없어서는 안 될 소규모 작물에 대한 권리는 그대로 보유한 상태에서, 시장을 통해 자신의 기술을 민간부문에 판매하게 하여 자신의 발명으로 이익을 올릴 수 있도록 하고 있다. 즉, 몇 가지 제한이 있는 것을 빼고는, 그 목적이 캠비아의 것과 비슷하다(http://www.pipra.org). 퇴니어슨과 함께 UC 데이비스 캠퍼스의 앨런 베닛(Alan Bennet)도 PIPRA 개발의 주창자였으므로, 지금은 PIPRA가 UC 데이비스 캠퍼스에 위치하고 있다.

지금은 3월이라 이 분지에는 전형적으로 일기가 차고 햇볕이 많이 드는 계절이지만, 지난달에는 계속 비가 내렸었다. 북 캘리포니아 카운티는 대부분 홍수로 비상사태를 선포한 상태다. 창밖을 내다보며 매일 가는 수영장을 오늘은 그만 두고 대신 집에서 수영을 할까 생각하고 있는데, 문에 노크 소리가 들린다. 근면하고 창의력이 풍부한 조수 르베카가 들어온다. 그녀가 창밖을 내다보며 이렇게 말한다. "캘리포니아라면 태양의 주가 아닌가요? 제 말은 룸메이트가 이곳으로 이사하라고 할 때 여기가 위스콘신보다는 햇볕이 잘 들고 더 따듯하다고 했거든요. 마치 우기가 한 창일 때의 부르키나파소(Burkina Faso)에 다시 온 것 같아요."

나는 르베카가 데이비스로 오기 전에 평화봉사단에서 사하라 사막 이남 아프리카의 보건 자원봉사자로 복무한 적이 있다는 것을 알고 있지만, 우리는 그 동안 그녀의 경험에 관해 이야기를 나눌 기회가 없었다. 나는 부르키나파소가 덥고 건조한 곳이라고 들었기 때문에 그녀가 한 말이 좀 이상하다고 생각했다. 그래서 왜 그랬는지 물었다.

"타는 듯이 무덥고, 찝찝했던 더운 철이 지난 5월 말경, 운이 좋으면 이렇게 10월까지 비가 오지요."라고 말하며 그녀가 창문을 손으로 가리켰다. "저는 거의 매일 같이 비오기를 바랐지만, 그래도 부르키나에 대해 생각할 때 제일 먼저 떠오르는 것이 비는 아니었어요."

"그럼, 뭐가 떠올라?" 내가 물었다.

"더위와 빈곤이지요. 제가 제일 먼저 비행기에서 내려 계류장으로 걸어가는데 열기가 때리는 것이 마치 벽에 부딪치는 느낌이었어요. 그날 밤은 영원히 마음속에서 지워지지 않고 남을 거예요. 평화봉사단에서 일하는 다른 자원봉사자들과 직원들이 우리 신참 자원봉사자들을 안내해서 차 몇 대에 나눠 태우고, 부르키나의 수도, 와가두구(Quagadougou)를 통과했습니다. 저는 거리에서 눈을 뗄 수 없었어요. 길을 따라 스탠드 수백 개가 서있었는데, 대부분 목재로 만들었고, 지붕에는 양철을 씌웠어요. 거기서 사람들이 고기를 꼬챙이에 끼워 요리한 것에서부터 망고며 다른 과일까지, 제가 살던 곳의 슈퍼마켓에서는 거의 보지 못하던 것들을 팔고 있었어요. 그러고는, 마치 미국의 중고 가게에서나 얻어 입은 것 같이 너덜너덜한 옷을 입은 꼬마들이 맨발로 거리를 뛰어다니고 있었습니다."

그녀의 말로는, 인구가 4백만인 콜로라도 주(州) 크기 밖에 안 되는 이 나라에 천4백만 명이 넘는 사람이 살고 있다고 한다. "가장 큰 충격을 준 것은 맨살이 들어날 정도의 빈곤 그 자체였어요. 꼬마들이 클리넥스나 껌을 팔고 있는데 미국 돈 2센트 되는 10프랑을 받는답니다. 그리고는 그 도시 냄새, 즉 땀 냄새, 고기 굽는 냄새, 그리고 과일 스탠드에서 풍겨오는 얼마간의 달콤한 냄새 등이 프랑스 치즈와 뒤엉켜 악취가 찌를 것 같았어요. 사람들은 잡곡 가루로 젤리 비슷하게 만든 토(tô)라는 걸 많이 먹고 있었습니다. 우리 마을에 사는 어떤 사람들은 시장에서 무언가를 팔며 부업을 하고 있었지만, 가족들은 근본적으로 생계형 농업을 하고 있었어요. 그들은 주로 잡곡, 수수, 옥수수, 땅콩, 및 콩 등을 재배했습니다. 여인들이 기장 꽃대를 꺾어서 커다란 절구에 넣어 연거푸 세게 때린 다음 공이로 찧어, 납작한 돌로 씨를 빻고 금방 가루를 만들더군요. 그들은 잡곡 가루를 끓는 물에 넣고 휘저은 다음, 거품을 내어 반죽을 만들어요. 그러면 요리할 때 굳어지고, 식고 나면 손으로 집어 올려 공 같이 만드는 거예요. 제가 우리 마을이었던 리딤보(Ridimbo)의 심장 박동이라고 불렀던 것이 바로 잡곡을 이렇게 끝없이 세게 때리는 거였어요."

그녀는 단백질을 충분히 섭취하는 것이 문제라고 덧붙이며, 특히 어린이의 경우가 문제라고 했다. 가족들은 가끔 시장에서 사온 건어물을 밥참에 넣고 소스를 쳐서 먹는데, 어쩌다 손님이 찾아오면 치킨을 넣어 먹기도 한다. 특별한 날에는 염소 고기가 나오기도 하지만, 양고기와 쇠고기는 값도 비싸고 구하기도 더 어려워 구경하기 어렵다. 고기가 나오면 손님이 제일 먼저 먹고, 그 다음에 가장이 먹고, 또 그 다음에 부인이 먹고, 그러다가 뭐라도 남은 게 있으면 어린이들이 먹는다. 대부분의 경우 꼬마들은, 토(tô)가 그 정도는 되기 때문에, 칼로리를 충분히 섭취하지만, 단백질과 비타민은 그렇지 못하다. 따라서 그녀는 배가 부풀어 오르고 머리가 불그스름한 꼬마들을 많이 보았는데, 이는 결국 단백질이 부족해서 생기는 영양불량, 즉 소아 영양실조(kwashiorkor)의 숨길 수 없는 징후인 것이다.

"리딤보 사람들이 단백질이 강화된 유전공학 잡곡이나 비타민 A가 강화된 쌀을 좋아할 것 같아?"라고 내가 물었다.

"이런 유전공학 식품이 있어서 건강이 좋아질 수 있다는 걸 알면 좋아하겠지요. 저는 전국적인 캠페인의 일환으로 매년 여러 날을 제가 근무하던 보건소 구역 내의 이 마을 저 마을을 자전거를 타고 다니며 소아마비 예방주사를 놓고 종합 비타민 A 보충제를 나눠주었어요. 이런 여행을 다니면 다닐수록 꼭 같은 말을 듣는데, "La santé avant tout" 즉, 건강이 우선이라는 말과 모시(Mossi) 족(族) 무어(언어인 Mooré)어(語)로 "Laafi beeme" "건강이 여기 있다"라고 하더군요. 조그만 괭이 하나를 손에 들고 밭을 손질하느라 뼈 빠지게 세월을 보내는 마을에서는 건강하게 산다는 것이 거저 되는 일은 아니지요. 실제로, "Laafi" 즉, 건강이라는 말이 매일 같이 인사할 때 쓰는 말이 되었더군요. 게다가, 제 생각에는 이 사람들이 고 수확 작물이 있다면 관심이 있을 수밖에 없는 것이 고생을 엄청나게 덜어줄 것 아닙니까. 그렇지만 제가 거기서 일하면서 배운 게 한 가지 있다면, 아무리 좋은 기술이나 생각이 있어도, 또 아무리 의도가 좋거나, 해야 할 일이 대단하다고 생각해도, 결국은 결정을 해야 하는 것은 바로 사람들, 즉 소비자들이라는 거예요. 종자야 거저 나눠줄 수 있고, 실험실에서는 아무 문제가 없었던 것이라도, 농민의 손에 들어갔을 때 수확이 좋지 않거나, 생각지 못 했던 비용이 들어가면, 아무리 이론적으로는 이익이 된다고 해도 사람들이 그 종자를 계속 사용하려 하지 않을 거예요."

이 말을 들으니 농업 및 자연자원 Ph.D.를 따기 전에 하버드 신학대학원에서 석사를 받은 펜실베니아 주립대 사회학 교수 르랜드 글레나(Leland Glenna)가 나에게 다음과 같이 설명했던 고전적 사례가 떠올랐다. "몇 년 전 동 아프리카에서 농민들이 수확이 좋았던 '난쟁이 밀(dwarf wheat)'을 시험 재배했어요. 일 년이나 이 년쯤 지난 다음, 농민들은 예전에 쓰던 품종으로 다시 돌아갔지요. 연구원들이 도무지 그 이유를 몰라 당황했지만, 사회과학자가 현장에 가서 농민들에게 묻고 나서야 그 이유가 밝혀졌지요. 알고 보니 난쟁이 밀이 시험장에서 시험 재배할 때는 수확이 좋았지만, 실제로 밭에서 경작할 때는 그렇지 못했습니다. 난쟁이 밀 줄기가 다른 품종보다 튼튼해서 새가 그 줄기에 올라 앉아 낟알을 먹는 거예요." 분명한 것은 유전자 변형만으로는(관행육종이든, 아니면 유전공학이든) 복잡한 기아 문제를 해결할 수 있는 특효약이 되지 못한다. 가난한 농민 손에 들어갔을 때 제대로 사용되어야 한다.

르베카와 나누었던 이 대화로 나는 가난한 사람들 중에서도 가장 가난했던 경우를 떠올리게 되었다. 어떻게 하면 유전공학을 가장 절실하게 필요로 하는 사람들에게 돌아갈 수 있도록 할 수 있으며, 또 어떻게 해야 기술이 이 사람들에게도 쓸모가 있게 해줄 수 있을까?

록펠러 재단은 현재 개리의 지도 아래 바로 이 문제를 다루고 있다. 그는 지금 아프리카의 식품 안전 개선을 목표로 재단의 사업을 주도하고 있으며, 아프리카농업기술재단(African Agricultural Technology Foundation 〈AATF〉)의 설립을 돕고 있다. 현지 기구가 자신들의 소비자가 무엇을 필요로 하는지 가장 잘 알아서 개발할 수 있기 때문에, AATF는 일반 대중이 사용할 수 있는 물질을 필요로 하는 아프리카 기구를 찾아내어, 이를 신품종 작물 개발에 한층 더 도움이 될 수 있는 민간 기관과 연결시킨 다음, 적절한 생물안전성 시험(현재까지는 비용이 터무니없이 많이 든다)을 실시하고, 자원이 빈곤한 농민에게 종자를 나눠주며, 잉여 농산물을 팔 수 있는 시장 조성에 도움을 준다. 오늘날 다수의 국제 종묘회사(種苗會社)와 미국 농무부가 AATF(http :// www.aftechfound.org)와 협력할 의사가 있음을 피력했다.

유전공학이 여러 가지 상황에 적합한 도구이기는 하지만 모든 상황에 다 그런 것은 아니다. 토양 비옥도 고갈이 식품생산 평균 수확량이 낮아지게 된 주요한 생물 물리학적 원인이 된 사하라 사막 이남 아프리카를 예로 들면, 언젠가는 토양 자양분을 더욱 잘 활용하는 유전공학 작물이 있어서 질소 문제를 해결하기 까지는 유전공학이든 아니든 그 같은 원인의 영향을 많이 받게 될 것이다(Sanchez 2002년; Oldroyd 2006년). 미국 토양 비옥도 및 농업 개발 국제 연구센터(International Center for Soil Fertility and Agricultural Development 〈IFDC〉)의 한 보고서에 의하면 아프리카 토양의 영양분 일탈이 하도 급속하게 진행되고 있어서 농지의 75%가 이제는 심각하게 저하되었다고 한다. "농민이 계절마다 끊임없이 같은 밭을 경작하여 작물로 고갈된 영양분을 대체할 능력이 되지 못하면, 토양에서는 말 그대로 생명의 보고가 채굴된다."고 IFDC 회장 애밋 로이(Amit Roy)는 말한다(Henao와 Baanante 2006년). 아프리카의 비료 사용은 세계 어느 지역보다 낮아서 지구 전체 사용량의 10퍼센트도 채 못 된다. 그 이유는 비료 가격이 다른 어느 곳보다 2~6배 이상으로 높아, 이곳 농민에게는 지나치게 비싸기 때문이다. 토양에 영양분을 증가시키는 식물을 사용하거나, 비료를 꼭 필요한 곳에만 최소량으로 시비하는 경지 유기농 생산방식이 수확량 증대에 효과적이고, 또 비용까지 적게 드는 전략이 될 수 있다(Barhona와 Cromwell 2005년). 토양 비옥도를 보충해준 다음에만, 바라고 바라던 고 수확 작물이 무성해질 수 있다.

훌륭한 정부, 식량생산(단순한 상품 생산이 아닌) 촉진을 추구하기 위한 정책 수립, 농업 기술을 일반 대중이 이용할 수 있도록 하는 적절한 지식재산권 정책, 및 공정한 국제무역 정책 등이 없이는, 농민과 전 세계 소비자들에게 도움이 될 수 있는 발견이라도 아무 소용이 없게 된다. 유전공학이 부르키나파소에 도움이 될 수는 있겠지만, 공익을 장려하는 공공부문이 자생할 수 있는 틀 속에서만 가능한 것이다.

르랜드(Leland)는 이 같은 발상에 동의한다. "문제의 핵심은 폭 넓게 공익을 추구하는 농업 및 식량 체제를 구축할 수 있느냐 하는 것이며, 이 체제가 사익(私益)에 지배를 받아서는 안 된다는 것입니다. 이 문제는 정책 입안자, 농민, 소비자, 대학교 육종가, 및 업계 육종가들 사이에 불신으로 남아있을지 모릅니다. 제 관점에서 볼 때 유전공학 자체는 문제가 아닙니다. 문제는 사적인 이해관계가 목표를 앞지를 수 있다는 우려 때문에 공익 성취 방법에 관한 토론이 매몰되고 있다는 것입니다. 그런데 유전공학이 그 자신과 밀접하게 연결된 지식재산권 문제 때문에 상충관계의 중심에 놓여있는 것 같습니다. 공익에 관한 의문은 화분(花粉) 전이, 지식재산권, 영농체계 및 식품 안전 등과 같은 토론에 매몰되고 말았지요. 이것들이 더욱 광범하게 다루어야 할 정치 사회적 이슈입니다. 이 이슈는 중요하며, 유전공학이 없어도 생겨날 이슈입니다(L. Glenna, 개인교신)."

개리의 노력과 PIPRA, GRRF, AATF, 및 BIOS 등과 같은 프로젝트를 통해 미국과 미국 이외의 지역에서 똑같이 이 같은 공익을 성취하기 위해 창의적인 방식이 점차 개발되고 있다. 우리 농장에는 이 같은 도구가 있어야 한다. 달리 취할 길은 기아와 질병 문제에 대처할 세계 능력의 퇴보뿐입니다(Jacoby와 Weiss 1997년).

리차드가 시애틀에서 식물생명공학자들에게 했던 연설 끝머리에서,

그는 청중들이 사회운동가로 나서서 자신들의 발견이 널리 이용될 수 있도록 하여, 운이 덜 따른 사람들의 삶은 물론, 농업을 향상시키는데도 사용될 수 있도록 해야 한다고 호소했다. "식물 유전학자들이 여러 해 전에 이미 이 '오픈소스' 방식을 추진했더라면 아직까지 제가 공짜 맥주를 마실 수 있었을 겁니다."

정찬 *Dinner*

12

해체적 비평의 정찬*: 유전공학적 품종의 유기농 재배

농업에 어떤 전략이 적절한가 하는 무익한 토론에 몰두하는 대신, 특정 국가, 특정 생태 및 경제에 맞는 전향적인 최선의 방법을 찾는 것이 훨씬 더 보람 있는 일일 것이다. 지속적이고 안정된 농업 방법이란 다음과 같은 것을 의미한다. 즉, 관념적인 토론은 어떤 것이라도 지양하고, 특정 지역을 위한 최선의 해결책을 구하려는 실용적인 결정에 집중하는 것이다. 성공으로 가는 길은…. 많으며, 우리는 이들을 모두 추구해야 한다.

베른대학교 식물원 원장 클라우스 암만의 2001년 저,
"2020년까지 모두를 위한 지속가능한 식량안보"에서.

KLAUS AMMANN, Director, Botanical Garden, University of Bern;
from "Sustainable Food Security for All by 2020," Sept. 2001

관계에 관한 연구는 그지없이 매력적이며, 나에게 있어서 관계를 이해한다는 것은 인간이 자신을 방어하는데 절대로 소홀히 해서는 안 되는 부분이라고 여겨진다.

영농인이며 켄터키대학교 전직 영어학 교수 웬들 베리가
1987년에 쓴 '가정학 및 14가지 수필'에서

WENDELL BERRY, farmer and former Professor of English at the
University of Kentucky; from *Home Economics: Fourteen Essays*, 1987

* Deconstructing dinner

종이 땡땡 치고 수업이 끝나자 여기저기 발걸음 부산해진다. 숙제와 도시락은 기다리고 계신 부모님들 손에 떠맡기고 당장 잊어버린다. 구두는 벗어서 내팽겨 친다. 따듯한 봄날, 배우는 것보다 좀 더 본질적인 활동, 즉 식사에 들어갈 시간이다. 클리프(Cliff)가 작별인사도 다 못하게 하며 내 손을 끌어당겨, 우리는 집으로 향했다. 우리 집은 읍내에서도 먼지가 많은 지역에 교실이 둘뿐인 학교의 길 건너 쪽에 자리 잡고 있다. 다 시들어 갈라진 향나무와 밤색으로 장식한 집이 마치 장인의 솜씨로 지은 방갈로 같다. 뒤쪽에 코딱지 만한 유기농 밭과 인접해 있는 곳에는 커다란 헛간이 있고 그 안에 남편 라울이 보트를 만들고 있는 작업장이 있다. 엄청나게 큰 옥외 벽에는 그 배경에 별난 취향으로 형형색색의 동식물 DNA 나선이 그려져 있다.

클리프는 양쪽이 채소밭과 경계를 이루고 있는 앞쪽 통로를 뛰어다닌다. 채소밭에는 분홍 달맞이꽃, 노란색 꽃받침이 달린 예루살렘세이지(Jerusalem sage) 꽃잎, 그리고 향기로운 로즈메리의 조그만 자줏빛 꽃을 심어놓았다. 싱싱한 달맞이꽃 초록색 잎사귀가 밟혀있는 것을 보고, 클리프가 갑자기 서더니 통로를 나와 살펴본다.

"엄마! 둥우리를 찾았는데, 그 속에 알이 있어요. 무슨 알이에요, 엄마?" 클리프가 흥분해서 소리치며, 뭔가 신기한 게 아닌가 하는 눈치다.

자세히 살펴보니, 이 알들은 이상하게 크고 파란색이 도는 것으로 보아, 남미의 조류 중에서 사람들이 좋아하는 "파란색" 유전자를 이식하여 1970년대에 개발한 계통인 아메라우카나(Ameraucana hen) 암닭중 한 마리가 다시 탈출하여 새로 가정을 이루려는 듯 했다. 그러나

이 닭에게는 시작이 좋지 않다. 파스텔 색 달걀이 차갑게 버려져있다.

"우리 암탉 한 마리가 뛰쳐나간 모양이다."라고 내가 대답했다.

클리프가 약간 실망한 표정으로 달걀을 집어 들고, "나 배고파요. 먹어도 되요?"라고 묻는다.

"그럼." 우리는 집으로 들어가 소금을 쳐서 달걀을 버터에 튀긴다. 나는 우리 친구 폴의 농장에서 키운 호두를 넣어 집에서 만든 밀 빵 조각을 굽는다(레시피 12.1). 토스트에 버터와 로날드 할머니가 집에서 만드신 플럼 잼을 듬뿍 바른다(레시피 12.2). 방과 후 아이가 배고플 때 먹이기에는 안성맞춤이다.

레시피 12.1

호두가 들어간 팸과 트리시(Trish)의 통밀빵

(빵 2덩어리)

♣ 재료

굵게 빻은 밀 시리얼 또는 제니퍼 시리얼 믹스(단단한 알갱이가 섞인 것, 즉 경질 밀, 연질 밀, 보리, 및 호밀 – 아래 제니퍼의 설명서 참조), 물 3 1/4c, 꿀 1/3c,

버터 또는 기름 3Tbsp(기름과 버터가 반반씩이면 좋다),

소금 2tsp, 통밀가루 3c, 이스트 2봉, 인스턴트 탈지 우유가루 1/3c,

다목적 가루 3-3 1/2c, 저민 호두 1c

1. 중간 크기의 자루 냄비에 굵게 빻은 밀과 물을 섞어 끓인다.
2. 불을 줄이고, 뚜껑을 덮은 다음 8분 간 끓인다. 소금, 꿀, 그리고 버터를 넣는다. 미지근해질 때까지 식힌다.
3. 믹서 사발에 통밀가루, 이스트, 및 우유가루 등을 섞는다. 식힌 시리얼 믹스를 넣고, 저속에서 30초 동안 휘저어 섞는다.
4. 고속으로 3분 간 휘저어 섞는다. 손으로 다목적 가루를 충분하게 넣어 뒤섞은 다음, 반죽을 알맞게 굳힌다. 가루를 바른 껍질 쪽을 뒤집는다.
5. 반죽이 응어리지지 않고 낭창낭창할 때까지 8~10분 동안 갠다. 호두를 넣어 공 모양으로 만든다. 기름을 바른 사발에 넣고 덮개 껍질을 한 번 뒤집는다.
6. 크기가 두 배로 될 때까지 45~60분 동안 덮어서 따듯한 곳에 두어 부풀게 한다.
7. 오븐을 400°F(204.4°C)로 예열한다.
8. 부풀어 오른 반죽을 때려 내린 다음, 둘로 나누어 덮어두고, 10분 동안 그대로 둔다.
9. 덩어리를 만들어 기름을 바른 납작한 냄비에 넣는다. 덮개를 씌워 크기가 두 배로 될 때까지 30분 동안 부풀어 오르게 한다.
10. 400°F(204.4°C)에서 30-35분 동안 굽는다. 덩어리가 너무 빨리 눋는 경우, 포일을 씌운다.
11. 냄비에서 제거하여 선반에 올려놓고 식힌다.

식탁에 내놓을 때는 빵 조각을 누렇게 구워 버터와 꿀 또는 플럼 잼을 펴 바른다.

제니퍼 시리얼 믹스: 금년에는 제가 시리얼 믹스에 사용할 엄청나게 많은 가보종자 품종을 몽땅 뒤섞어서 키웠지요. 그래서 종자를 모두 분리하지 않고도 보전할 수 있게 되었지요. 유전자 소굴 시리얼 믹스같은 것이라고나 할까요?"

레시피 12.2

트리시의 플럼 호두 잼

♣ 재료

산타로사 플럼 조각 4c, 설탕 3c,

저민 호두 1c (Terra Firma Farm 산품), 버터 1 tsp

1. 플럼과 설탕이 완전히 인다. 잼이 스푼에 달라붙고, 방울이 얼음 녹은 물에 덩이 모양이 생겨 겔(Gel)이 될 때까지 끓인다.
2. 저민 호두를 넣고 1분 동안 다시 끓게 한 다음, 불을 끈다.
3. 꼭대기에서 거품을 걷어낸 다음 잼에 버터를 1 스푼 추가한다.
4. 곧바로 아가리가 넓은 병에 넣는다. 마개를 돌려 닫은 다음 식도록 둔다.

잼 병은 반드시 냉장고에 보관해야 한다.

캘리포니아 센트럴밸리에서 수업을 끝내고 귀가 길에 앞쪽 통로에서 구하고자 하는 식품을 매번 거의 다 구할 수 있다. 이곳에 식품은 넘칠 정도로 많아서, 특별히 유전공학 성분 존재나, 푸른색 알을 낳는 유전자 변형 암탉의 유주성(遊走性) 여부를 크게 신경 쓰지 않으면 먹을거리를 찾는 것은 아주 쉽다. 매 끼니마다 어떤 의미를 찾아야 한다면, 식품의 유전자가 어떻게 변형되었는가 하는 것에서가 아니라, 그 성분의 신선도, 농장 근로자들의 건강, 환경에 대한 영향, 그리고 정찬의 무드와 감사하는 마음에서 찾아야 한다.

가장 기본적인 식품이라도 반드시 정성을 들여 심사숙고해서 재배해야 하며, 농민들이 당면한 문제는 창의적으로 다루어야 한다. 우리 빵에 들어간 호두를 예로 들어보자. 몇 달 전 나는 이곳의 320에이커짜리 농장을 구경했다. 잡식동물의 딜레마(*Omnivore's Dilemma*) 저자 겸 미국에서 식품이 농지에서 식탁까지 어떻게 오는지를 조사하여 신문에 보고서를 쓰기도 했던 마이클 폴란(Michael Pollan)이 그날 UC 버클리캠퍼스에서 자기 학생들과 함께 방문했다. 욜로 카운티의 농장 자문위원 레이철 롱(Rachel Long)도 거기에 있어서, 우리에게 페로몬 트랩을 설치하여 호두나무를 공격하는 코드린나방을 유인하는 방법을 보여주었다. 그 구상은 수컷들을 교란시켜 암컷과 짝짓기를 할 수 없도록 하려는 것이다. 우리가 위쪽에 트랩을 높이 설치하는 방법을 배울 때 마이클이 농장주 크레이그 맥나마라(Craig McNamara)에게 호두나무치고는 꽤 작아 보여 수령을 물었다. — 겉보기에 몇 년 정도밖에 되지 않아 보인다.

"물으시는 걸 보니 재미있군요."라고 크레이그가 답했다. "이 나무들은 벌써 15살이 되었고, 생장이 위축되어 약해졌습니다. 종합 페로몬을 사용하는 레이철의 생물학적 방제 덕에 더 이상 나방이 문제되지는 않습니다." 그는 설명을 이어나가며, 문제는 토양에 현미경으로밖에 보이지 않는 벌레, 즉 선충이 들끓고 있다는 것이라고 했다. "유기농 방법으로 이 같은 선충을 방제할 수는 없는데다, 식재하기 전에 토양을 브롬화 메틸로 훈증하고 싶지는 않기 때문에, 우리는 수확량 감소를 받아들이기로 했습니다."

브롬화 메틸을 안 쓰는데는 충분한 이유가 있다. 브롬화 메틸은 토양 속에 있는 생명체를 모조리 죽이고, 농장 근로자들이 전립선암에 걸릴 위험을 높이며(Alavanja 등 2003년), 지구 오존층을 고갈시키는 화학물질이다. 사실은 이렇게 걱정스러운데도, 미국은 매년 수천만 파운드의 브롬화 메틸을 사용하고 있으며, 그 대부분이 작물을 식재하기 전에 토양을 훈증시킬 목적으로 사용된다. 이런 연유로 가끔철이 되면 일찌감치 분지 전역에서 이 가스가 새어나오는 것을 막기 위해 몇 에이커씩이나 되는 땅에 방수포를 덮어놓은 것을 보게 된다(Pesticide Action Network North America 2005년).

선충 문제는 유전공학이 농민, 소비자, 및 환경에 이득이 될 수 있다는 좋은 예이다. 사실상 상업에 이용되는 모든 호두나무가 유전학적 키메라(Chimera)입니다. 즉 아래쪽 줄기와 뿌리는 균류 난치병에 내성이 있는 한 종(種)(캘리포니아 검은호두나무)에서 나온 것이고, 반면에 접수(接穗)(호두가 열리는 나무 윗부분)는 소비자들이 선호하는 호두를 내는 다른 종(種)(영국호두)에서 가져온 것이다. 이 같은 생물학적 기술(두 가지 종〈種〉을 하나의 나무에 섞는 것)은 미국 농무부의 유기식품 생산기준에 허용되어있는 것이다.

UC 데이비스캠퍼스 연구원들은 선충이 생존하기 위해 필요로 하는 필수 유전자를 "침묵"시킬 수 있는 DNA 단편으로 호두나무 대목(臺木) 유전자를 재조합할 수 있는 가능성을 연구하고 있다. 그 구상은 선충이 세포를 찔끔찔끔 마실 때는 이 '침묵' 구조물도 빨아먹게 된다는 것이다. 몇 시간이 지나면 선충은 죽게 된다(V. Williamson, 개인교신. 2006년 9월 25일). 이 방식이 먹히면, 영국 호두나무를 접목한 어린 가지를 새로 내성이 생긴 대목(臺木)에 접목하여 "이질(異質)" 유전자가 없는 호두를 생산할 수 있게 된다. 나는 유기농 지향적인 이 그룹에게 선충과의 싸움에 유전공학을 사용하는 구상에 관해 없는 용기를 내어가며 질문했다.

레이철이 이렇게 말했다. "그거 아주 재미있는 구상이군요. 전반적으로, 저는 하천으로 흘러드는 독성 농약 유거수(流去水)를 줄이기 위한 도구로 유전공학을 사용할 수 있다는 가능성에 흥분했습니다. 수질(水質)은 저에게 중요한 이슈입니다." 그 외에 다른 사람들은 별로 큰 반응을 보이지 않았다. 크레이그는 잠시 쉬었다가 이렇게 말했다. "저는 유전공학에 관해 어떤 생각을 해야 할지 모르겠습니다."

나는 이 짧은 순간의 망설임과 불확실에 대한 시인을 유기농민들이 유전공학이 자신들의 농장에 이익이 될지 그 여부를 평가하는데 점점 관심을 갖기 시작하고 있다는 사인으로 보았다. 그룹 내의 어떤 사람도 일반적으로 보아 유전공학이 잘못된 구상이라고 생각하는 것 같지는 않았고, 또 친환경 농업 공동체가 이렇게 유용한 기술을 다른 사람들에게 양도하는 것을 보고 싶지도 않기 때문에 나는 자신을 갖게 되었다. 현재 주안점을 두고 있는 신품종 생산 방법(인공수분〈受粉〉, 접목, 돌연변이 유발, 또는 유전공학)은 재배자들이 좀더 친환경적인 영농 활동을 조장하는 것이 아니라 이를 분열시키려는 것처럼 보인다.

박스 12.1 RNA 간섭: 유전자 침묵

RNA 간섭은 식물, 동물, 및 인간에서 발생한다. 이 방식은, 파파야 둥근무늬바이러스(박스 4.2; Gonsalves 1998년 참조) 같은 묘목 해충 면역 처리에 사용되는 경우외에도, 남편 라울의 아버지로부터 시력을 앗아갔던 안구 질병, 황반변성(macular degeneration) 치료법 개발에도 사용되었다(Campochiaro 2006년; Shen 등 2005년).

이 기술이 참신한 동식물 치료법으로 이어지리라는 믿음 이외에도 유전자 기능에 대한 연구 방법으로서의 근본적인 중요성은 이 기작은 대해 2006년 노벨상 위원회가 생리학 의학부문에서 미국 과학자 앤드류 파이어(Andrew Fire)와 크레이그 멜로(Craig Mello)에게 시상했던 것으로 확실하게 인정되었다.

게놈은 세포핵의 DNA에서 세포질 내의 단백질 합성 기구까지 단백질 제조 지침을 전달하도록 작동한다. 이 같은 지침은 메신저 RNA(mRNA)를 통해 전달된다. 1998년 파이어와 멜로는 특정 유전자의 mRNA를 분해시킬 수 있는 기작을 발견하여 발표했다. RNA 간섭이라는 이 기작은 RNA 분자가 세포 속에서 이중 가닥 쌍으로 존재할 때 활성화된다. 이중 가닥 RNA는 자신의 유전자 부호와 동일한 부호를 내장하고 있는 mRNA 분자를 분해시키는 생화학 장치를 활성화시킨다. 이 같은 mRNA 분자가 사라지면, 이에 상응하는 유전자가 침묵하게 되어, 부호화되었던 종류의 단백질은 만들어지지 않는다.

몇 시간 뒤 집에 왔을 때, 현관이 열리고, 남편 라울이 양팔에 갓 수확한 케일, 온실 토마토, 양상치, 풋마늘, 및 향초 등을 가득 담은 커다란 바구니를 들고 걸어 들어온다.

"저녁은 뭘 먹을까?"라고 농담조로 묻는데, 그 바구니 속에 답이 있는 게 분명하지 않은가. 우리 부부는 품종, 신선도, 및 농장에서 가져온 것을 먹는다는 홀가분함이 좋다. 평일에 집에 있을 때, 우리 부부는 음식 준비를 빨리 하는 것을 좋아하고, 또 풍부한 색상(우리는 접시에 색상이 다양하면 비타민을 많이 섭취한다고 생각한다)에 맛도 있는 것을 원한다.

"두부 토르티야가 어떻소?"라고 그가 묻는다.

나야 좋아서, 냉장고를 열고 두부를 약간 꺼낸다. 채소밭의 아스파라가스가 너무 익어서 그 꽃대가 먹을 수 없을 정도로 섬유질이 많아지기 전에 먹어야 한다는 것이 생각났다. "여보."하고 부르며 나는 이렇게 부탁했다. "저녁거리로 아스파라가스 좀 따다 주실래요?" 그가 뒷문으로 나갔다가 금방 돌아오는데, 양손에 갓 딴 초록색 순(筍)이 한 가득이다. 나는 아스파라가스, 양상치(슬러그는 밖으로 던져버리고), 그리고 토마토를 씻어 헹군다. 그리고는 양상치를 원심력으로 탈수시키고 케일을 더미로 쌓아 잘게 썰기 시작한다. 나는 케일과 아스파라가스에 마늘, 칠리, 그리고 소금을 넣고 살짝 튀긴다.

두부 토르티야로는 라울의 레시피 중 한 가지의 변형을 준비한다(레시피 12.3). 나는 나이프를 잡고 두부가 들어있는 비닐 백 끝머리를 가른다. 쳐서 자른 덩어리 밖으로 물이 흘러나와 마루에 떨어지는데 아이들이 비집고 들어와 "한 조각만 주세요, 엄마"라고 한다. 나는 재빨리 어질러진 것을 닦아낸 다음, 아이마다 한 조각씩 두껍게 썰어준다. 아이들이 물을 뚝뚝 떨어뜨리며 식탁으로 가서 와삭와삭 먹는다. 나는 찬장 주위를 뒤져 쟁그랑 소리가 나도록 강판을 찾는다. 캐비닛에 식기를 너무 많이 쌓아놓아서 강판이 굴러 떨어지더니, 송재(松材)를 깔아놓은 마루에 떨어질 때는 '댕'하는 소리를 한 번 더 낸다. 나는 강판을 집어 들고 두부 덩어리를 갈아 하얀 조각으로 여러 번 자른다. 두부는 수마일 떨어진 공장에서 유기농으로 인가된 콩으로 만들어 흔히 보는 흰색 사각형 덩어리로 만들어진다.

두부 요리준비를 마친 다음, 나는 가스레인지를 고온으로 돌려 올리브유를 테이블스푼으로 두어 번쯤 부어 넣는다. 이 기름은 유기농으로 인가된 건 아니지만 세일에 나왔던 것이고, 이 지역 제품이다. 값이 저렴한 것이 마음에 들고, 같은 지역에서 재배한 것을 먹는다는 것도 마음에 드는데, 그 이유야 이렇게 하는 것이 이웃 농민을 도울 수 있기 때문이다. 올리브유는 분명히 유전공학이 아니며, 그 이유는 시판되는 유전공학 올리브유가 없기 때문이다. 사실이 이런데도 병에 붙인 라벨에는 "유전공학적 성분없음"이라고 되어있다. 이것은 다수의 소비자들이 유전공학을 대규모 농장, 농약 유거수(流去水), 및 고단위 비료 사용 등과 연관시키고 있는 이 지역 푸드코업에서 가끔씩 볼 수 있는 뭔가를 기대하고 하는 마케팅 전략이다. 그렇지만 유전공학이 이 같은 농장에 대한 논점은 아니다. 농업의 산업화는, 관련 농약 및 비료의 고단위 투입과 함께, 주로 사회적 비용 및 환경 비용에는 우선순위를 높게 책정하지 않는 정부의 농업 정책에 따라 유전공학이 등장하기 이전에 이미 여러 해를 두고 아주 만족스럽게 진척되어왔다. 역설적이지만 "유전공학적 성분없음" 라벨이 붙은 식품의 대부분은 독성 농약을 사용하여 재배했거나 향토 음식물보다는 영양분이 적은 것으로 아주 멀리서 수입한 것일 수 있다. 이와 대조적으로 유전공학 식품은 이 지역에서 농약을 사용하지 않고 재배한 것이며, 언젠가는 유전공학이 아닌 종자로 키운 작물보다 더 많은 영양분을 함유하게 될 수도 있다.

레시피 12.3

팸과 라울 부부의 두부 토르티야

♣ 재료

옥수수 토르티야 12장, 그뤼예르 또는 체더치즈 빻은 것 2c,
마늘 두 쪽(으깨어 저민 것), 커민(cumin) 1Tbsp,
칠리 몇 조각 1/2tsp, 단단한 두부(빻은 것) 1파운드,
해바라기 씨 1/4c, 간장 3Tbsp

1. 토르티야 양쪽을 올리브유에 튀긴다. 빻은 치즈를 흩뿌린다. 따듯하게 온도를 유지한다.
2. 이와 동시에, 다른 냄비에서, 커민과 칠리와 함께 마늘을 튀긴다. 빻은 두부, 해바라기 씨, 그리고 간장을 넣는다. 눌어서 갈색빛이 나면 토르티야를 채운다.

3. 신선한 살사, 아보카도, 푸성귀, 및 저민 토마토

"탕!" 나는 커다란 칼날을 휘둘러 마늘 조각을 으깬다. 여러 해 전, 내 첫 번째 학생의 중국 고향 집을 방문했을 때 그의 어머니에게 배운 장난이다. 나는 으깨진 조각을 저며서 뜨거운 기름에 던져 넣고, 커민(아마도 인도나 중동에서 수입했을 것이며, 닭과 연인이 너무 멀리 떠돌아다니지 못하게 한다고 알려졌음 역주: 중세에 커민은 닭이 떠돌아 다니지 않게 하고 연인이 신의를 지키도록 하는 행운을 가져다 준다고 믿었음) 한 스푼을 추가한 다음, 빻은 두부를 던져 넣는다. 몇 분 뒤, 양파와 마늘이 부드러워졌을 때, 나는 해바라기 씨와 간장을 한 줌 추가한다. 간장도 유기농이 아니며, 아마도 식물체를 제초제 그리포세이트(glyphosate)(박스 5.2 참조)로부터 보호하는 미량의 세균 단백질을 함유한 유전공학 콩으로 만들었을 것이다. 괜찮다. 어쨌든 이 간장을 부슬부슬 뿌린다. 결국, 세균 단백질은 인체에 독이 되지 않고, 콩 가공 후 얼마간 남았더라도 냄비의 열로 금방 변성된다.

나는 냄비를 하나 더 빼내어 버너를 고열로 돌려놓고, 기름을 조금 더 부은 다음, 이곳에서 북쪽으로 십 마일 떨어진 공장에서 만든 미카엘라 옥수수 토르티야 두 장을 털썩 떨어뜨린다. 그 성분은 간단하다. 즉, 옥수수, 물, 그리고 소금이다. 옥수수는 유기농으로 인가된 건 아니고, 토르티야도 아마 미량의 Bt 단백질이 함유되어있을 것이다. 우리 부부가 이들을 선택한 이유는 이들이 세계에서도 맛이 제일 좋고, 또 우리 집 가까이에서 생산된 것이기 때문이다.

내가 보기에 Bt 옥수수 식물을 재배하여 생산한 옥수수로 만든 이 토르티야는 우리 부부가 지원하는 친환경 농업의 틀에도 잘 맞는 것이다. 첫째, 지구 환경이 매년 독성이 훨씬 더 강한 수억 파운드 이상의 농약으로부터 해를 입지 않아도 된다(Toenniessen 2006년). 둘째, 아마도 이 토르티야에는 관행 옥수수나 유기농 옥수수로 만든 토르티야에 비해 마이코톡신 함유량이 더 적을 것이다(Kershen 2006년; 박스 5.2 참조).

여름에 아내 팸과 내가 이 식사를 준비할 때면, 우리 부부는 거의 예외없이 갓 따온 단옥수수에서 벌레가 꾄 끝머리를 잘라낸 것을 약간 집어넣는다. 끝머리를 잘라낸다고 귀찮을 건 없으며, 나의 고객은 대부분 벌레가 있어도 너그럽게 보아준다. 그렇지만 벌레가 없는 유전공학 암이삭을 더 좋아할지는 모르겠다.

이 질문에 답하기 위해 아내 팸과 나는 작년에 UC 버클리캠퍼스에서 과학 및 사회학과 대학생들에게 설문을 돌려 조사했다. 우리 부부는 Bt 독소가 해충에 내성을 갖는 식물을 유전공학적으로 개발하는데 사용하는 한 단백질이라는 것을 설명해주었다. 강의가 끝날 때쯤, 우리 부부는 학생들에게 먹는 것이 낫다고 생각하는지 물어보았다. (1) 합성 농약과 비료로 재배한 단옥수수(큰담배밤나방 유충이 없음); (2) 유기농 단옥수수(유충이 있음); 또는 (3) 유기농으로 재배한 것이지만 유전공학 Bt 독소를 함유한 단옥수수(유충이 없음). 수업 중인 학생 25명 중 22명이 3번에 투표했다. 나는 적극적인 행동주의자로 알려진

UC 버클리캠퍼스 학생들이 유전공학 식품에 강력하게 반대할 것이라 생각했기 때문에 놀라지 않을 수 없었다. 그러나 이 수업은 과학을 전공하는 학생들로 차있기 때문에, 이들은 유전공학 작물 배경에 있는 과학이 건전하다고 생각했다. 또한 이들은 유기농의 친환경적인 방식을 좋아했다. 즉, 유전공학과 유기농의 결합이 장래 농업을 위한 최선의 전략이라고 좋아하는 듯 했다. 재미있는 것은, 아내 팸이 데이비스캠퍼스 학생들에게 동일한 설문을 제시했을 때도 비슷한 결과를 선택한 것이 — 유기농으로 재배한 Bt 옥수수 선택 — 으뜸으로 나왔다는 것이다. 우리 부부는 후에 퀼프대학교의 더그 파월(Doug Powell)이 실시한 연구에서 라벨 부착과 설명을 명확하게 하면 유전공학 옥수수를 유전공학이 아닌 것보다 선호한다는 것을 증명하는 더욱 엄밀한 결과를 발견했다. 다시 말해, 다수의 소비자들은 정갈하고 환경에 이익이 될 경우 유전공학 농산물을 선호할 것이다.

"아." 좋은 냄새가 나고 꼬마들이 배고파 하니 아내 팸이 가스레인지에서 물러나, 두부를 더 썰어 유리컵 두 잔에 우유와 함께 채워 넣고 아이들이 있는 곳으로 갔다. 아내가 아이들하고 있는 동안 기름에서 연기가 나기 시작하고, 토르티야가 너무 바삭바삭하게 되었다. 나는 서둘러 버너 두 대쪽으로 뛰어가 불을 내리고, 팸을 쳐다보며 왜 그녀가 수백 번씩이나 식사를 준비했으면서도 아직까지 이런 식으로 태웠는지 이상하다는 생각이 들었다.

"아이고, 미안!" 나는 토르티야를 뒤집으려 뛰어가며 말한다. 나는 남편 라울이 한꺼번에 여러 가지 일을 하는 것을 좋아하지 않는다는 걸 알지만, 보통은, 시간만 제대로 맞추면, 딴 것도 할 수 있고, 토르티야도 연기가 나기 전에 뒤집을 수 있다. 나는 쌓아 놓은 그뤼예르 치즈 빻기를 서둘러 끝내고, 토르티야 위에 한 움큼 떨어뜨린다.

남편 라울은 드레싱(올리브유, 산딸기 식초, 소금, 및 피망)을 준비한 다음, 샐러드 푸성귀를 떼낸다. 그는 당근을 빻고, 꼭대기에 염소젖 치즈를 잘게 썰어 올린다.

우리는 곡물 배달 가입 서비스에 들어있어서, 밀가루, 콩, 및 염소젖 치즈 등이 매달 배달되어온다. 농부, 제니퍼는 풀벨리농장(Full Belly Farm)에서 라울과 함께 일하고 있으며, 지금은 이곳에서 북쪽으로 세 시간 거리에 있는 트리니티 알프스(Trinity Alps) 구릉지대 아래에 절반쯤 가려져 장관을 이루고 있는 분지에 자신의 농장을 가지고 있다. 그녀는 단골들에게 치즈 대신 염소를 한두 마리 살 수 있는 기회도 제공한다. 우리 부부가 처음 그 농장에 갔을 때 루시(Lucy)를 샀는데, 지금도 루시가 내는 치즈를 먹고 있다. 맛이 아주 좋다.

내가 샐러드 준비를 하고 있는 동안, 아내 팸이 바구니에서 교잡종 코브라 토마토를 약간 꺼낸다. 이것이 이번 계절에 우리가 학생실습농장 온실에서 조속 재배하여 생산한 첫 번째 농산물인데 나의 고객들에게 초봄에 내놓고 7월에 밭에서 재배한 토마토가 나올 때까지 때울 수 있도록 준비한 것이다. 데이비스에서는 통상적으로 4월 15일 경이 되어야 내리는 끝서리가 온 다음까지는 토마토를 심지 않는데 그 이유가 온도가 영하로 떨어지면 토마토가 죽기 때문이다. 이렇다는 것은 벌써 알고 있었지만 우리 집 뒤뜰에 처음 토마토를 옮겨심고 아주 비싼 값을 지불하고서야 이 교훈을 다시 터득하게 되었다. 때는 4월 초였고, 나는 서리가 올 위험은 지극히 낮으며 조생 토마토 작물로 돈을 벌 수 있는 확률은 아주 높다고 계산했다. 농민의 계산이란 게 다 그렇지 않은가. 4월 10일, 기상 관측소 발표가 한랭전선이 들어오고 있다고 해서 나는 부상〈浮上〉이랑 덮개(floating row cover)로 종자를 덮은 다음 조금만 더 보호해주어도 토마토가 2도 정도는 더 따듯하게 지낼 수 있겠지만 이 정도라도 종자가 살아남기에는 충분할 것이라고 생각했다. 식물체에 살수(撒水)할 방법이 없는데다가, 이것도 서리로부터 식물체을 보호하는 것이지만, 아무 것도 할 것이 없으니 잠이나 자고 끝까지 희망을 잃지 않기로 했다. 아침에 일어나자마자 제일 먼저 밖으로 달려 나가 보았다. 땅은 마치 설탕 가루를 덮어 놓은 케이크 같았다. 도처에 서리가 내려있었고, 순백이 우리 토마토 잎사귀가 꺼멓게 시들은 것과 대조를 이루었다. 몇 주 후 나는 피해를 산정해보았다. 우리 작물의 약 절반이 훼손되었고, 살아남은 작물도 서서히 다시 자라고 있었다. 그 해에는 내가 일기를 제대로 맞히지 못했지만, 그래도 다행이었던 것은 피해 정도가 생사가 걸린 상황이 아니었다는 것이다.

라울이 잘 알고 있듯이, 이런 상황이 물론, 추위, 염분, 또는 침수 등과 같은 환경 변동에 대한 내성 여부로 먹느냐 못 먹느냐의 문제가 결정되는 지구의 대다수 농민들에게도 해당되는 것은 아니다. 이와 같은 내성은 표준 육종 방식으로는 도입하기가 몹시 어렵다. 장래에는, 아마도 이 분야에서 유전공학이 인간에게 가장 중대한 기여를 하게 될 것이다. 유전공학 식물체가 극저온에 내성이 있다는 예는 이미 존재한다(Thomashow 2001년).

나는 토마토를 잘게 썰어 두부 액과 함께 홍액 주스 반죽을 만든다. 나는 한 조각을 집어 들고 얼른 입에 집어넣는다. 달고 톡 쏘는 맛이 농장과 대지를 환기시킨다. 여름이 시작된 것이다. 서리에 내성이 있으며 맛도 좋고 우리 집 뒤뜰에서도 잘 되는 품종이 있다는 말만 들으면 나는, 유전공학이든 아니든, 남편 라울을 꼬드겨서라도 그 종자를 사게 하겠다. 가급적 지역 농산물을 사먹는다는 것은 더 신선하고 영양분도 더 많은 식품을 먹는다는 의미가 된다. 만일 육종가들과 유전학자들이 추위에 내성이 있는 식물 품종을 개발해낸다면, 우리는 온실에서 애를 많이 써가며 토마토를 재배하지 않고도 신선한 지역 농산품을 먹을 수 있는 계절을 연장할 수 있게 된다.

지난여름 상민 씨에게 유기농에 관해 가르쳤던 것을 떠올리니, 남의 말을 듣는 것이 어렵다 하더라도, 농부라면 반드시 문제를 해결하기 위해 새로운 구상과 기술을 받아들이고, 또 가장 적절하고 환경적으로도 안전한 기술을 탐구하도록 시도해야 한다는 생각이 든다. 동료 농부 겸 작가인 마이크 매디슨(Mike Madison)은 이렇게 말한다. "자연과 관계할 때 권위주의자가 된다는 것은 항상 잘못된 것이다. 결국은, 농부가 복잡성과 다의성(多義性)을 헤쳐가는 방법을 터득하면 일은 잘 풀리게 되어있다. 제대로 된 도구가 있으면 더 좋다(Madison 2006년)."

유전공학은 단순히 농부들이 특정 사례에서 올바르게 사용할 수 있는 새로운 도구인가? 비록 관행육종과 유전공학에 의한 유전자 변형이 전혀 별개의 방법이라고 해도, 이들은 결국 동일한 목적, 즉 식물의 유전적 구성을 변경하여 향상시키려는 목적을 가지고 있는 것이다. 유전공학 작물이 친환경 농업의 틀에 맞는지의 여부는 내가 학생들에게 강의한 첫 번째 사안으로 되돌아가는 것이다. 유기농이란 건강과 관련된 것이다. 즉, 토양, 식물과 동물, 농민, 소비자, 및 환경 등의 건강과 관련되어있다. 농업을 생물학과 결합시키는 것이 두고두고 유기농 방식의 중요한 요소가 되어왔다. 옛날 방식을 통해 유전자 변형이 일어난 식물은 우리가 상식하는 거의 모든 식품에 들어있다. 질병, 곤충, 또는 선충 등에 내성이 있는 작물은 유기농 생산과 잘 맞아 떨어지며, 내가 보기에는 제대로 된 유전공학 식물이 맡아야 할 역할이 여기에도 있다고 생각된다.

이와 동시에, 나는 유전공학 작물의 가능성 중 대부분이 계속 농약과 합성 비료를 사용하는 관행농법에서는 발휘되지 못한다고 생각한다. 유전공학 식물의 장점을 극대화하려면 유기농업체계에 이를 통합하는 것이 최선일 것이다. 이렇게 함으로써 방식과 기술의 상보성(相補性)이 생겨난다. 즉, 유기농 방식이 환경을 보호하고, 유전공학 기술이 질병이나 환경 스트레스에 의한 작물의 손실 감소에 도움이 되는 것이다.

정찬이 차려졌다. 남편 라울, 아이들, 그리고 나는 자리에 앉아, 각자 그뤼예르를 녹여 넣은 옥수수 토르티야를 집어 들고, 여기에 마늘 양념, 커민을 우려낸 두부, 아보카도, 미카엘라스 살사(Micaelas' salsa), 저민 토마토, 및 신선한 푸성귀 등을 넣어 싼다. 우리는 케일-아스파라가스 요리를 곁들여 내놓는다.

나는 물과 와인을 붓는다. 아이들은 가득 채워 뒤범벅이 된 토르티야가 줄줄 세는 대로 이를 집어든다.

"잠깐! 기도는 누가 하지?"

"제가요."라고 오드리가 말한다. 아이들이 손을 씻은 다음, 서로 손을 맞잡고, 우리 손도 잡는다.

"이렇게 멋진 저녁을 주셔서 감사합니다. 저는 이 세상 사람들이 모두 곧 잘 되기를 바랍니다."

아이들이 의자에서 일어나 소리 지른다. "만만세"를 삼창하고, 다시 자리에 앉아 먹기 시작한다.

일초쯤이나 되었을까, 디저트를 달라는 요청이 있다. 오늘밤 디저트는 플럼 케이크로, 내 숙모님의 레시피다(레시피 12.4).

레시피 12.4

탄테 리시(Tante Lissy)의 플럼 케이크(Pflaumenkuchen)

♣ 재료

버터 1c, 설탕 1c, 달걀 1개, 아몬드 농축액 (또는 바닐라) 2tsp,

소금 1tsp, 흰 밀가루 1c, 보리 가루 1c,

구멍이 뚫렸고 반으로 자른 플럼 10개, 데친 살구 잼 2Tbsp

1. 버터와 설탕을 함께 휘저어 섞는다. 달걀, 아몬드 또는 바닐라 농축액, 및 소금 등을 추가로 넣는다.
2. 밀가루를 섞어 넣어 반죽을 만든다.
3. 반죽의 2/3을 가장자리를 제거할 수 있도록 되어있는 8인치짜리 냄비에 두드려 넣는다. 자른 쪽이 아래로 오게 가게 해서 플럼을 냄비에 올려놓는디.
4. 나머지 반죽을 꼭대기에 격자로 붙인다. 살구 잼을 흩뿌린다.
5. 45분 동안 350°F(176.7°C)로 굽는다.

나는 지난여름 산타로자 플럼을 남겨서 이런 경우에 쓰려고 얼려 놓았다. 우리는 살구와 복숭아 같은 "핵과류(核果類)"가 풍부한 과수원이 있어서 다행이라 생각하며, 나는 이들이 이곳에서 항상 무성히 자라길 바라지만, 확신할 수는 없다. 핵과류는 1900년대 초부터 유럽에서 맹위를 떨쳤던 질병인 자두곰보병(plum pox virus 〈PPV〉)에 잘 걸린다. 1992년, PPV는 칠레에서 최초로 보고되었으며, 1998년에는 아담스 카운티에 있는 펜실베이니아 과수원에서도 발견되었다(The Plant Disease Diagnostic Clinic 2001년). 비록 현재로서는 질병이 한 지방에 국한되어있지만, 이것이 발발할 경우, 사람들에게 알려진 방제 방법이란, 질병이 미 대륙의 다른 지역으로 확산되기 전에 나무를 뽑아 불도저로 정지(整地)하는 것이다. 이 같은 위협 때문에 미국 농무부는 파파야 둥근무늬바이러스(박스 4.2 참조)에 파파야가 내성을 갖도록 유전자를 재조합했던 것과 비슷한 기술을 사용하여 내병성 유전공학 플럼 품종을 개발했다. 이 유전공학 과수는 관행육종을 통해 개발된 상용품종(commercial cultivar)으로, 유전공학이 아닌 자성(雌性) 모체, 블루버드(Bluebyrd)와 모습이 닮았다. 그리고 그 과일의 맛도 같다. 원예가인 랄프 스코자(Ralph Scorza)는 ARS(농업연구청〈Agricultural Research Service〉) 직원과의 인터뷰에서 이렇게 말했다. "이것은 기본적으로 자두곰보병(plum pox virus)에 면역이 있습니다. 우리는 이것이 우리가 시험했던 모든 주요 바이러스 계통에 내성이 있다는 것을 증명했습니다(McBride 2006년)." 최근에 미국 농무부 동식물검역소(APHIS)가 상업 재배에 진일보된 조치로 유전공학 플럼 품종을 "규제 해제"했다고 발표했다(Iadicicco와 Redding 2006년; Kaplan 2007년).

미국에 기반을 둔 유기농소비자협회(Organic Consumers Association)는 이미 신품종 플럼에 반대 입장을 취하고, 유전공학 플럼 품종의 승인이 유전공학 핵과류 인가의 "빗장을 풀어주는 사례"가

될 것이라고 주장했다(Organic Consumers Association 2006년). 물론이지. 그들의 말도 아마 맞을 것이다. 유전공학 플럼의 인기가 좋아지면, 이미 자두곰보병에 대해 엄격한 예방 조치를 취해 놓아 이 병이 지금까지는 미국에 없지만, 전문가들이 소규모 뒷마당 과수원에는 잠입할 수도 있다고 말하기 때문에, 아마도 복숭아 재배자들까지 이 기술을 사용하려고 할 것이다(Haire 2001년). 조지아 대학교 농업 및 환경학과의 지도사업(Extension Service) 식물 병리학자 필 브래넌(Phil Brannen)은 "자두곰보병은 전체 복숭아 과수업계를 유린할 수 있습니다. 감염된 나무에서는 달지 않고, 흠이 있어 판매가 불가능한 과일이 생산됩니다. 게다가 일단 나무가 감염되면, 치료할 방법이 전혀 없습니다."라고 한다.

유전학의 발달로 생물학의 기본적인 양상에 관한 과학적 호기심이 강렬하게 일어났다. 획기적인 신기술이 발견을 가속화시켰다. 예를 들어, 이제 우리는 식물에 영향을 끼치는 다수 미생물의 DNA 서열과 일부 식물의 게놈 서열을 알게 되었다. 또한, 우리는 과학자와 유종가가 농업 문제를 다루기 위해 이 같은 정보를 사용하여 생물학 지향의 정교하고 고상한 방식을 개발할 수 있다는 것도 알고 있다.

소비자와 과학자 사이뿐만 아니라, 유기농민과 관행농민 사이에도 소통단절이 있는 것 같다. 이제야 말로 그 단절을 메워야 할 때다. 우리가 환경 친화적 균형을 유지하고 생물학적 기반 체제에 입각하여 농업을 추구하는 행로에서 전진하려면 대화가 필요하다. 과학과 훌륭한 영농만으로는 건강한 사람이나, 또는 가난하고 영양실조에 걸린 사람들에게 식품 안전을 충분히 제공할 수 없게 되거나, 또는 현재의 환경

문제를 모두 해결할 수 없을 것이다. 정부의 정책은 물론이고 정부의 안정도 식품 안전에 커다란 역할을 한다. 그러나 과학과 훌륭한 영농 없이는 심지어 우리가 안정된 미래를 유지할 수 있으리라는 꿈도 꾸지 못한다. 유전공학이라고 해서 관행 육종 또는 유기농 방식 이상으로 가난을 해결할 수 있는 만병통치약은 아니지만, 이는 농민이 해충, 질병, 잡초, 스트레스, 및 자연 서식지 파괴 등과 같은 실제적인 농업 문제를 다루기 위해 사용할 수 있는 소중한 도구는 된다. 어떤 도구든 마찬가지겠지만, 각종 사회, 경제, 및 정치 세력들이 유전공학을 활용하면 긍정적이든 부정적이든 사회적인 결과를 도출할 수 있다.

현재까지는, 상용 유전공학 작물의 압도적인 다수가 해충을 박멸하는 Bt 독소를 함유하고 있거나, 또는 몬산토사(社)의 제초제 글라이포세이트(라운드업)에 대한 내성을 가진 작물 중 하나다. 다른 경우의 작물이 시판되고 있는 것은 겨우 한 줌 밖에 안 되지만, 그래도 유전공학을 적용하여 얻을 수 있는 잠재적인 이익은 막대하다. 농업에서 유전공학이 점차 중요한 역할을 하리라는 것은 거의 필연적이다. 문제는 우리가 유전공학을 사용해야 하느냐, 말아야 하느냐가 아니라, 좀 더 절박하게 말하자면 우리가 유전공학을 어떻게 사용해야 하느냐, 즉 어떤 책임 있는 목적에 사용해야 하느냐 하는 것이다. 소비자에게는 개발하려는 식물의 대상에 중대한 영향을 끼칠 수 있는 기회가 있다. 우리가 늘어만 가는 인구의 먹을거리를 친환경 방식으로 공급하려면 농업을 통해 우리가 힘을 합쳐 도와야 하고, 또 적절한 도구를 마련해야 한다. 이제 우리는 문제가 되는 곳에 주의를 환기하자. 즉, 환경과 소비자에게 모두 좋은 영농 방식을 지원해야 할 필요성에 주의를 환기하자는 것이다. *Prunus domesticus* 역주: 플럼(자두)의 학명 (일본 원산) 먹어도 되는 바이러스의 조각을 결합하여 앞을 예측할 수 없는 결과에 집중하기보다, 차라리 나는 리시(Lissy) 숙모님의 플럼 케이크를 계속 우리 식탁에 올릴 수 있게 해주는 "인간 창의성의 승리를 찬양(Moses 2006년)"하고 싶다.

어쨌든, 우리 아이들은 이렇게 세세한 것은 생각하지 않는다. 그들은 이제 디저트를 끝내고 있다. 결국, 이것은 먹는 것과 잘 먹는 것에 관한 것이다.

용어집

Glossary

AATF 아프리카농업기술재단(African Agricultural Technology Foundation).

Agrobacterium (아그로박테리움) 자신의 유전자를 식물 세포벽과 세포막을 지나 세포핵 속에 이식할 수 있는 토양 세균. 세균의 DNA는 식물의 게놈 속에 삽입된다. 아그로박테리움을 사용하면 어떤 종(種)의 유전자라도 재조합을 통해 작물에 이식할 수 있다.

Alleles (대립형질) 하나의 염색체에 있는 유전자 하나가 동일한 위치에 두 가지 이상으로 대체되어 나타나는 것 중의 하나. 예를 들어, 안구 색상을 결정하는 유전자는 두 가지 대립 형질로 존재할 수 있다. 즉, 한 가지 형질은 청색이고, 또 한 가지는 갈색이다.

Allergen (알레르기 항원) 먹거나 마시면 알레르기 반응을 일으키는 물질. 통상적인 먼지, 화분(花粉), 및 애완동물 비듬 등이 이에 속한다.

Allergenicity (알레르기 유발성) 알레르기 반응을 일으키려는 성향.

Amino acid (아미노산) 단백질의 기본 구성요소인 유기분자. 생명체에는 적어도 20가지의 상이한 아미노산이 있다. 단백질은 사슬 모양의 분자로 조성된 아미노산이 서로 다르게 조합하여 구성된다.

Amniocentesis (양수천자〈羊水穿刺〉) 임신 중 태아의 염색체 이상을 검사하기 위한 진단 시험.

Amylose (아밀로스) 녹말의 구성요소.

Antibiotic (항생제) 세균을 죽이거나 그 생장을 지연시키는 약품.

Antibiotic resistance (항생제 내성) 항생제 사용에 대해 내성을 나타내는 생물체의 속성.

Antioxidant (항산화제) 해로운 영향을 끼치는 산화작용으로부터 체세포를 보호한다고 생각되는 화합물 또는 화학물질.

APHIS 미국 농무부 동식물검역소.

Arabidopsis (애기장대) 크기가 아주 작아 페트리디쉬에서도 재배가 가능하며, 그 전체 게놈의 서열이 최초로 밝혀진 것으로, 양배추 및 겨자와 인척관계에 있는 개화식물.

Aspergillus 식품 부패를 야기하는 것으로 잘 알려진 곰팡이. 그 중 일부 종(種)은 손상된 옥수수 핵(核)을 감염시켜, 암을 유발하는 마이코톡신을 생성한다.

ATP (아데노신 3인산) 생화학적 변화과정에 필요한 화학 에너지를 세포에 대량으로 공급한다.

Atrazine (아트라진) 가장 널리 사용되는 농업용 제초제 중의 하나. 아트라진은 없어지지 않고 지하수에 그대로 잔류하여, 개구리의 자웅동체성(雌雄同體性) 현상을 유발할 수 있다.

Bacillus thuringiensis (바실러스 써링지엔시스〈Bt〉) 전 세계적으로 발견되는 토양 세균의 일종으로, 분류학상 특정 곤충 분류군(群)의 유충에 고도의 독성을 갖는 단백질을 생성하는 것. 독소를 함유하고 있는 세균 포자는 유기농민이 친환경 농약으로 구매한다. Bt 독소는 큰담배밤나방 유충, 눈벌레, 집시나방 유충, 알풍뎅이, 및 기타 해충 등을 죽인다. 1989년 이후 Cry 단백질의 형질을 발현하는 유전자가 내충성(耐蟲性)을 부여하기 위해 식물에 이식되어왔다. Bt는 살충제 독소도 가리킨다.

Bacteria (세균) 단세포 생물.

Biodiversity (생물다양성〈biological diverisity〉) 살아있는 생물체 및 그 서식지의 종(種)내 와 종간의 총체적인 다변성. 생물다양성은 다음과 같은 세 가지 수준으로 분류된다. 유전적 수준(해당 개체군 또는 종(種)내 유전자), 종수준(해당 군집(群集)의 전부 또는 일부로 구성된 종(種)), 및 생태학적 수준(생태계에서 살아있는 것들로 구성된 군집).

Biotic control (생물방제) 해충 문제에 대한 생물학적 해결책. 예, 익충을 해충 개체군의 방제에 적용하는 것.

Bt crop (Bt 작물) 세균(*Bacillus thuringiensis*)의 살충제 독소를 생성하도록 해당유전자를 도입한 작물. 현재 상업용 Bt 작물로는 Bt 면화, Bt 옥수수, 및 Bt 콩 등이 있다.

CAMBIA (캠비아〈분자생물학의 국제 농업활용연구센터〉) 비영리 연구 기관.

Carbamate pesticide (카르밤산염계 농약) 농약으로 사용되는 카르밤산 염 또는 에스테르. 함량이 과다하면 동물의 죽음을 야기하는 것으로 알려져 있음. 알디카브는 총채벌레, 진딧물, 잎응애, 소경 노린재, 플피호퍼(fleahopper), 및 잎나방 벌레 등의 방제에 효과가 있지만, 주로 선충 방제에 사용된다. 카보퓨란(Carbofuran)은 독성이 가장 강한 카르밤산염계 농약으로, 감자, 옥수수, 및 콩 등의 곤충 방제에 사용된다. 카바릴(Carbaryl)은 표적 해충과 함께 익충 및 갑각류 동물 종(種)을 죽인다. 2-(1-메칠프로필)페닐 메칠카르밤산염은 벼와 면화에 살충제로 사용된다.

Carcinogenic (발암물질) 암을 유발하는 경향이 있는 모든 물질 또는 매체.

Carbohydrate (탄수화물) 당(糖)과 전분을 포함하는 유기분자 그룹.

Carotenoid (카로티노이드) 비타민 A의 전구체(前驅體). 동식물에 흔히 발견되는 황색에서 적색까지의 색소 그룹.

Cell (세포) 일반적으로 핵, 세포질, 및 이들을 담은 세포막 등으로 구성된 생물체의 기본 기능 단위. 모든 동식물은 현미경 수준의 세포가 하나 이상으로 구성된다.

Chemical fertilizer (화학비료) 식물의 생장을 향상시키기 위해 질소, 인, 및 칼륨 등을 합성하여 만든 미네랄 형태. 합성에는 대량의 화석연료가 소요된다.

Chimera (키메라) 유전학상 별개인 개체로 구성된 하나의 개체.

Crohn's disease (크론병) 장(腸)에 발생하는 질병. 특히 회장(回腸) 먼 쪽 부위에 복부 통증, 궤양, 및 섬유조직 강화가 특징적으로 나타나는 질병.

Chromosome (염색체) 세균 내부에 유전 정보를 함유하고 있는 DNA의 환상(環狀) 가닥. 진핵세포(眞核細胞〈eukaryotic cell〉)(식물과 같은 고등생물) 염색체는 수만 개의 유전자로 이루어진 DNA 선형 가닥으로 구성된다. 이들은 모든 세포의 핵 속에 있다.

Compost (퇴비) 탄소와 질소 유기물의 20:1 혼합물. 물과 각종 미생물이 있을 경우, 부패되어 흄(hums) 및 무정형의 유기 입자로 바뀐다. 유기농에서 비료로 사용됨.

Conventional farming (관행농업) 재래식 농업. 다양한 농업방식을 설명하기 위해 사용하는 포괄적인 용어를 의미한다. 변화가 느린 한 쪽 끝단에는 단기 수확량을 최대화하기 위해 합성 농약과 비료를 사용하는 농민이 있다. 다른 쪽 끝단에는 드물게 화학물질을 사용하기는 하지만 친환경 농업 목적을 신봉하는 재배자들이 있다. 점차 많은 수의 관행농민이 유전공학 작물을 재배하고 있으며, 그 현상은 특히 미국에서 두드러지게 나타나고 있다.

Cover crop (피복〈被服〉작물) 생장 후 영양소와 유기물을 땅으로 돌려보내는 초목. 피복작물의 두 가지 예는 살갈퀴와 잠두다.

Crop yield (작물 수확량) 농업 총생산량. 농지 단위면적당 수확측정 단위.

Cultivar (품종) 외형적으로 균일화된 종(種)내의 개체 식물 그룹. 특정 품종의 자손은 모체 식물의 동일한 속성을 공유한다.

DHMO 일산화이수소. 물.

Diuron (디우론) 잡초를 죽이는 제초제. 지하수에 스며든 다음에는 없어지지 않고 잔류하여, 수생 무척추 동물에게 큰 독이 된다.

DNA (디옥시리보 핵산) 살아있는 모든 세포(및 일부 바이러스)에서 볼 수 있는 기본적인 유전물질. 단백질을 구성하는 청사진(즉, 유전자)이 된다. DNA는 당(糖), 인산염(燐酸畵), 및 염기 등으로 구성되어있다. 염기는 뉴클레오티드 염기쌍 구성의 사슬 모양 이중 가닥 분자인 "이중나선 구조"로 이루어진다.

Domestication (순화〈馴化〉) 바람직하지 않은 형질을 적게 갖춘 식물을 생산하기 위해 인위적으로 행하는 선택 방법.

Ecological farming (친환경 농업) 특정 작물 재배에 윤작, 품종 선택, 시비(施肥), 경작, 식물 보호, 생산성, 작물 품질, 및 특정작물의 환경적응 가능성 등과 같은 각종 요소의 조화를 추구하는 영농체계.

Ecosystem (생태계) 주위의 물리적 환경과 상호작용을 통해 생태학적 기본 단위를 형성하는 생물체의 집합.

Enzyme (효소) 세포 안에서 특정 화학 반응을 유발하거나, 또는 이를 조절하는 단백질.

Fitness (적합성) 생물체의 생식 효율(즉, 유전자형의 생식의 상대적 확률)의 상대적인 평가. 일반적으로 다윈의 진화적 적합성을 지칭한다. 적합성 구성요소에는 생존, 진화 속도, 짝짓기 성공률, 및 임성(姙性), 그리고 미생물의 경우, 병원성(病原性) 등이 포함된다. 적합성은 유전공학적으로 외래 유전자를 이식시킨 생물체의 위해성 평가와 밀접한 관계가 있다. 적응가(適應價)라고도 함.

Fluoridation (불화물 첨가) 지역사회 식수에 불화물(弗化物)을 첨가하는 것.

Frostban (프로스트반) 서리로부터 식물을 보호하기 위해 사용되는 유전자 변형 세균.

Gamete (생식세포) 배주(胚珠) 또는 화분(花粉)과 같은 생식세포. 자성 및 웅성 생식세포는 결합하여 접합자를 생성하고, 분할을 통해 배(胚)가 되면 궁극적으로는 후대(後代) 개체가 된다.

Gene (유전자) 유전자는 동식물의 유전 형질을 담당한다. 유전자는 염색체의 특정 위치에 존재한다. 유전자란 DNA 염기 서열을 말한다. 일부 유전자는 하나 이상의 단백질 합성을 담당하고, 다른 유전자는 조절 기능(다른 유전자의 발현 제어)을 담당한다. 유전자는 수십만 개의 DNA 염기로 구성되는 경우도 있지만, 일반적으로는 1~2천 개로 구성된다.

Gene (genetic) **marker** (or marker gene) (유전자 표지 〈혹은 표지 유전자〉) DNA 서열, 유전자, 또는 유전적 사상(事象)을 추적하기 위해 사용되는 특성 등. 선발 표지 유전자는 세포 속에 이식된 동일한 DNA 단편에 부착된 다른 유전자(예, 관심 유전자) 존재 여부를 추적할 수 있는 식별가능한 표현형(즉, 관찰가능한 특성)을 생성한다.

Gene flow (유전자 흐름) 서로 인척관계에 있어서 교잡이 가능하여 두 가지 집단 안에서 한 집단으로부터 다른 집단으로 유전자가 이동하는 것. 식물에서는 유전자 확산이 화분(花粉)(웅성 생식세포) 또는 종자의 전이로 발생한다.

Gene silencing (유전자 침묵) 전사 역주: DNA의 유전정보가 mRNA 형태로 전환되는 과정 또는 번역 역주: mRNA의 유전정보에 따라 단백질이 만들어지는 과정 조절 단계에서 유전자발현을 차단하거나, 억제하는 것. 유전자는 유전공학적으로 침묵시킬 수 있다.

Genetic engineering (유전공학) 관행육종 방식을 사용하는 대신 형질전환을 통해 특정 유전자를 도입, 변형, 또는 제거하여 생물체의 게놈을 변화시키는 것. 어떤 종(種)의 유전자라도 하나의 생물체에 삽입할 수 있다는 점에서 과거의 유전자 변형 방식과는 차이가 있다.

Genetic modification (유전적 변형) 특정 유전자에 대한 인위적 중재, 도입, 변형, 또는 제거를 통해 생물체의 게놈을 변경하는 것. 그 방법에는 화분(花粉) 전이, 배구출(胚救出)(embryo rescue), 접목, 및 돌연변이 등과 같은 관행 육종 방식이 포함된다 역주: 접목은 유전자 변형의 범주에 넣을 수 없으므로 저자의 오류로 판단됨. 통상적으로 유전자 변형은 단일 종(種) 내의 유전자 전이로 제한되지만, 종(種) 간의 혼합까지도 가능할 수 있다.

Genetic resource (유전자원) 인간이 활용하기 위한 자원으로서의 유전적 소재. 식물의 경우, 현대 품종, 토종, 작물과 연관된 야생종과 이들 식물이 가지고 있는 유전자가 이에 속한다. 식물 육종가 및 유전공학자들은 광범위하고 다양한 유전학적 방식으로 작물의 수확량, 품질, 또는 극단적인 환경조건에 대한 적응력 등을 향상시킨다.

Genetics (유전학) 유전자 구조 및 기능, 그리고 모체로부터 자손에 전달되는 형질의 패턴에 관한 연구. 유전학은 생물학적 형질의 유전을 다루는 과학 분과다.

Genetic transformation (유전자 형질전환) 아그로박테리움 또는 기계적인 방법으로 형질전환된 생물생물체를 생성할 때, 유전자를 공급하는 생물체로부터 유전자가 생물체 수용세포로 직접 전이되는 과정.

Genome (게놈) 생물체의 유전자 내용물 총합. 기능성 및 비기능성 유전자의 완벽한 전량(全量)이 포함된 세포 또는 바이러스의 총체적인 유전물질. 고등생물의 경우(식물, 동물, 및 사람), 게놈은 세포핵 내부에 존재하는 전체 염색체조(染色體組)로 구성된다.

Genomics (유전체학) 살아있는 생물체에서 유전자의 본질 및 특정 기능에 관한 전문적인 이해를 추구하는 과학연구 분야.

Germplasm (생식세포) 생식세포(성세포, 즉 정자 또는 난자)의 통합으로 표시되는, 특정 생물체의 개체군(群)에 적용 가능한 총체적인 유전적 변이성(遺傳的

變異性) 또한 작물육종, 연구, 및 보전에 필요한 식물, 종자, 혹은 여러 식물부위를, 이들이 가지고 있는 생물정보를 연구, 관리, 혹은 이용하기 위하여 이들이 보존될 때, 기술하는데 사용되는 용어이다역주: 본서에서는 '유전자원'으로 번역하였음.

Glassy-winged Sharpshooter (유리날개 매미충) 포도나무에 *Xylella fastidosa* 세균을 전이시키는 곤충.

Glyphosate (글리포세이트) 식물의 대사과정(代謝過程)을 표적하므로 동물에게는 독성이 없는 제초제. 지하수에 잔류되지 않는다.

GRRF 유전자원인식기금.

Heirloom plant (가보식물〈家寶植物〉) 현대의 대규모 농업에서는 더 이상 사용하지 않는 구식 방임수분(放任受粉) 품종. 흔히 한 개인에 의해 선발된 다음에는 세대를 이어가며 전달된다.

Herbicide (제초제) 잡초를 죽이는데 사용되는 화학물질.

Herbicide-tolerant (HT) **crop**(제초제-내성〈HT〉 작물) 대부분 작물과 잡초에 독성이 있는 합성화학 제초제 하나 이상을 사용해도 살아남을 수 있는 작물. 관행육종 작물 및 제초제에 영향을 받지 않거나 그 독성을 없앨 수 있는 유전자(또는 돌연변이 유전자)를 갖도록 조작한 유전공학 작물이 여기에 포함된다.

Homeopathic (동종〈同種〉요법) 생물체의 천연 방어 장치를 향상시키기 위해 소량의 약품 또는 치료제를 처리하여 질병을 치료하고 예방하는 것.

Hormone (호르몬) 화학반응에 영향을 주고, 각종 세포 기능을 조절하는 물질(통상적으로 단백질).

Hybrid (교잡종) 동종 식물이지만 품종이 다른 식물들 사이의 자손.

Hybrid vigor (잡종강세) 서로 다른 "근친교배계통"의 양친에서 산출된 자손에서 수확량이 높아지는 현상.

Hybridization (교잡〈交雜〉) 자연적인 방법 또는 인위적인 간섭(즉, 인위적 선발)를 통해 유전적으로 같지 않은 양친으로부터 자손(교잡종)을 산출하는 것. 식물 육종의 경우, 교잡종 식물을 생산하기 위해 서로 다른 두 가지 품종을 교잡육종하는 방법이 여기에 포함된다. 교잡종이 양친 중 어느 쪽보다 적응력이 뛰어날 경우, 이를 잡종강세라 한다(또는 헤테로시스). 교잡종 자손은 순화(馴化) 작물과 야생 유연종 사이의 유전자 흐름으로 산출될 수 있다.

Inbred (근친계) 유전적으로 균일한 자가수분(自家受粉) 식물.

Insect pheromone (곤충 페로몬) 곤충이 서로 커뮤니케이션을 할 수 있도록 돕는 화학물질.

Insecticide (살충제) 살충에 사용하는 화학물질.

Intellectual Property (IP 〈지식재산〉) 상업적 가치가 있는 지식의 산물. 여기에는 종자, 독창적인 방법, 또는 유전자 서열 등에 관한 특허가 포함된다.

Invertebrate (무척추 동물) 곤충이나 달팽이와 같이 척추가 없는 동물.

IRRI 국제미작연구소.

Landrace (토종) 생계형 농업 지역에서 농민이 선발한 특정 종류의 식물 품종을 지칭한다. 이 용어는 통상적으로 농민이 순화(馴化)하고, 또 토착민과 이주 농민이 개량한 식물 품종에 대해 사용하는 말이다. 토종은 특정 유형의 토양과 특정 현장의 미기후(微氣候)에 적응력이 높다. 토종에는 수 세기에 걸친 진화와 적응을 통해 생성된 광범위한 유전자 염기(고도의 이형접합체)가 있다. 토종은 식물 육종가와 유전학자에게 다양한 유전자를 제공하는 중요한 원천이다.

Leptidoptera (레피돕테라) 곤충 강(綱). 즉, 나방 및 나비류(類).

Ligase (리가아제) 두 개의 DNA. 단편의 연결을 개시하는 효소.

Marker (표지) Genetic marker(표지 유전자) 참조.

Marker-assisted breeding (분자표지활용육종) 하나의 식물 품종에서 다른 식물 품종으로 관심 유전자를 도입할 때 유전자 지문 기술을 사용하는 것. 특정 게놈 영역의 DNA 서열에 관한 지식에 기반을 두고 있다.

Messenger RNA (메신저 RNA〈mRNA〉) 세포핵 내부 DNA에서 세포질 내부의 리보솜까지 유전자 정보(유전자)의 특정 서열 복제본을 가진 RNA 형태로, 리보솜에서 유전자가 단백질로 번역된다.

Metachlor (메타클로) 콩밭에서 잡초 방제에 사용하는 제초제. 메타클로 유제는 지하수를 오염시키는 것으로 알려져 있어서, 독성이 있는 것으로 의심되는 제초제 항목에 포함되어있다.

Monoculture (단일재배) 매년 유전적으로 동일한 동종 작물을 재배하는 방식. 단일재배로 더 높은 수확량을 올릴 수 있지만(재배, 방제 및 수확이 규격화되어 있으므로), 작물이 질병에 감염될 경우 대규모 실패작으로 이어질 수도 있다.

Monounsaturated fatty acid (단가불포화지방산〈單價不飽和脂肪酸〉) 너트, 아보카도, 올리브유, 포도 씨 오일, 땅콩기름, 아마 씨 기름, 참기름, 옥수수 기름, 및 캐놀라 오일 등에서 볼 수 있는 것으로 사슬이 길게 이어진 분자.

Mutagen (돌연변이 유발요인) 돌연변이를 유발할 수 있는 매체. 각종 화학물질, 바이러스, 방사선 및 일광노출 등이 변이원이라는 것이 증명되었다.

Mutation (돌연변이) 새로운 변이가 생산되는 유전물질의 변화.

Mutation breeding (돌연변이 육종) 종자를 고단위 발암성 용액에 담가두거나 방사선을 조사해서 DNA에 무작위 변화를 유발시키는 것. 발아 단계가 지나면, 육종가들은 형질이 새롭고 쓸모 있는 종자 중 살아남은 것을 사용한다.

Nematode (선충) 식물에 기생하는 벌레로, 식물의 뿌리와 지하 부위를 공격한다.

NIH (미국 국립보건원) 생물의학 연구 및 그 기금을 담당하는 미국 연방정부 기관.

Nitrogen (질소) 대기의 78%를 차지하는 원소. 살아있는 모든 조직과 아미노산의 일부다. 질소 제제(製劑)는 비료로 사용된다.

Non-target effect (비표적 효과) 식물, 화학물질, 단백질, 또는 미생물 등을 자연 생태계, 농경 생태계, 또는 삼림 생태계 등에 의도적인 도입을 통해 발생하는 효과. (예, 고도로 특화된 바실러스 씨링지엔시스〈Bacillus thuringiensis〉〈Bt〉 독소는 큰담배밤나방 유충, 눈벌레, 집시나방 유충, 알풍뎅이, 및 기타 해충 등과 같은 작물 해충을 표적으로 하고 있지만, 다른 곤충에도 비표적 효과가 있는 것이 입증되었다).

Nucleotide (뉴클레오티드) 핵산의 기본 구성 성분. 이것은 리보오스 또는 디옥시리보오스 당(糖) 및 인산염(燐酸畵) 그룹에 연결된 네 가지 특정 푸린 염기 또는 피리미딘 염기 중 하나로 구성되어있다.

Nucleus (핵) 모든 진핵세포(眞核細胞)에서 볼 수 있는 구조(세포 소기관). 여기에는 염색체가 들어있으며, 핵막으로 둘러싸여 있다.

Open pollination (OP)(방임수분〈放任受粉〉) 바람, 곤충 등을 통해 자연적으로 이루어지는 수분(受粉).

Organophosphate insecticide metabolite (유기인계 살충제 대사산물) 유기인계 살충제의 이병화(罹病化) 산물. 유기 인산 화합물에 노출된 성인 농장 근로자 및 어린이의 소변에서 발견되었음.

Outbreeding (이계교배〈異系交配〉) 근연 계통 사이의 결합인 근친교배와는 대조적으로, 동종 중에서도 원연(遠緣) 계통 사이에 발생하는 양성(兩性) 결합. 이계교배 식물에서는 화분(花粉) 및 난세포 등이 유전적으로 상이한 식물에서 오므로, 품종 간에 유전자 흐름이 발생한다.

Pest (해충〈유해동물〉) 인간의 활동, 소유물, 또는 건강에 지장을 주거나, 또는 그렇지 않을 경우 못마땅한 모든 종. 경제적으로 중요한 농작물 해충으로는, 고등동물(예, 포유류 및 조류)은 물론이고, 잡초, 절지(節肢)동물(곤충 및 진드기 포함), 식물 병원체 미생물, 및 선충(회충) 등이 포함된다.

Pesticide (농약) 해충 생물체를 박멸하기 위해 사용하는 모든 물질 또는 매체. 일반적인 농약에는 살충제(곤충을 죽이는 것), 제초제(잡초를 죽이는 것), 살진균제(진균류), 및 선충제제(선충을 죽이는 것) 등이 포함된다.

Patent (특허) 발명자에게 부여됨. 특허는 해당 발명에 대한 발명자의 배타적 권리를 보호한다.

Perennial (다년생 식물) 1 또는 2 계절 이상 사는 식물. 이들은 종자를 생산한 후에도 죽지 않는다.

Pesticides (농약) 해충 방제에 사용하는 화학물질.

Photosynthesis (광합성) 식물이 햇빛을 화학 에너지로 변환하는 과정

Photovoltaic cell (광전지〈光電池〉) 태양 에너지를 전기로 변환하는 태양열 이용 기술.

PIPRA 농업 공공부문의 지식재산 자원.

Plant breeding (식물 육종) 특별한 목적으로 소기의 유전자 변형을 창출하기 위해 식물의 종(種)을 고의로 조작하는 것.

Plumpox (PPV) **virus** (자두마마 바이러스) 핵과류(核果類)에 발생하는 바이러스성 질병.

Plutella xylostella (배추좀나방) 배추좀나방.

Pollination (수분〈受粉〉) 자성 생식세포가 존재하는 식물의 심피(心皮)로 화분(花粉)(웅성 생식세포)가 전이하는 것. 이 전이는 곤충, 조류, 바람, 물, 또는 사람에 의해 발생될 수 있다.

Polyunsaturated fatty acid (단가불포화지방산) 세포막 유지, 염증 억제 과정, 혈액응고 억제 과정, 및 비타민 A, D, E, 및 K 등의 섭취에 중요함.

Potassium (칼륨) 식물 생장에 필요한 원소이며, 비료로 사용됨.

Protein (단백질) 유전자를 통해 부호화되며, 정확한 서열로 배치되어, 펩티드 결합으로 접합되는 아미노산 구성의 단백질. 단백질은 효소, 유전자 활동 조절, 운반 장치, 호르몬, 또는 기타 촉매 및 구조적 요소의 역할을 할 수 있다.

Prunus domesticus 자두나무의 라틴어 역주: 자두의 학명

Psoralen (솔라렌) 셀러리가 생성하는 독소 화합물로, 포식자들이 먹을 생각을 하지 못하게 한다.

PVP 묘목 품종 보호법.

Recombination (재조합) 유성 생식 중 염색체 쌍(모계 및 부계 양친으로부터 물려받은 것) 사이에서 대립유전자를 교환하는 과정. 재조합을 통해 염색체의 다른 위치에 대립유전자의 새로운 조합이 생성된다.

Rennet (레닛) 레닌 혹은 키모신이라고도 함. 응유(凝乳) 및 치즈 제조에 사용되는 효소.

Restriction enzyme (제한효소) DNA 분자를 특정 염기쌍으로 절단하는 효소.

RNA (리보 핵산) 살아있는 세포 내부에서 단백질 합성에 불가결한 단일 가닥의 유전물질.

Rootone (루트원) 발근(發根)을 유도하는 식물 호르몬.

Rotenone (로테논) 사람에게 독이 되는 식물에서 추출한 살충제.

Roundup (라운드업) 방제용으로 몬산토사가 생산하는 글리포세이트 제초제의 상표명.

Salmonella enteritidis (장염균) 사람에게 식중독을 일으키는 세균. 이것은 날달걀과 가금류(家禽類)에서 발견된다.

Scion (접수〈接穗〉) 접목에 사용되는 나무의 상부 또는 싹이 있는 가지.

Seed stock (원종〈原種〉) 농부가 수확 때마다 다음 번 작물 생산에 사용하기 위해 보존하는 종자, 덩이줄기, 및 뿌리. 비축된 종자.

Snomax (스노맥스) 결빙을 앞당기는 프로스트반을 생산하는데 쓰이는 세균 계통. 스노맥스는 스키장의 제설기에 사용되고 있다.

Soil erosion (토양 침식) 바람과 물에 의해 토양이 휩쓸려나가, 사용 가능한 토양의 양이 고갈되는 과정. 과도 경작 및 압밀(壓密) 경작과 같은 인간의 활동도 토양 침식으로 이어질 수 있다.

Soil fumigant (토양 훈증제〈燻蒸劑〉) 식재(植栽), 잡초 방제, 및 선충 살충 등의 준비 작업으로 토양을 훈증하기 위해 사용되는 농약.

Soil solarization (태양열 토양 소독) 잡초 방제 및 토양 해충 문제를 처리할 수 있는 효과적이며 비화학적인 방식. 이 기술에는 여름이 한창일 때 6주 동안 반습토를 얇고 깨끗한 비닐로 덮어주는 것이 포함된다.

Solanine (솔라닌) 푸른 감자, 가지, 토마토, 및 피망 등이 천연 방어 장치로 생성된 맛이 쓰고 독성이 있는 화학물질. 감자가 식료품점 조명에 노출되면 솔라닌 수치가 증가한다.

Species (종〈種〉) 생물체의 분류학적 범주. 통상적으로 상호 교배가 가능하며 실제적으로 또는 잠재적으로 자연상태에서 교배됨. 종(種)의 학명(또는 라틴어 명칭)에는 속명(屬名)과 종소명(種小名)이 포함되며, 속명이 먼저 나온다(예, *Bacillus thuringiensis*).

Spontaneous mutation (자연 돌연변이) 화학물질 또는 방사선에 의해 유도되는 돌연변이와는 달리 자연발생적으로 일어나는 돌연변이.

Steinernema feltiae (곤충병원선충) 작은뿌리파리, 각종 날파리, 벼룩잎벌레, 및 일부 식물에 기생하는 선충 등과 같은 토양 및 지상 해충의 유충을 공격하는 이로운 선충.

Submergence tolerance(침수 내성) 어린 벼 모종이 침수 상태에서 1~2주 동안 견딜 수 있게 하는 형질.

Surfactant (계면활성제) 액체에 용해되어 표면장력을 감소시키며 유기화합물의 용해도를 높이는 물질. 제초제에 사용됨.

Symbiotic relationship (공생관계) 서로에게 이익이 되는 두 가지 이상의 상이한 종(種)의 생물체 사이의 생태학적 관계.

Synthetic fertilizer (합성비료) 화석 연료로 만들어진 비료. 암모니아, 황산암모늄, 및 요소(尿素) 등은 합성비료의 예다.

Teosinte (테오신트) *Zea mexicana*, 멕시코와 중미에서 기원한 야생종 원형 옥수수. 종자는 옥수수 속대에 일체가 되어있지 않다. 오히려, 암꽃의 화서(花序)(암이삭)가 6개 이상의 종자의 단일 줄로 구성되어있으며, 이들 각각에는 질긴 껍질로 둘러싸여 부싯돌처럼 단단한 내배유(內胚乳)가 팝콘처럼 들어있다.

Transgene (이식 유전자) 형질전환(유전공학)을 통해 세포의 게놈 속에 삽입되는 유전자. 이식 유전자에는, 관심유전자와 함께 프로모터 역주: 유전자의 스위치, 기타 조절 및 표지 유전 물질이 수반된다.

Transgenic plant (형질전환된 식물) 이식 유전자를 내포하고 있는 식물. 이식 유전자는 자손에게 유전된다.

Transposable element (전위인자) 이곳 저곳 이동하는 DNA 조각 역주: 일반적인 유전자와는 달리 게놈(genome)상에서 이동을 하여 개체에 유전적 변이를 나타냄 스스로가 새로운 곳으로 들어가기도 하지만, 때로는 다른 유전자 조각과 함께 들어간다.

Trichogramma (명충알벌) 지극히 작은 익충 말벌. 이들은 나방과 나비류의 알에 기생한다.

USDA (미국 농무부) 농업 정책 및 프로그램을 개발하고 관리하는 미국 연방 정부부처.

VAD 비타민 A 결핍증.

Variety (품종) 종(種) 수준 아래의 동식물 분류에 사용되는 범주. 품종은 상이점이 명백한 개체군(群)으로 구성되지만 해당 종내의 다른 품종끼리는 교배가 가능하다. 품종의 형질은 유전된다 역주: 변종으로 옮길 수 있으나 본 서에서는 품종이란 의미로 사용되었음.

Vector (운반체) 세균에서 발견되는 것으로, 자기복제가 가능하여 새로운 유전자를 세포 속에 이식하기 위해 사용되는 원형의 비염색체성 DNA. 식물 병리학에서 벡터란, 식물을 갉아먹으며 바이러스를 옮기는 곤충과 같이, 병원균을 한 숙주에서 다른 숙주로 옮길 수 있는 생물체를 말하는데 식물을 갉아먹는 곤충이 식물바이러스를 매개하는 것이 이에 속한다역주: 바이러스에 감염된 식물을 갉아먹은 곤충이 다른 식물을 갉아먹으면 곤충에 의해 바이러스가 다른 식물로 전염된다.

Weed (잡초) 인간의 활동(농장 및 채소밭 포함)이나 자연 서식지에 지장을 주는 바람직스럽지 못한 식물. 식물을 잡초로 간주하는 데는 여러 가지 이유가 있다(예, 빠른 성장, 지속성, 침입성, 가축에 대한 유독성).

Vermiculite (질석〈蛭石〉) 열절연(熱絶緣), 회반죽, 포장재 등으로 사용되며, 또 식재용 매질로도 사용되는 규산염 광물.

Vital-force theory (생명력 이론) 생명력이 유기농과 비유기농 혼합물 사이의 차이를 결정한다는 이론. 동식물로부터 분리된 유기물질에는 생명력이 있고, 비유기물질에는 없는 것으로 간주되었었다.

Vitamin A (비타민 A) 생선의 간유(肝油), 우유, 초록색 채소 및 황색 채소, 그리고 달걀 노른자위 등에 들어있는 지용성(脂溶性) 화합물. 이것은 세포 성장 및 발달, 상피(上皮)조직 성장 및 보호, 그리고 정상 시력을 위해 필요하다.

Vitamin D (비타민 D) 치아 및 뼈 성장에 필요하며, 우유, 생선 간유(肝油) 등에 들어있는 지용성(脂溶性) 화합물.

Warrior (워리어) 바구미를 죽이고 구더기와 파리를 방제하는데 사용하는 제충국 살충제.

Waxy (왝시) 아밀로스 합성에 필요한 효소를 부호화하는 유전자.

Xa21 대부분의 벼 흰잎마름병균 계통에 내성을 부여하는 벼 유전자.

Xanthomonas oryzae (벼 흰잎마름병균) 벼에 세균성 마름병을 유발하는 세균.

Xylella fastidosa 포도나무에 치명적인 피어스 질병과 같은 경제적으로 중요한 식물 질병을 유발하는 아주 작은 세균.

인용문헌
References

서론

Conway, Gordon. 1997. *The Doubly Green Revolution.* Ithaca, NY: Cornell University Press.

National Organic Program Standards. http://www.ams.usda.gov/nop/NOP/standards.html (accessed June 7, 2006).

United Nations, Department of Economic and Social Affairs, Population Division. 2007. World Population Prospects: The 2006 Revision. New York: United Nations.

United States Department of Agriculture Food and Nutrition Service. http://www.fns.usda. gov/fns/food_safety.htm (accessed June 7, 2006).

제 1장

Catling, H. D. 1992. *Rice in Deep Water.* Manila, Philippines: International Rice Research Institute.

Dey, M. M., and H. K. Upadhyaya. 1996. Yield loss due to drought, cold and submergence tolerance. In R. E. Evenson, R. W. Herdt, and M. Hossain, (eds.). *Rice Research in Asia: Progress and Priorities.* UK: International Rice Research Institute in collaboration with CAB International.

Freeman, D. 1970. *Report on the Iban.* London: Athlone.

Hamilton, R.W. 2003. *The Art of Rice, Spirit and Sustenance in Asia.* Los Angeles: UCLA Fowler Museum of Cultural History.

Herdt, R. W. 1991. Research priorities for rice biotechnology. In G. S. Khush and G. H. Toenniessen (eds.). *Rice Biotechnology.* Wallingford, UK: CAB International.

Huke, R. E., and E. H. Huke. 1990. *Rice: Then and Now.* Manila, Philippines: International Rice Research Institute.

International Rice Genome Sequencing Project (IRGSP). 2005. The map-based sequence of the rice genome. *Nature* 436: 793–800.

Xu K., X. Xu, P. C. Ronald, and D. J. Mackill. 2000. A high-resolution linkage map in the vicinity of the rice submergence tolerance locus Sub1. *MGG* 263: 681–689.

Xu, Kenong, Xia Xu, Takeshi Fukao, Patrick Canlas, Sigrid Heuer, Julia Bailey-Serres, Abdel Ismail, P. C. Ronald, and David J. Mackill. 2006. Sub1A encodes an ethylene responsive-like factor that confers submergence tolerance to rice. *Nature* 442: 705–708.

제2장

Aroian Lab. 2006. *Bacillus thuringiensis:* History of Bt. University of California–San Diego. http://www.bt.ucsd.edu/bt_history.html (accessed August 22, 2006).

Asami, Danny K., Yun-Jeong Hong, Diane M. Barrett, and Alyson E. Mitchell. 2003.Comparison of the total phenolic and ascorbic acid content of freeze-dried and air-dried marionberry, strawberry, and corn grown using conventional, organic, and sustainable agricultural practices. *Journal of Agriculture and Food Chemistry* 51: 1237–1241.

Ascherio, Alberto, Honglei Chen, Marc G. Weisskopf, Eilis O'Reilly, Majorie L. McCullough, Eugenia E. Calle, Michael A. Schwarzschild, and Michael J. Thun. 2006. Pesticide exposure and risk for Parkinson's disease. *Annals of Neurology* 60: 197-203.

Baker, Brian, Charles Benbrook, Edward Groth III, and Karen Lutz Benbrook. 2002. Pesticide residues in conventional, IPM-grown, and organic foods: Insights from three U.S. data sets. *Food Additives and Contaminants* 19(5): 427–446.

Bellinger, R. G. 1996. Pest Resistance to Pesticides. Clemson University: Pesticide Information Program. ttp://entweb.clemson.edu/pesticid/Issues/pestrest.pdf (accessed June 15, 2006).

Blank, Stephen. 1998. *The End of Agriculture in the American Portfolio.* Westport, CT: Quorum Books.

CBS News. 2006. Farmers pay price as fuel costs soar. May 6.

Curl, Cynthia L., Richard A. Fenske, and Kai Elgethun. 2003. Organophosphorus pesticide exposure of urban and suburban preschool children with organic and conventional diets. *Environmental Health Perspectives* 111(3): 377–382.

Denison, R. Ford, Dennis Bryant, and Thomas E. Kearney. 2004. Crop yields over the first nine years of LTRAS, a long-term comparison of field crop systems in a Mediterranean climate. *Field Crops Research* 86: 267–277.

Department of Pesticide Regulation. 2006. DPR releases 2004 pesticide use data; more nature-friendly chemicals gain favor. State of California News Release, January 24. http://www.cdpr.ca.gov/docs/pressrls/2006/060124.htm (accessed June 15, 2006).

Diver, Steve, George Kuepper, and Preston Sullivan. 2001. *Organic Sweet Corn Production: Horticulture Production Guide*. Insect Pest Management. ATTRA—National Sustainable Agriculture Information Service. Fayetteville, AR, September. http://attra.ncat.org/attrapub/sweetcorn.html#insect (accessed August 28, 2006).

Elmore, C., et al. 1997. *Soil Solarization. A Nonpesticidal Method for Controlling Diseases, Nematodes, and Weeds*. University of California, DANR Publication 21377.

Gewin, Virginia. 2004. Organic FAQs: Can organic farming replace conventional agriculture? *Nature* 428 (April 22): 798.

Goldstein, Nora. 2005. Source Separated MSW Composting in the U.S.: From Michigan and Minnesota to Washington and California, household organics are being separated and sent to specially-designed composting sites. Part II. *Biocycle* 46(12): 20.

Guthman, Julie. 2004. The trouble with 'organic lite' in California: A rejoinder to the 'conventionalisation' debate. *Sociologia Ruralis* 44(3): 301–316.

Hoitink, H. A. J., and M. E. Grebus. 1994. Stats of biological control of plant diesases with composts. *Compost Science and Utilization* 2(2): 6–12.

King, F. H. 1911. *Farmers of Forty Centuries: Farmers of China, Korea, and Japan*. Madison, WI: Mrs. F. H. King.

Klein, Jill. 1989. *The Use of Green Manures in Field and Vegetable Crop Systems*.

Annual Report to the California Energy Commission. From: The development of a cover crop program for the central valley. Master's thesis, UC Davis, Davis, California.

Kramer, Sasha B., John P. Reganold, Jerry D. Glover, Brendan J. M. Bohannan, and Harold A. Mooney. 2006. Reduced nitrate leaching and enhanced denitrifier activity and efficiency in organically fertilized soils. *Proceedings of the National Academy of Sciences USA* 103(12): 4522–4527.

Legarre, Paola, E. Nakata, and G. Peer. 2001. Pricing strategy analysis: Farm and community supported agriculture. M.B.A. project paper. Leavey School of Business, Santa Clara, California.

Liebhardt, Bill. 2001. Get the facts straight: Organic agriculture yields are good. Information Bulletin. *Organic Farming Research Foundation* 10(Summer): 1, 4–5.

Lumsden, R. D., J. A. Lewis, and P. D. Millner. 1983. Effect of compost sewage sludge on several soilborne pathogens and disease. *Phytopathology* 73(11): 1543–1548.

Maeder, Paul, Andreas Fliessbach, David Dubois, Lucie Gunst, Padruot Fried, and Urs Niggli. 2002. Soil fertility and biodiversity in organic farming. *Science* 296 (May 31): 1694–1697.

National Institute of Environmental Health *Sciences* (NIEHS). 2003, May 1. Agricultural pesticide use may be associated with increased risk of prostate cancer. U.S. Department of Health and Human Services: NIH News. http://www.niehs.nih.gov/oc/news/aghltst.htm (accessed August 22, 2006).

Natural Resources Conservation Service (NRCS). 2003, July. Soil Erosion. Natural Resources Inventory Annual, 2001. http://www.nrcs.usda.gov/TECHNICAL/land/nri01/nri01eros. html (accessed August 22, 2006).

Natural Resources Conservation Service. 2006. http://www.nrcs.usda.gov/

Pimentel, D., H. Acquay, M. Biltonen, P. Rice, M. Silva, J. Nelson, V. Lipner, S. Giordano, A. Horowitz, and M. D'Amore. 1993. Assessment of environmental and economic impacts of pesticide use. In D. Pimentel and H. Lehmann (eds.). *The Pesticides Questio: Environment, Economics and Ethics*. New York/London: Chapman and Hall, pp. 47–84.

Pimentel, David, Paul Hepperly, James Hanson, David Douds, and Rita Seidel.

2005. Environmental, energetic, and economic comparisons or organic and conventional farming systems. *BioScience* 55(7): 573–582.

Pollan, Michael. 2006. *The Omnivore's Dilemma: A Natural History of Four Meals.* New York: Penguin Press.

PUR (Department of Pesticide Regulation Pesticide Use Reporting). 2004a. The top five pesticides used in each county in 2004 and the top five sites of use for each of these pesticides. State of California. http://www.cdpr.ca.gov/docs/pur/pur04rep/top5_ais.pdf (accessed May 26, 2006).

PUR (Department of Pesticide Regulation Pesticide Use Reporting). 2004b. Pounds of active ingredient by county. State of California. http://www.cdpr.ca.gov/docs/pur/pur04rep/lbsby_co.pdf (accessed April 17, 2006).

Shapouri, Hosein, James Duffield, Andrew McAloon, and Michael Wang. 2004. *The 2001 Net Energy Balance of Corn-Ethanol.* U.S. Department of Agriculture: Office of the Chief Economist (OCE), Agricultural Research Service (ARS). Washington, D.C.: U.S. Department of Energy. http://www.usda.gov/oce///reports/energy/net_energy_balance.pdf

Texas A&M University. 2005, April 6. "Dead zone" arrives early in Gulf in 2005. Texas A&M University News and Information. http://communications.tamu.edu/newsarchives/05/040605–14.html (accessed August 22, 2006).

US EPA. 1996. *Organic Strawberry Production as an Alternative to Methyl Bromide.* EPA 430 R-96–012.

Van Horn, Mark. 1995. *Compost Production and Utilization: A Grower's Guide.* UCDANR Pub. 21514.

Warner, Melanie. 2006. Wal-Mart eyes organic foods, and brand names get in line. *New York Times*, May 12.

Weeks, Carly. 2006, April 17. Food Inc. Swallows Organics: Multinationals Move to Corner Niche Market. CanWest News Service. http://www.canada.com/edmontonjournal/news/ story.html?id=15471e4c-6c19–452d-af5e-750d61a01888

Zahm S. H., and A. Blair. 1992. Pesticides and non-Hodgkins lymphoma. *Cancer Research* 52(19): 5485s–5488s.

제3장

Agraquest. Products. http://www.agraquest.com/products/index.html

Appropriate Technology Transfer for Rural Areas (ATTRA). 2005. *Reduced-Risk Pest Control Factsheet: Insect IPM in Apples: Kaolin Clay*. ATTRA Publication. (Last modified May 11). http://attra.ncat.org/attra-pub/PDF/kaolin-clay-apples.pdf (accessed August 24, 2006).

Aroian Lab. 2006. *Bacillus thuringiensis*: History of Bt. University of California San Diego. http:// www.bt.ucsd.edu/bt_history.html (accessed August 24, 2006).

Carson, Rachel. 1962. *Silent Spring*. Boston: Houghton Mifflin.

Chrispeels, Maarten J., and David E. Sadava. 1994. *Plants, Genes, and Agriculture*. Boston: Jones and Bartlett Publishers.

Diver, Steve. 1999. *Biodynamic Farming and Compost Preparation*. National Sustainable Agriculture Information Service. ATTRA Publication #IP137.

Hegege, Maya (interviewer), and Jarrell, Randall (ed.) 2003. *The Early History of USC's Farm and Garden: Interviews with Paul Lee, Phyllis Norris, Orin Martin, Dennis Tamura*. Santa Cruz: University of Calilfornia–Santa Cruz, University Library. http://library.ucsc.edu/ reg-hist/farmgarden.html

Howard, Albert. 1940. *An Agricultural Testament*. London: Oxford University Press.

Howard, Albert. 1947. *The Soil and Health: A Study of Organic Agriculture*. New York: TheDevin-Adair Company.

Kupfer, David. 2001. The Organic Farming Movement: Trailblazers, Heroes, and Pioneers. http://www.wildnesswithin.com/kupfer.html

Madden, Patrick. 1990. The Early Years of the LISA, SARE, and ACE Programs. http://wsare. usu.edu

National Research Council, Board on Agriculture. 1989. *Alternative Agriculture*. Committee on the Role of Alternative Farming Methods in Modern Production Agriculture. Washington D.C.: National Academy Press.

Pimentel, D., Hepperly, P., Hanson, J., Seidel, R., and Douds, D. 2005. Environmental, energetic, and economic comparisons of organic and conventional farming systems. *Bioscience* 55(7): 573–582.

Rodale, J. I. 1976. *How to Grow Vegetables and Fruits by the Organic Method.*

Emmaus, PA: Rodale Books.
Sooby, Jane. 2006. *Investing in Organic Knowledge*. OFRF. Santa Cruz, CA.
Sustainable Agriculture Research and Education. http://www.sare.org/projects/
Trewavas, Anthony. 2006. Urban myths of organic farming. *Nature* 410: 410.
United States Department of Agriculture (USDA), Agriculture Marketing Service. National Organic Program. http://www.ams.usda.gov/nop/indexNet.htm
United States Department of Agriculture (USDA). 1980, July. *Report and Recommendations on Organic Farming*. GPO no. 620–220/3641. Washington, D.C.: USDA Study Team on Organic Farming.
United States General Accounting Office. 1990, February. *Alternative Agriculture: Federal Incentives and Farmers' Opinions*. GAO/PEMD-90–12. U.S. Washington, D.C.: General Accounting Office.
Wehner, T. C., and C. Barrett. 2005. Cucurbit Breeding Horticultural Science: History of Plant Breeding: Plant Breeding Methods. North Carolina State University. Designed by C. T. Glenn. http://cuke.hort.ncsu.edu/cucurbit/wehner/741/hs741hist.html (accessed August 24, 2006).

제4장

Bodner Research Web.2004, October27. Structure and Nomenclature of Organic Compounds, What Is an Organic Compound? Chemistry Department, Purdue University. http:// chemed.chem.purdue.edu/genchem/topicreview/bp/1organic/1org_frame.html (accessed March 6, 2006).
Bronowski, J. 1956. *Science and Human Values.* New York: Harper & Row.
Brooke, John Hedley. 1995. *Thinking about Matter: Studies in the History of Chemical Philosophy*. Aldershot, Hampshire, UK: Ashgate Publishing.
Brown, J. R. 2003. Ancient horizontal gene transfer. *Nature Reviews Genetics* 4(February 1): 121–156.
Clark, Robin (ed.). 1999. Overview GEO-2000: Global Environment Outlook. Chapter 2, The State of the Environment—North America: Marine and Coastal Areas. United Nations Environment Programme (UNEP). http://www.unep.org/Geo2000/english/ (accessed on May 4, 2006).

Dubcovsky, J., and Dvorak, J., 2007. Genome plasticity a key factor in the success of polyploidy wheat under domestication. *Science* 316:1862.

Hamilton, R.W. 2003. *The Art of Rice, Spirit and Sustenance in Asia.* Los Angeles: UCLA Fowler Museum of Cultural History.

Gonsalves, Dennis. 1998. Control of papaya ringspot virus in papaya: A case study. *Annual Review Phytopathology* 36:415–437. http://arjournals.annualreviews.org/doi/pdf/10.1146/annurev.phyto.36.1.415 (accessed May 9, 2006).

Guyotat, Régis. 2005. La justice relaxe des faucheurs volontaires en invoquant le 'danger imminent' des OGM. *Le Monde*, December 11.

Jiang, N., Z. Bao, X. Zhang, S. R. Eddy, and S. R. Wessler. 2004. Pack-MULE transposable elements mediate gene evolution in plants. *Nature* 431(September 30): 569–573.

Juniata College, Science in Motion. 2004. Berry Full of DNA. http://services.juniata.edu/ScienceInMotion/middle/labs/life/DNA_strawberry.doc.

Lane, Jo Ann. 1994 (adapted 2006). History of Genetics Timeline: 1994 Woodrow Wilson Collection. National Health Museum: Access Excellence: Activities Exchange. http://www.accessexcellence.org/AE/AEPC/WWC/1994/geneticstln.html (accessed June 16, 2006).

Lucca, P., X. Ye, and I. Potykus. 2001. Effective selection and regeneration of transgenic rice plants with mannose as selective agent. *Molecular Breeding* 7: 43–49.

McBride, J. M. 2003. Wöhler/Berzelius Letters about Urea (1828). Chemistry Department, Yale University. http://classes.yale.edu/chem125a/125/history99/4RadicalsTypes/UreaLetter1828. html (accessed March 6, 2006).

National Agricultural Statistics Service (NASS). 2002, July 11. Hawaii Papayas. Hawaii Agricultural Statistics Service: Hawaii Department of Agriculture. http://www.nass.usda. gov/hi/fruit/xpap0602.pdf (accessed on May 4, 2006).

National Diabetes Information Clearinghouse (NDIC). 2005. Total Prevalence of Diabetes in the United States, All Ages, 2005. http://diabetes.niddk.nih.gov/dm/pubs/ statistics/index. htm#7 (accessed March 3, 2006).

Schumacher, E. F. 1973. *Small Is Beautiful.* New York: Harper & Row.

Song, Wen-Yuan, Guo-Liang Wang, Li-Li Chen, Han-Suk Kim, Li-Ya Pi, Tom

Holsten, J. Gardner, Bei Wand, Wen-Xue Zhai, Li-Huang Zhu, Claude Fauquet, and Pamela Ronald.1995. A receptor kinase-like protein encoded by the rice disease resistance gene, Xa21. *Science* 270(5343): 1804–1806.

Toenniessen, Gary H., John C. O'toole, and Joseph DeVries. 2003. Advances in plant biotechnology and its adoption in developing countries. *Current Opinion in Plant Biology* 6(2): 191–198.

Tripathi, Savarni, Jon Suzuki, and Dennis Gonsalves. 2006. Development of genetically engineered resistant papaya for *Papaya ringspot virus* in a timely manner—A comprehensive and successful approach. *Methods in Molecular Biology/Molecular Medicine.* Totowa, NJ: Humana Press, Inc.

University of California Division of Agricultural and Natural Resources Statewide Biotechnology Workgroup. 2007. http://ucbiotech.org/

Wright, Susan. 2001. Legitimating Genetic Engineering. Foundation for the Study of Independent Social Ideas, Inc., AG Biotech Info Net. http://www.biotech-info.net/ legitimating.html (accessed March 3, 2006).

제5장

Bennett, R., U. Kambhampati, S. Morse, Y. Ismael. 2006. Farm level economic performance of genetically modified cotton in Maharashtra, India. *Review of Agricultural Economics* 28:59–71.

Bernstein, L., J. A. Bernstein, M. Miller, S. Tierzieva, D. I. Bernstein, Z. Lummus, M. K. Selgrade, D. L. Doerfler, and V. L. Seligy. 1999. Immune responses in farm workers after exposure to *Bacillus thuringiensis* pesticides. *Environmental Heath Perspectives* 107: 575–582.

California Certified Organic Farmers (CCOF). Genetic Engineering. http://www. ccof. org/ge_pol_ad.php (accessed March 28, 2006).

California Department of Food and Agriculture (CDFA). 2003. *A Food Foresight Analysis of Agriculture Biotechnology: A Report to the Legislature.* Food Biotechnology Task Force, 3. http://www.cdfa.ca.gov/exec/pdfs/ag_biotech_report_03.pdf (accessed May 4, 2006).

California Department of Food and Agriculture (CDFA). 2004. *2004 County*

Organic Crop and Acreage Report. http://www.cdfa.ca.gov/is/i&c/docs/2004CountyReport.pdf (accessed March 29, 2006).

Cline, Harry. 2005. Kern supervisors support biotechnology. *Western Farm Press*, May 7.

Chrispeels, M. J., and D. E. Sadava. 1994. *Plants, Genes, and Agriculture*. Boston: Jones and Bartlett.

Davis, Joshua. 2003. Come to LeBow. *Wired* 11, February 2. http://www.wired.com/wired/archive/11.02/smoking.html?pg=1&topic=&topic_set (accessed March 29, 2006).

Durkin, Patrick R. 2003, March 1. *Glyphosate—Human Health and Ecological Risk Assessment FinalReport*. Syracuse Environmental Research Associates, Inc. USDAForestService:Forest Health Protection. http://www.fs.fed.us/foresthealth/pesticide/risk_assessments/04a03_glyphosate.pdf

Farrell, Alexander E., Richard J. Plevin, Brian T. Turner, Andrew D. Jones, Michael O'Hare, and Daniel M. Kammen. 2006. Ethanol can contribute to energy and environmental goals. *Science* 311(January 27): 506–508.

Fernandez-Cornejo, Jorge, and William D. McBride. 2002. *Adoption of Bioengineered Crops*. Agricultural Economic Report No. AER810.

Fernandez-Cornejo, Jorge, and Margriet Caswell, 2006. The First Decade of Genetically Engineered Crops in the United States. USDA Economic Research Service. Economic Information Bulletin, Number 11.

Glare, Travis R., and Maureen O'Callaghan. 2000. *Bacillus thuringiensis: Biology, Ecology and Safety*. Weinheim: Wiley-VCH.

GM Science Review Panel. 2003, July. *GM Science Review, First Report: An Open Review of the Science Relevant to GM Crops and Food Based on Interests and Concerns of the Public*. http://www.gmsciencedebate.org.uk/report/pdf/gmsci-repor-full.pdf (accessed April 27, 2006).

Hawks, Bill. 2004, December 21. Letter to the National Association of State Departments of Agriculture. Washington, D.C.: Department of Agriculture, Office of the Secretary, Marketing and Regulatory Programs.

Huang, J. K., R. F. Hu, S. Rozelle, and C. Pray. 2005. Insect-resistant GM rice in farmers' fields: Assessing productivity and health effects in China. *Science*

308:688–690.

Huang, J. K., S. Rozelle, C. Pray, and Q. Wang. 2002. Plant biotechnology in China. *Science* 295:674–677.

Kershen, Drew. 2006. Health and food safety: The benefits of Bt corn. *Food and Drug Law Journal* 61:197.

Madison, Deborah. 1997. *Vegetarian Cooking for Everyone.* New York: Broadway Books.

Marvier, Michelle, CMcCreedy, J. Regetz, and P. Karieva. 2007. A Meta-analysis of effects of Bt cotton and maize on nontarget invertebrates. *Science* 316:1475.

National Research Council and Institute of Medicine of the National Academies (NAS). 2004. *Safety of Genetically Engineered Foods: Approaches to Assessing Unintended Health Effects.* Washington D.C.: The National Academy Press.

Opinion of the Scientific Panel on Genetically Modified Organisms on a request from the Commission related to the safety of foods and food ingredients derived from insect-protected genetically modified maize MON 863 and MON 863 x MON 810, for which a request for placing on the market was submitted under Article 4 of the Novel Food Regulation (EC) No 258/97 by *Monsanto. European Food Safety Journal* 2004 (50): 1–25.

PUR(DepartmentofPesticideRegulation,PesticideUseReporting).2004. StateofCalifornia. http://www.cdpr.ca.gov/docs/pur/pur04rep/lbsby_co.pdf (accessed April 17, 2006).

Purcell, A. *Xylella fastidiosa* University of California, Berkeley, College of Natural Resources. http://nature.berkeley.edu/xylella/north/manual_section_ii.pdf (accessed March 29, 2006).

Sonoma County, California. 2005, November 8. Measure M, Genetically Engineered Organism Nuisance Abatement Ordinance County of Sonoma. http://smartvoter.org/ 2005/11/08/ca/sn/meas/M/ (accessed March 7, 2006).

Sustainable Agricultural Research and Education (SARE). 2002. "Zea-later!" Organic Corn Treatment Spells End to Wormy Ears. http://www.sare.org/highlights/2002/ sweet_corn.htm (accessed March 29, 2006).

Syngenta. 2004, May. Bt-11 Sweet Corn Update. http://www.syngenta.com/en/downloads/Bt_sweet_corn_update_5–04_final.pdf (accessed March 28, 2006).

Tabashnik, B. E. 1994. Evolution of resistance to *Bacillus thuringiensis. Annual Review of Entomology* 39:47–79.

Tabashnik, B. E., Yves Carrière, Timothy J. Dennehy, Shai Morin, Mark S. Sisterson, Richard T. Roush, Anthony M. Shelton, and Jian-Zhou Zhao. Insect resistance to transgenic Bt crops: Lessons from the laboratory and field. *Journal of Economic Entomology* 96: 1031.

Toenniessen, Gary H., John C. O'toole, and Joseph DeVries. 2003. Advances in plant bio-technology and its adoption in developing countries. *Current Opinion in Plant Biology* 6(2):191-198.

Qaim, M., and D. Zilberman. 2003. Yield effects of genetically modified crops in developing countries. *Science* 299: 900–902.

Wang, S., D. Just, and P. Pinstrup-Anderson. 2006. Tarnishing silver bullets: Bt technology adoption, bounded rationality and the outbreak of secondary pest infestations in China. Paper presented at the American Agricultural Economics Association Annual Meeting in Long Beach, CA, July 25.

Wu, F. 2006. Mycotoxin reduction in Bt corn: potential economic, health, and regulatory impacts. *Transgenic Research* 15: 277–289.

제6장

Ewen, S. W. B., and A. Pusztai. 1999. Effect of diets containing genetically modified potatoes expressing *Galanthus nivalis* lectin on rat small intestine. *The Lancet* 354:1353–1354.

Ho, Mae-Wan (ed.). 2002. Mice prefer non GM. *Institute of Science in Society: ISIS* 13/14 (February). http://www.isis.org.uk/MicePreferNonGM.php? (accessed March 31, 2006).

Holt, Jim. 2005. The way we live now: Madness about a method. *New York Times Magazine,* December 11. http://www.nytimes.com (accessed March 29, 2006).

Kennedy, Donald (ed.). 2006. Retraction of Hwang et al., Science 308 (5729) 1777–1783. Retraction of Hwang et al., Science 303 (5664) 1669-1674: Editorial Retraction. *Science(Letters)* 301(5759):335.

Losey, J. E., L. S. Rayor, M. E. Carter. 1999. Transgenic pollen harms monarch larvae. *Nature* 399: 214.

National Research Council and Institute of Medicine of the National Academies (NAS). 2006. Washington D.C. http://www.nasonline.org/site/PageServer?pagename=ABOUT_main_page (accessed May 2, 2006).

Pew Initiative on Food and Biotechnology. 2002, May 30. Three Years Later: Genetically Engineered Corn and Monarch Butterfly Controversy. University of Richmond, The PEW Charitable Trusts. http://pewagbiotech.org/resources/issuebriefs/ monarch.pdf (accessed May 8, 2006).

Serageldin, Ismail. 2002. The rice genome: World poverty and hunger—The challenge for science. *Science* 296(5565): 54–58.

Smith, Jeffery M. 2004. *Seeds of Deception. Exposing Industry and Government Lies About the Safety of the Genetically Engineered Foods You Are Eating.* Portland: Chelsea Green Ltd.

제7장

Ackermann-Liebrich, Ursula, Thomas Voegeli, Kathrin Gunter-Witt, Isabelle Kunz, Maja Zullig, Christian Schindler, Margrit Maurer, and Zurich Study Team. 1996. Home versus hospital deliveries: Follow up study of matched pairs for procedures and outcome. *BMJ* 313(November 23): 1313–1318.

Ahloowalia, B. S., M. Maluszynski, and K. Nichterlein. 2004. Global impact of mutation-derived varieties. *Euphytica* 135(2): 187–204.

Anderson, Alicia D., Jennifer M. Nelson, Shannon Rossiter, and Frederick J. Angulo. 2003. Public health consequences of use of antimicrobial agents in food animals in the United States. *Microbial Drug Resistance* 9(4): 373–379.

Catchpole, Gareth S., Manfred Beckmann, David P. Enot, Madhav Mondhe, Britta Zywicki, Janet Taylor, Nigel Hardy, Aileen Smith, Ross D. King, Douglas B. Kell, Oliver Fiehn, and John Draper. 2005. Hierarchical metabolomics demonstrates substantial compositional similarity between genetically modified and conventional potato crops. *Proceedings of the National Academy of Sciences USA* 102(40): 14458–14462.

Centers for Disease Control and Prevention. 2003. Mary Ann Liebert, Inc.,

Foodborne and Diarrheal Diseases Branch, Division of Bacterial and Mycotic Diseases. http://www.cdc.gov/narms/publications/2003/a_anderson_2003.pdf (accessed June 16, 2006).

Centers for Disease Control and Prevention (CDC). 2005, October 13. *Salmonella enteritidis.* National Center for Infectious Disease, Division of Bacterial and Mycotic Disease. Department of Health and Human Services. http://www.cdc.gov/ncidod/dbmd/disea-seinfo/salment_g.htm (accessed on May 5, 2006).

Cline, Austin (Guide). 2006. Evolution and the Law: Textbook Disclaimers. Should Students Be Told That Evolution Is 'Only' a Theory? About, Inc., a part of the New York Times Company. Centers for Disease Control and Prevention. http://atheism.about.com/library/FAQs/evo/blevo_law_disclaimers.htm (accessed June 5, 2006).

Committee on Drug Use in Food Animals, Panel on Animal Health, Food Safety, and Public Health, Board on Agriculture, National Research Council. 1999. *The Use of Drugs in Food Animals: Benefits and Risk.* Washington D.C.: National Academy Press.

Food and Drug Administration-Center for Veterinary Medicine. 2000, October 18 (revised January 5, 2001). The Human Health Impact of Fluoroquinolone Resistant Campylobacter Attributed to the Consumption of Chicken. http://www.fda.gov/cvm/Documents/RevisedRA.pdf (accessed June 16, 2006).

Fountain, H. 2006. On not wanting to know what hurts you. *New York Times,* January 15.

Gold, H. S., and R. C. Moellering, Jr. 1996. Antimicrobial-drug resistance. *New England Journal of Medicine* 335(November 7): 1445–1453.

Guyotat, Régis. 2005. La justice relaxe des faucheurs volontaires en invoquant le 'danger imminent' des OGM. *Le Monde,* December 11.

Humphrey, J. H., K. P. West, Jr., and A. Sommer. 1992. Vitamin A deficiency and attributable mortality among under-5-year-olds. *Bulletin of the World Health Organization* 70:225–232.

Kahn, Robert D. & Co. 2006. Frostban Field Trial. Client: Advanced Genetic Sciences 1987. http://www.rdkco.com/cs.tpl?action=show1&csid=1008553434135509 (accessed June 5, 2005).

Kidd, Riam S., Annette M. Rossignol, and Michael J. Gamroth. 2002. Salmonella and other *Enterobacteriaceae* in dairy-cow feed ingredients: antimicrobial resistance in western Oregon. *Journal of Environmental Health* 64(May): 9–16.

Ludwig, David S., Karen E. Peterson, and Steven L. Gortmaker. 2001. Relation between consumption of sugar-sweetened drinks and childhood obesity: a prospective, observational analysis. Lancet 357(February 17): 505–508.

Mazur, Allan. 2004. *True Warnings and False Alarms: Evaluating Fears about the Health Risks of Technology, 1948–1971*. Washington D.C.: Resources for the Future.

McNeil, Donald G. 2006. In raising the world's I.Q., the secret's in the salt. *New York Times,* December 16.

National Research Council and Institute of Medicine of the National Academies (NAS). 2004. *Safety of Genetically Engineered Foods: Approaches to Assessing Unintended Health Effects.* Washington D.C.: The National Academy Press.

Netherwood, Trudy, Susana M. Martín-Orúe, Anthony G. O'Donnell, Sally Gockling, Julia Graham, John C. Mathers, and Harry J. Gilbert. 2004. Assessing the survival of transgenic plant DNA in the human gastrointestinal tract. *Nature Biotechnology* 22:204-209.

Nordlee, J. A., S. L. Taylor, J. A. Townsend, L. A. Thomas, and R. K. Bush. 1996. Identification of a Brazil-nut allergen in transgenic soybeans. *New England Journal of Medicine* 334(March 14): 688–692.

Occupational Safety and Health Administration. 1998. Material Safety Data Sheet: Bonide Rotenone 5%. U.S. Department of Labor. http://www.biconet.com/botanicals/infosheets/ rotenon5.pdf (accessed June 5, 2006).

Oklahoma Legislature (Representative Bill Graves). 2003. House Bill HB1504. http://www.lsb. state.ok.us/ (accessed June 5, 2006).

Olsen, Kenneth M., and Michael D. Purugganan. 2002. Molecular evidence on the origin and evolution of glutinous rice. *Genetics* 162: 941–950.

Owen, Sri. 1993/1994 (first U.S. edition). *The Rice Book: The Definitive Book on the Magic of Rice, with Hundreds of Exotic Recipes from Around the World.* New York: St Martin's Press.

Prescott, Vanessa E., Peter M. Campbell, Andrew Moore, Joerg Mattes, Marc

E. Rothenberg, Paul S. Foster, T. J. V. Higgins, and Simon P. Hogan. 2005. Transgenic expression of bean α-amylase inhibitor in peas results in altered structure and immunogenicity. *Journal of Agricultural and Food Chemistry* 53(23): 9023–9030.

Rifkin, Jeremy, in collaboration with Nicanor Perlas. 1983/1984. *Algeny: A New Word—A New World.* New York: Viking/Penguin Books.

Ropeik David, and Gray, George. 2002. *Risk: a Practical Guide for Deciding What's Really Safe and What's Really Dangerous in the World Around You.* New York: Houghton Mifflin Company.

Sano, Y. (1984). Differential regulation of waxy gene expression in rice endosperm. *Theoretical and Applied Genetics* 68: 467.

Schubert, Rainer, Doris Renz, Birgit Schmitz, Walter Doerfler. 1997. Foreign (M13) DNA ingested by mice reaches peripheral leukocytes, spleen, and liver via the intestinal wall mucosa and can be covalently linked to mouse DNA. *PNAS* 94(3): 961–996.

Stein A. J., H. P. S. Sachdev, and Qaim Matin. 2006. Potential impact and cost-effectiveness of Golden Rice. *Nature Biotechnology.* 24: 1200–1201.

Wiegers, T. A., M. J. N. C. Keirse, J. van der Zee, and G. A. H. Berghs. 1996. Outcome of planned home and planned hospital births in low risk pregnancies: Prospective study in midwifery practices in the Netherlands. *BMJ* 313(November 23): 1309-313.

Way,Tom.2006(revised).Dihydrogen Monoxide. Dihydrogen Monoxide Research Division—Dihydrogen Monoxide Info. http://www.dhmo.org/ (accessed June 2, 2006).

Wiley, Kip, Nick Vucinich, John Miller, and Max Vanzi. 2004, November. *Confined Animal Facilities in California.* California State Senate. http://www.sen.ca.gov/sor/reports/ REPORTS_BY_SUBJ/ENVIRONMENT_NATURAL_RESOURCES/CAFFYI.pdf (accessed June 16, 2006).

Wu, F. 2006. Mycotoxin reduction in Bt corn: Potential economic, health and regulatory impacts. *Transgenic Research* 15: 277–289.

Xu, F. (ed.). 1992. *Encyclopedia of Chinese Customs (Zhongguo feng su ci dian).* Shanghai, China: Shanghai ci su chu ban she.

Ye, Xudong, Salim Al-Babili, Andreas Kloti, Jing Zhang, Paola Lucca, Peter Beyer, and Ingo Potrykus. 2000. Engineering the provitamin A (beta-carotene) biosynthetic pathway into (carotenoid-free) rice endosperm. *Science* 287: 303–305.

York Snow, Inc. 2001. Snowmax: York International. http://www.snowmax.com/products/snomax/ (accessed June 6, 2006).

제8장

Balmford, Andrew, Aaron Bruner, Philip Cooper, Robert Costanza, Stephen Farber, Rhys E. Green, Martin Jenkins, Paul Jefferiss, Valma Jessamy, Joah Madden, Kat Munro, Norman Myers, Shahid Naeem, Jouni Paavola, Matthew Rayment, Sergio Rosendo, Joan Roughgarden, Kate Trumper, and R. Kerry Turner. 2002. Economic reasons for conserving wild nature. *Science* 297(5583): 950–953.

Brandes, Ray. 1970. *The Costanso Narrative of the Portola Expedition.* Newhall, CA: Hogarth Press.

Chivers, C. J. 2006. Putin urges plan to reverse slide in the birthrate. *New York Times.* May 11. http://www.nytimes.com (accessed June 5, 2006).

Conway, Gordon. 1997. *The Doubly Green Revolution.* Ithaca, NY: Cornell University Press.

Daily, Gretchen C. 2001. Ecological forecasts. *Nature* 411(May 17): 245.

Delgado, Christopher, Mark Rosegrant, Henning Steinfeld, Simeon Ehui, and Claude Courbois. 1999, October. Livestock to 2020: The next food revolution. 2020 *Brief No. 61.* http://www.ifpri.org/2020/briefs/number61.htm (accessed April 17, 2006).

Donald, P. F., R. E. Green, and M. F. Heath. 2001. Agricultural intensification and the collapse of Europe's farmland bird populations. *Proceedings of the Royal Society of London. Series B: Biological Sciences* 286:25-29.

Durkin, Patrick R. 2003, March 1. Glyphosate—Human health and ecological risk assessment. Syracuse Environmental Research Association, Inc. Paper prepared for USDA Forest Service. http://www.fs.fed.us/r6/invasiveplant-eis/Risk-

Assessments/04a03_glyphosate-final. pdf#xml=http://www.fs.fed.us/cgi-bin/texis/searchallsites/search.allsites/xml.txt?query= gly-phosate+rain+water+november+17%2C+2000&db=allsites&id=424a94050 (accessed May 4, 2006).

Estrada, Alejandro, Rosamond Coates-Estrada, and Dennis A. Meritt, Jr. 1997. Anthropogenic landscape changes and avian diversity at Los Tuxtlas, Mexico. *Biodiversity and Conservation* 6(June 23): 19–43.

Estrada, Alejandro, Rosamond Coates-Estrada, Alberto Anzures Dadda, and Pierluigi Cammarano. 1998. Dung and carrion beetles in tropical rain forest fragments and agricultural habitats at Los Tuxtlas, Mexico. *Journal of Tropical Ecology* 14:577–593.

Extension Toxicology Network (EXTOXNET). 1996, June (revised). Diuron. Pesticide Information Profiles. A Pesticide Information Project of Cooperative Extension Offices of Cornell University, Oregon State University, the University of Idaho, and the University of California at Davis and the Institute for Environmental Toxicology, Michigan State University; USDA/Extension Service/National Agricultural Pesticide Impact Assessment Program. http://extoxnet.orst.edu/pips/diuron.htm (accessed May 8, 2006).

Fernandez-Cornejo, J., and W. D. McBride. 2000, April. *Genetically Engineered Crops for Pest Management in U.S. Agriculture: Farm-Level Effects.* Agricultural Economic Report 786. USDA Economic Research Service. http://www.ers.usda.gov/publications/aer786/aer786.pdf (accessed April 12, 2006).

Fernandez-Cornejo, Jorge, and Margriet Caswell, 2006. The First Decade of Genetically Engineered Crops in the United States. USDA Economic Research Service. Economic Information Bulletin, Number 11.

Giesy J. P., S. Dobson, and K. R. Solomon. 2000. Ecotoxicological risk assessment for Roundup herbicide. *Reviews of Environmental Contamination and Toxicology* 167: 35–120.

Global Amphibian Assessment (GAA). 2004, October. Summary of Key Findings. http:// www.globalamphibians.org/summary.htm (accessed April 12, 2006).

Green, Rhys E., Stephen J. Cornell, Jörn P. W. Scharlemann, and Andrew Balmford. 2005. Farming and the fate of wild nature. *Science* 307(5709): 550–555.

Guthman, Julie. 2004. The trouble with 'organic lite' in California: A rejoinder to the 'conventionalisation' debate. *Sociologia Ruralis* 44(3): 301–316.

Hayes, Tyrone B., Atif Collins, Melissa Lee, Magdelena Mendoza, Nigel Noriega, A. Ali Stuart, and Aaron Vonk. 2002. Hermaphroditic, demasculinized frogs after exposure to the herbicide atrazine at low ecologically relevant doses. *Proceedings of the National Academy of Sciences. USA* 99(8): 5476–5480. http://www.pnas.org/cgi/content/ full/99/8/5476?maxtoshow=&HITS= 10&hits=10&RESULT FORMAT=&fulltext=atrazi ne&searchid=1&FIRSTINDEX=0&resourcetype =HWCIT (accessed May 8, 2006).

Huang, Jikun, Ruifa Hu, Scott Rozelle, and Carl Pray. 2005. Insect-resistant GM rice in farmers' fields: Assessing productivity and health effects in China. *Science* 296(April 29): 1694–1697.

Krebs, John R., Jeremy D. Wilson, Richard B. Bradbury, and Gavin M. Siriwardena. 1999. The second Silent Spring? *Nature* 400(August 12): 611–612.

Lappé, Frances Moore. 1971. *Diet for a Small Planet.* New York: Ballantine Books.

Maeder Paul, Andreas Fliessbach, David Dubois, Lucie Gunst, Padruot Fried, and Urs Niggli. 2002. Soil fertility and biodiversity in organic farming. *Science* 296: 1694.

Myers, Norman, and Jennifer Kent. 2003. New consumers: The influence of affluence on the environment. *Proceedings of the National Academy of Sciences USA* 100: 4963–4968.

Pain, D. J.,and M. W. Pienkowski. 1997. *Farming and Birds in Europe: The Common Agricultural Policy and Its Implications for Bird Conservation.* London: Academic Press.

Pimentel, David S., and Peter H. Raven. 2000. Bt corn pollen impacts on nontarget Lepidoptera: Assessment of effects in nature. *Proceedings of the National Academy of Sciences USA* 97(15): 8198–8199.

Qaim, Matin, and David Zilberman. 2003. Yield effects of genetically modified crops in developing countries. *Science* 299(5608): 900–902.

Reganold J., J.Glover, P. Andrews, and H. Hinman. 2001. Sustainability of three apple production systems. *Nature* 410: 926.

Rosenzweig, Michael L. 2003a. *Win-Win Ecology: How the Earth's Species Can Survive in the Midst of Human Enterprise.* Oxford: Oxford University Press.

Rosenzweig, Michael L. 2003b. Reconciliation ecology and the future of species diversity. *Oryx* 37(2): 194–205.

Schaal, Barbara. 2007. Challenges for applications of transgenic plants from the perspective of population biology and environmental issues. Paper presented at the Arthur M. Sackler Colloquia of the National Academy of Sciences, From Functional Genomics of Model Organisms to Crop Plants for Global Health. Washington, D.C., April 3–5, 2006.

Snow, A. A., D. A. Andow, P. Gepts, E. M. Hallerman, A. Power, J. M. Tiedje, and L. L. Wolfenbarger. 2005. Genetically engineered organisms and the environment: current status and recommendations. *Ecological Applications* 15(2): 377-404.

Somerville, Chris, and John Briscoe. 2001. Genetic engineering and water. *Science* 292: 2217.

Steinfeld, H., P. Gerber, T. Wassenaar, V. Castel, M. Rosales, C. de Haan. 2006. *Livestock's Long Shadow; Environmental Issues and Options. Report of the Livestock, Environment and Development Initiative.* FAO United Nations, Rome: Publishing Management Service. http://www.virtualcentre.org/en/library/key_pub/longshad/A0701E00.htm

Strandberg, B., and M. B. Pederson. 2002. *Biodiversity in Glyphosate Tolerant Fodder Beet Fields.* Silkeborg: National Environmental Research Institute.

United Nations, Department of Economic and Social Affairs, Population Division. 2007. World Population Prospects: The 2006 Revision. http://www.un.org/esa/population/publications/wpp2006/wpp2006.htm

Waggoner, Paul E. 1995. How much land can ten billion people spare for nature? Does technology make a difference? *Technology in Society* 17(1): 17–34.

제9장

Adam, David. 2003. Transgenic crop trials gene flow turns weeds into wimps. *Nature* 421: 462.

Adam, David. 2006. EU under attack over plan to ease organic labelling. *The Guardian*. January 6. http://www.guardian.co.uk/gmdebate/Story/0,,1680438,00.html (accessed April 18, 2006).

D. M. Arias and L. H. Rieseberg.1994. Gene flow between cultivated and wild sunflowers. *Theoretical and Applied Genetics* 89: 655–660.

Berthaud, Julien, and Paul Gepts. 2004. Assessment of effects on genetic diversity. In *Maize and Biodiversity: The Effects of Transgenic Maize in Mexico: Key Findings and Recommendations.* Article13 Secretariat Report. North American Commission for Environmental Cooperation: Communications Department, CEC Secretariat. http://www.cec.org/maize/

Bollman, Marjorie Storm, George King, Peter K. Van de Water, Lidia S. Watrud, E. Henry Lee, Anne Fairbrother, Connie Burdick, and Jay R. Reichman. 2004. Evidence for landscape-level, pollen-mediated gene flow from genetically modified creeping bentgrass with CP4 EPSPS as a marker. *PNAS* 101: 14533–14538.

Byrne, P. F., and S. Fromherz. 2003. Can GM and non-GM crops co-exist? Setting a precedent in Boulder County, Colorado, U.S.A. Journal *of Food, Agriculture and Environment* 1(2): 258–261.

Cline, Harry. 2005. Growing, marketing herbicide-resistant alfalfa will be challenging, worth-while. *Western Farm Press, January* 11.

Dahl, Roald. 1961. *James and the Giant Peach.* NY: Alfred A. Knopf, Inc.

Davis, S. D., V. H. Heywood, O. Herrera-MacBryde, J. Villa-Lobos, and A. Hamilton, (eds.). 1997. *Centres of Plant Diversity: A Guide and Strategy for Their Conservation, Volume 3. The Americas. Middle America and Carribean Islands: Sierra de Juarez, Oaxaca, Mexico.* Cambridge, UK: IUCN Publications Unit. http://www.nmnh.si.edu/botany/projects/cpd/ma/ma3.htm (accessed April 18, 2006).

Editor, *Nature.* 2002. Editorial Note. *Nature* 416(April 11): 600.

Ellstrand, Norman C.2006. *Genetic Engineering and Pollen Flow.* Agricultural Biotechnology in California Series, Publication 8182. Davis, CA: The Regents of the University of California, Division of Agricultural and Natural Resources.

Garrett, Kelly Arthur. 2007. Transgenic pact signed by growers. *The Herald (Mexico),* April 19. http://www.eluniversal.com.mx/miami/24289.html

Gil, Steven R., Mihai Pop, Robert T. DeBoy, Paul B. Eckburg, Peter J. Turnbaugh, Buck S. Samuel, Jeffrey I. Gordon, David A. Relman, Claire M. Fraser-Liggett, and Karen E. Nelson. 2006. Metagenomic analysis of the human distal gut microbiome. *Science* 312: 1355–1359.

GM Science Review Panel. 2003. *GM Science Review (First Report): An Open Review of the Science Relevant to GM Crops and Food Based on Interests and Concerns of the Public.* Department of Trade and Industry, London, UK. http://www.gmsciencedebate.org.uk/report.

Guyotat, Régis. 2005. La justice relaxe des faucheurs volontaires en invoquant le 'danger imminent' des OGM. *Le Monde*, December 11.

Halfhill, M. D., J. P. Sutherland, H. S. Moon, G. M. Poppy, S. I. Warwick, A. K. Weissinger, T. W. Rufty, P. .L. Raymer, and C. Neal Stewart, Jr. 2005. Growth, productivity, and competitiveness of introgressed weedy Brassica rapa hybrids selected for the presence of Bt *cry1Ac* and *gfp* transgenes. *Molecular Ecology* 14: 3177–3189.

Hawks, Bill. 2004, December 21. Letter to the National Association of State Departments of Agriculture. Washington, D.C.: Department of Agriculture, Office of the Secretary, Marketing and Regulatory Programs.

Hobhouse, Henry. 2005. *Seeds of Change: Six Plants That Transformed Mankind.* Emeryville: Shoemaker & Hoard.

National Research Council and Institute of Medicine of the National Academies. 2004. *Safety of Genetically Engineered Foods: Approaches to Assessing Unintended Health Effects.* Washington D.C.: The National Academy Press.

Ortiz-García, S., E. Ezcurra, B. Schoel, F. Acevedo, J. Soberón, and A. A. Snow. 2005. Absence of detectable transgenes in local landraces of maize in Oaxaca, Mexico (2003–2004). *Proceedings of the National Academy of Sciences* 102(35): 12338–12343.

Pimentel D., S. McNair, and J. Janecka. 2001. Economic and environmental threats of alien, plant, animal and microbial invasions. *Agriculture, Ecosystems and the Environment* 84: 1–20.

Pimentel D., L. Lach, R. Zuniga, D. Morrison. 2000. Environmental and economic costs of indigenous species in the United States. *Bioscience* 50: 53.

Pleasants J. M., R. L Hellmich., G. P. Dively, M. K. Sears, D. E. Stanley-Horn, H. R. Mattila, J. E. Foster, T. L. Clark, and G. D. Jones. 2001. Corn pollen deposition on milkweeds in and near cornfields. *Proceedings of the National Academy of Sciences USA* 98: 11919–11924.

Quist, D., and I. H. Chapela. 2001. Transgenic DNA introgressed into traditional maize landraces in Oaxaca, Mexico. *Nature* 414: 541–543.

Ross-Ibarra, Jeffrey, Peter L. Morrell, and Brandon S. Gaut. 2007. Plant domestication, a unique opportunity to identify the genetic basis of adaptation. *Proceedings of the National Academy of Sciences USA* 104: 8641–8648.

Schaal, Barbara. 2007. Challenges for applications of transgenic plants from the perspective of population biology and environmental issues. Paper presented at the Arthur M. Sackler Colloquia of the National Academy of Sciences, From Functional Genomics of Model Organisms to Crop Plants for Global Health. Washington, D.C., April 3–5, 2006.

Sears, M. K., and D. Stanley-Horn. 2000. Proceedings of International Symposium on the Biosafety of Genetically Modified Organisms. InC. Fairbairn, G. Scoles, and A. McHughen (eds.). *Proceedings of the 6th International Symposium on the Biosafety of Genetically Modified Organisms.* University of Saskatchewan, Canada: University Extension Press.

Strauss, S. 2003. Genomics, genetic engineering, and domestication of crops. *Science* 300: 61–62.

Trewavas, Anthony. 1999. Much food, many problems. *Nature* 402(November 18): 231–232.

Walz, Erika. 2003, May 16. 4th National Organic Farmers' Survey: Sustaining Organic Farms in a Changing Organic Marketplace. Organic Farming Research Foundation. http://www.ofrf.org/publications/survey/GMO.SurveyResults.PDF (accessed May 17, 2006).

Warwick, S. I. et al. (2003) Hybridization between transgenic *Brassica napus* L. and its wild relatives: *B. rapa L., Raphanus raphanistrum* L., *Sinapis arvensis* L., and *Erucastrum gallicum* (Willd.) O. E. Schulz. *Theoretical and Applied Genetics* 107: 528–539.

Watrud, L. S. et. al. 2004. Evidence for landscape-level, pollen-mediated gene flow from genetically modified creeping bentgrass with CP4 EPSPS as a marker. *Proceedings of the National Academy of Sciences USA* 101: 14533–14538.

Wilcove, D. S., D. Rothstein, J. Dubow, A. Phillips, and E. Losos. 1998. Quantifying threats to imperiled species in the United States. *Bioscience* 48(8): 607–615.

제10장

California Deptartment of Pesticide Regulation. 2006. Summary of Results from the California Pesticide Illness Surveillance Program. HS-1865.

Federoff, Nina V., and Nancy Marie Brown. 2004. *Mendel in the Kitchen: A Scientist's View of Genetically Modified Food.* Washington D.C.: Joseph Henry Press.

GM Science Review Panel. 2003. *GM Science Review (First Report): An Open Review of the Science Relevant to GM Crops and Food Based on Interests and Concerns of the Public.* London: Department of Trade and Industry. http://www.gmsciencedebate.org.uk/report.

GRIN. 2006. http://www.ars.grin.gov/cgi-bin/npgs/html/pvplist.pl

Johnny's Selected Seeds. 2006 Catalog, p. 2.

National Corn Growers Association. 2004. NGCA Names Corn Yield Contest Winners. http://www.ncga.com/news/notd/2004/december/121504.html.

National Research Council and Institute of Medicine of the National Academies (NAS). 2004. *Safety of Genetically Engineered Foods: Approaches to Assessing Unintended Health Effects.*Washington D.C.: The National Academy Press.

Plant Variety Protection Office. http://www.ams.usda.gov/science/uvpo/PVPindex.htm

Tanksley, Steve, and Susan McCouch. 1997. Seed banks and molecular maps. Unlocking genetic potential from wild species. *Science* 277(5329): 1063–1066.

Vilmorin-Andrieux, M. M. 1885. *The Vegetable Garden.* London: John Murray. (Reprint 1976)

제11장

AAAS Analysis of President's FY05 Budget Projections. 2004, May.

Atkinson, Richard C., Roger N. Beachy, Gordon Conway, France A. Cordova,

Marye Anne Fox, Karen A. Holbrook, Daniel F. Klessig, Richard L. McCormick, Peter M. McPherson, Hunter R. Rawlings III, Rip Rapson, Larry N. Vanderhoef, John D. Wiley, and Charles E. Young. 2003. Intellectual property rights: Public sector collaboration for agricultural IP management. *Science* 301(July 11): 174–175.

Barahona, C., and Cromwell E. 2005. Starter pack and sustainable. In Sarah Levy (ed.). *Starter Packs: A Strategy to Fight Hunger in Developing Countries.* Oxford, UK: CAB International.

Bayh-ole Act (University and Small Business Patent Procedures Act). 1980. 35 U.S.C. §200–212. http://www.law.cornell.edu/uscode/html/uscode35/usc_sec_35_00000200----000-.html. Implementedby37C.F.R.401,http://www.access.gpo.gov/nara/cfr/waisidx_02/37cfr401_02. html. Broothaerts, Wim, Heidi J. Mitchell, Brian Weir, Sarah Kaines, Leon M. A. Smith, Wei Yang, Jorge E. Mayer, Carolina Roa-Rodríguez, and Richard A. Jefferson. 2005. Gene transfer to plants by diverse species of bacteria. Nature (Letters) 433(February 10): 629–633.http://www.bios.net/daisy/bios/393/version/live/part/4/data (accessed June 9, 2006).

Brush, S. 1996. Whose knowledge, whose genes, whose rights? In S. Brush and D. Stabinsky (eds.). *Valuing Local Knowledge: Indigenous People and Intellectual Property Rights.* Washington D.C.: Island Press.

CAMBIA & IRRI. 2005, December 7. Open source biotechnology alliance for international agriculture: Mapping the patent maze to forge a shared research toolkit. Canberra and Los Baños. http://www.bios.net/daisy/bios/1374/version/default/part/AttachmentData/data/ Open_Source_Biology_Alliance_for_International_Agriculture.pdf (accessed January 7, 2008).

Dennis, Sydney Carina. 2004. Biologists launch 'open-source movement.' *Nature* 431(September 30): 494.

Diamond v. Chakrabarty, 447 U.S. 303 (1980).

Henao, J., and Baanante C. A. March 2006. Agricultural production and soil nutrient mining in Africa. Nature 440: 728–729.

IRRI. 1990. Basic Facts about Rice. http://www.irri.org/about/faq.asp (accessed June 14, 2006).

Jacoby, C. D., and C. Weiss. 1997. *Stanford Environmental Law Journal* 16: 74.

Gladwell, M. 1995. Rights to life: Are scientists wrong to patent genes? *New Yorker,* November 13, pp. 120–124.

Khush, G. S., E. Bacalangco, and T. Ogawa. 1991. A new gene for resistance to bacterial blight from *O. longistaminata. Rice Genetics Newsletter* 7: 121–122.

Nakanishi, Nao. 2005. China Close to Production of 'Safe' Genetic Rice. Reuters, March 9.

Oldroyd, G. 2006. Nodules and hormones. *Science* 315: 52–53.

Public Intellectual Property Resource for Agriculture Newsletter. 2006. PIPRA's evaluation of the BiOS license. *Agriculture Newsletter* 5: 3.

Potrykus, Ingo. 2001. Golden rice and beyond. *Plant Physiology* 125(March): 1157–1161.

Richards, P. 1996. Culture and community values in the selection and maintenance of African rice. In: S. Brush and D. Stabinsky (eds.). *Valuing Local Knowledge: Indigenous People and Intellectual Property Rights.* Washington D.C.: Island Press.

Ronald, P. C., B. Albano, R. Tabien, L. Abenes, K. Wu, S. McCouch, and S. Tanksley. 1992. Genetic and physical analysis of the rice bacterial blight resistance locus, *Xa21. Molecular and General Genetics* 236: 113–120.

Sanchez, Pedro A. 2002. Soil fertility and hunger in Africa. *Science* 295(March 15): 2019–2020.

Song, W. Y., G. L. Wang, L. Chen, H. S. Kim, Li-Ya Pi, J. Gardner, B. Wang, T. Holsten, W. X. Zhai, L. H. Zhu, C. Fauquet, and P. Ronald. 1995. A receptor kinase-like protein encoded by the rice disease resistance gene *Xa21. Science* 270: 1804-1806.

Strauss, S. H. 2003. Genomics, genetic engineering, and domestication of crops. *Science* 300: 61–62.

ten Kate, Kerry, and Amanda Collis. 1997. Benefit-sharing case study: The GRRF. Submission to the Executive Secretary of the Convention on Biological Diversity by the Royal Botanic Gardens, Kew. http://indica.ucdavis.edu/publication/reference/csabs_ucdavis.pdf (accessed June 12, 2006).

Toenniessen, Gary H. 2006. Opportunities for and challenges to plant biotechnology adoption in developing countries. Paper delivered at the 15th annual meeting of the National Agricultural Biotechnology Council meeting, Science and Society at a Crossroad. Published by National Agricultural Biotechnology Council. http://www.rockfound.org/Library/Opportunities_for_and_Challenges_to_Plant_Biotechnology_Adoption.pdf (accessed June 14, 2006).

제12장

Alavanja, Michael C. R., Claudine Samanic, Mustafa Dosemeci, Jay Lubin, Robert Tarone, Charles F. Lynch, Charles Knott, Kent Thomas, Jane A Hoppin, Joseph Barker, Joseph Coble, Dale P. Sandler, and Aaron.Blair. 2003. Use of agricultural pesticides and prostate cancer risk in the agricultural health study cohort. *American Journal of Epidemiology* 157(9): 800–814.

Ammann, K. 2002.Thoughts about the future of agriculture: science and fiction in the risk assessment debate. In: International Food Policy Research Institute, *Sustainable Food Security for All by 2020: Proceedings of an International Conference, Bonn, Germany, September 4–6, 2001.* Washington, D.C.: IFPRI.

Berry, Wendell. 1987. *Home Economics: Fourteen Essays.* New York: North Point Press, Farrar, Straus and Giroux.

Campochiaro PA. 2006. Potential applications for RNAi to probe pathogenesis and develop new treatments for ocular disorders. *Gene Therapy* 13: 559-562.

Gonsalves, Dennis. 1998. Control of papaya ringspot virus in papaya: A case study. *Annual Review Phytopathology* 36: 415-37.

Haire, B. 2001. New Disease Threatens Georgia's Peach Industry. University of Georgia, College of Environmental and Agricultural Science. http://georgiafaces.caes.uga.edu/getstory.cfm?storyid=1241

Iadicicco R and Redding J. 2006. USDA seeks public comment on deregulation of genetically engineered plum. http://www.aphis.usda.gov/newsroom/content/2006/05/geplum.shtml

Kaplan, Kim. 2007. Plum-pox-resistant trees move forward. USDA Agricultural Research News Service. http://www.newsfood.com/Articolo/International/20070726-Plum-Pox-Resistant-trees-move-forward.asp

Kershen, Drew. 2006. Health and food safety: The benefits of Bt corn. *Food and Drug Law Journal* 61: 197.

Madison, Mike. 2006. *Blithe Tomato*. Berkeley, CA: Heyday Books.

McBride,J.2006.One gene makes the difference—For plumpox resistance. USDA Agricultural Research Service. http://www.ars.usda.gov/is/AR/archive/sep01/gene0901.htm

Moses, Alan. 2006. Intelligent design: Playing with the building blocks of biology. *Berkley Science* Review 11: 34–40. http://sciencereview.berkeley.edu/articles/issue8/synthbio.pdf (accessed June 20, 2006).

Organic Consumers Association. 2006 USDA close to approving "frankenplums." http://www.organicconsumers.org/plum_alert.htm.

The Plant Disease Diagnostic Clinic. 2001, January. Plum Pox: *Plum Pox Virus* Factsheet. Cornell University. http://plantclinic.cornell.edu/FactSheets/plumpoxvirus/plumpox.htm (accessed June 20, 2006).

Pesticide Action Network North America (PANNA). 2005, August. "Criticaluse"exemptions—

The methyl bromide loophole. *Global Pesticide Campaign* 15(2). http://www.panna.org/resources/gpc/gpc_200508.15.2.pdf (accessed May 19, 2005).

Pollan, Michael. 2007. *The Omnivore's Dilemma: A Natural History of Four Meals.* New York: Penguin Press.

Powell, D. A., K. Blaine, S. Morris and J. Wilson. 2003. Agronomic and consumer considerations for Bt and conventional sweet corn. *British Food Journal* 105(10): 700–713.

Shen, J., R. Samul, R. L. Silva, H. Akiyama, H. Liu, Y. Saishin, S. F. Hackett, S. Zinnen, K. Kossen, K. Fosnaugh, C. Vargeese, A. Gomez, K. Bouhana, R. Aitchison, P. Pavco, and P.A. Campochiaro. 2005. Suppression of ocular neovascularization with siRNA targeting VEGF receptor 1. *Gene Therapy* 13: 225–234.

Thomashow, M. F. 2001. So what's new in the field of plant cold acclimation? Lots! *Plant Physiology* 125: 89–93.

Toenniessen, Gary H. 2006. Opportunities for and challenges to plant biotechnology adoption in developing countries. Paper delivered at the 15th annual meeting of the National Agricultural Biotechnology Council meeting, Science and Society at a Crossroad. Published by National Agricultural Biotechnology Council. http://www.rockfound.org/Library/ Opportunities_for_and_Challenges_to_Plant_Biotechnology_Adoption.pdf (accessed June 14, 2006).

찾아보기